PASSAUER KONTAKTSTUDIUM ERDKUNDE

Johann-Bernhard Haversath, Klaus Rother (Hrsg.)
Innovationsprozesse in der Landwirtschaft

PASSAUER KONTAKTSTUDIUM ERDKUNDE

Johann-Bernhard Haversath und Klaus Rother (Hrsg.)

Innovationsprozesse in der Landwirtschaft

Mit 42 Abbildungen, 24 Tabellen und 43 Bildern

1989
PASSAVIA UNIVERSITÄTSVERLAG PASSAU

Printed in Germany
Satz: Fach Geographie der Universität Passau
Druck: Helmut Ostler, Passau
Verlag: Passavia Universitätsverlag und -Druck GmbH, Passau

CIP-Titelaufnahme der Deutschen Bibliothek

Innovationsprozesse in der Landwirtschaft
Johann-Bernhard Haversath u. Klaus Rother (Hrsg.)
Passau: Passavia-Univ.-Verl., 1989
(Passauer Kontaktstudium Erdkunde)

ISBN 3-922016-93-6
NE: Haversath, Johann-Bernhard [Hrsg.]

Inhalt

Vorwort

In dieser Broschüre werden die leicht überarbeiteten Vorträge der 2. Passauer Kontaktstudiumstagung Erdkunde wiedergegeben, die vom Fach Geographie der Universität Passau vom 26. bis 28. Oktober 1988 veranstaltet worden ist. Die Passauer Kontaktstudiumstagungen verfolgen den Zweck, die Gymnasiallehrer Niederbayerns und der Oberpfalz über die laufenden wissenschaftlichen Diskussionen in ihrer Disziplin zu unterrichten und schon publizierte Forschungsergebnisse in leicht verständlicher Form aufzubereiten. Bei den Treffen sollen aber auch die Lehrer, z.B. durch Vorträge über Unterrichtseinheiten, aktiv mitwirken und - wenn es das Rahmenthema erlaubt - Fachleute aus der Praxis zu Wort kommen.

Das Thema *Innovationsprozesse in der Landwirtschaft* ist bei der Schlußdebatte der ersten Tagung 1986 aus dem Kreis der Teilnehmer gewünscht worden. Ebenso wie das Rahmenthema *Probleme peripherer Regionen* vor zwei Jahren versteht es sich für die im östlichen Bayern tätigen Erdkundelehrer von selbst. Sie können sich in ihrer heimatlichen Umgebung oder an ihrem Arbeitsplatz leichter als anderswo in Deutschland mit den Problemen des Agrarraums, seinen Traditionen und Innovationen auseinandersetzen und vieles für den Erdkundeunterricht in den entsprechenden Jahrgangsstufen aus eigener Erfahrung umsetzen. Trotzdem meinen wir, ihre Neugier auch dadurch zu befriedigen, daß in den Beiträgen nicht allein die mehr oder weniger vertrauten Fragen unseres Landes, sondern auch, wie stets bei Geographen, die weite Welt einbezogen wird und, abhängig von den laufenden Arbeiten in unserem Hause, der Strukturwandel der außereuropäischen Landwirtschaft und seine raumwirksamen Folgen einen angemessenen Platz erhalten.

In das Rahmenthema führt der erste, theoretische Beitrag von H.-W. Windhorst, einem kompetenten Vertreter der Innovationsforschung, im einzelnen ein. Es folgen die wenig überarbeiteten Referate der beiden Vortragstage, die in je einen Block zur deutschen und außereuropäischen Landwirtschaft gegliedert sind und konkrete Beispiele behandeln. Die angefügten Materialien für eine Exkursion in den Bayerischen Wald, welche die Tagung abschloß, bringen einige Probleme Niederbayerns aus der Sicht des Landwirtschaftsamtes zur Sprache. Ein Sprachrohr der Behörde ist auch R. Stauber in seinem Beitrag über die Flurbereinigung.

Die Tagung und der Druck der Tagungsergebnisse wären ohne die großzügige Unterstützung des Bayerischen Staatsministeriums für Unterricht und Kultus, München, nicht möglich gewesen. Den zuständigen Referenten, Herrn Ministerialrat Kreutzer und Herrn Oberstudienrat Haberl, sei dafür besonders gedankt. Sie haben unseren Tagungs- und Themenvorschlag erneut positiv aufgenommen und die finanziellen Mittel unbürokratisch bewilligt. Aus diesem Entgegenkommen erschließen wir, daß sich die Passauer Kontaktstudiumstagungen für Erdkunde zu einer festen Einrichtung entwickeln können.

Dazu war freilich noch ein anderes Zeichen des Ministeriums nötig. Bekanntlich war die Passauer Geographie bis vor kurzem die einzige Einrichtung ihrer Art an einer Universität in Bayern und in der Bundesrepublik Deutschland, die sich mit der Ausbildung von Magistern begnügen mußte und trotz ausreichenden Personals und guter sächlicher Ausstattung keine Lehramtskandidaten im Unterrichtsfach Erdkunde ausbilden durfte. Die Begründung für diesen Mangel, die sich allein auf die schlechten Berufsaussichten der Absolventen in der Gegenwart stützte, widersprach dem bildungspolitischen Ziel, durch die Gründung neuer Hochschulen die alten Universitäten zu entlasten. Denn es ging uns nicht um mehr Studenten der Geographie, sondern darum, daß junge Menschen in ihrer heimatlichen Region auch dieses Fach für das Lehramt studieren können.

Inzwischen ist diese heikle Frage gelöst: Vom Wintersemester 1989/90 an besteht auch an der Universität Passau die Möglichkeit, das Unterrichtsfach Erdkunde für das Lehramt aller Schularten zu studieren.

Wir danken dem Passavia Universitätsverlag, Passau, namentlich Herrn M. Teschendorff, für die Übernahme von Druck und Vertrieb des Heftes und dem Präsidenten der Universität Passau, Herrn Professor Dr. K. H. Pollok, für die kulinarische Betreuung der Tagung.

Passau, im Frühling 1989

Johann-Bernhard Haversath und Klaus Rother

Hans-Wilhelm Windhorst

Agrartechnologische Innovationen und Strukturwandel
Welche Entwicklungen zeichnen sich ab?

1. Forschungsansätze

Im Jahre 1943 veröffentlichten die beiden amerikanischen Agrarsoziologen RYAN und GROSS in der Zeitschrift *Rural Sociology* einen Aufsatz mit dem Titel: "The diffusion of hybrid seed corn in two Iowa communities". In diesem Beitrag untersuchen sie zunächst, wie sich der Hybridmais in zeitlicher Hinsicht ausgebreitet hat. Daran anschließend versuchen sie zu erklären, wodurch die Farmer zur Aufnahme der Neuerung veranlaßt wurden und ob sich ihr Verhalten im Verlaufe der Anwendung der Innovation veränderte.

Vorausgegangen war dieser Analyse der wissenschaftliche Durchbruch in der Züchtung von Hybridmais-Saatgut in den zwanziger und dreißiger Jahren. Obwohl die Erfolge dieses Saatgutes überwältigend waren, breitete sich die Neuerung zunächst nur zögernd aus. Seitens des Landwirtschaftsministeriums der USA wurden deshalb Studien angestellt, um herauszufinden, wie die Farmer von der Innovation Kenntnis erhielten, was sie zur Annahme bzw. Ablehnung veranlaßte und welche Maßnahmen man duchführen konnte, um den Ausbreitungsprozeß zu beschleunigen.

E.M. ROGERS hat im Jahre 1962 eine erste Zusammenfassung in Form einer Monographie vorgelegt. Das Buch "Diffusion of Innovations" wurde zum Standardwerk und hat auch auf die Geographen, die sich mit der raumzeitlichen Ausbreitung von Innovationen beschäftigen, eine nachhaltige Wirkung ausgeübt.

ROGERS hat nach Auswertung einer großen Zahl von vorliegenden Untersuchungen eine der bis heute bedeutenden Basiskonzeptionen der Innovations- und Diffusionsforschung erarbeitet. Es ist die Feststellung, daß sich viele Diffusionsprozesse in Form einer logistischen Kurve darstellen und sich im zeitlichen Verlauf der Ausbreitung einer Innovation verschiedene Adoptorkategorien unterscheiden lassen (Abb. 1 u. 2). Die Klassifizierung erfolgt nach dem mittleren Zeitpunkt der Aufnahme der Innovation über das Maß der Standardabweichung. Dabei kann unterschieden werden nach: Innovatoren, frühen Adoptoren, früher Mehrheit, später Mehrheit und Zauderern. Der Verfasser selbst hat diese Adoptorkategorien mit den Phasen der räumlichen Ausbreitung parallelisiert und nachweisen können, daß die Adoptorkategorien durch Aufnahme einer Innovation mit raumbeeinflussendem Charakter zu verschiedenen Zeitpunkten und mit unterschiedlicher Durchsetzungskraft raumwirksam tätig werden (WINDHORST 1979). Die Adoptorkategorien können als sozialgeographisch relevante Gruppen angesprochen werden.

ROGERS hat mit seinem Mitarbeiter SHOEMAKER im Jahre 1971 eine Neubearbeitung seines Buches vorgelegt und ist dabei auch zu einer erweiterten Modellvorstellung des Adoptionsprozesses gelangt (Abb. 3).

Wir können also eine erste Forschungsrichtung festhalten, die, ausgehend von der Agrarsoziologie, versucht, Diffusionsprozesse von Innovationen zu erfassen, an die Adoptoren anzubinden und so zu einer Beschreibung der raum-zeitlichen Ausbreitung zu gelangen. Dieser Ansatz ist stark deskriptiv, basiert aber auf einer großen Zahl empirischer Analysen.

Der schwedische Geograph T. HÄGERSTRAND legte in den Jahren 1952 und 1953 Untersuchungen zur Ausbreitung von Innovationen vor, die auf empirischen Analysen beruhen, aber einen anderen Weg beschreiten. Ihm kommt es vor allem darauf an, den raum-zeitlichen Prozeß zu quantifizieren und zu einem mathemati-

J.-B. Haversath, K. Rother (Hrsg.): Innovationsprozesse in der Landwirtschaft
Passau 1989 (Passauer Kontaktstudium Erdkunde)

schen Modell zu gelangen, mit dem es möglich wird, solche Diffusionsprozesse zu simulieren. Seine Arbeiten, die zunächst vor allem von der Ausbreitung agrartechnologischer Innovationen ausgehen (Maschinen, künstliche Besamung), haben in der Folgezeit eine Fülle von Folgeuntersuchungen in den USA, England, Schweden und z.T. auch Deutschland initiiert. Hierauf kann an dieser Stelle nicht näher eingegangen werden, es sei auf die zusammfassende Darstellung des Verfassers (WINDHORST 1983) verwiesen.

Abb. 1: Die logistische Kurve

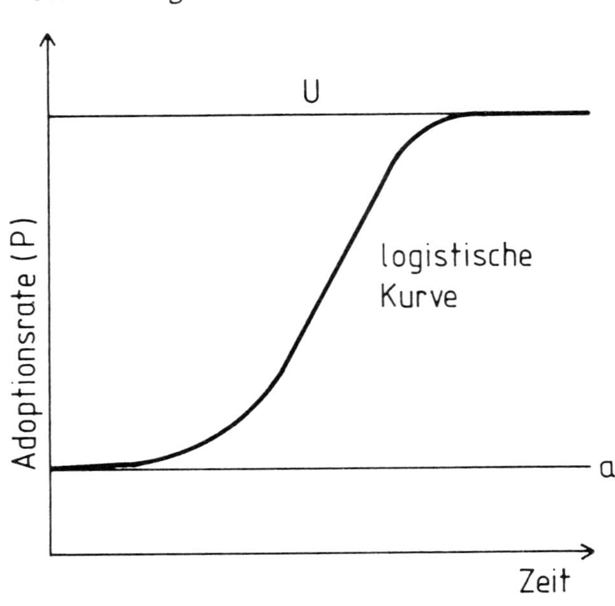

HÄGERSTRANDs Verdienst ist es, den Nachweis der wellenförmigen Ausbreitung von Innovationen und des dabei auftretenden Hierarchieeffektes (Abb. 4) erbracht zu haben. Das von ihm entwickelte *mean information field*, ein steuerndes Element bei der Informationsübertragung, hat weit über geographische Untersuchungen hinaus Verwendung gefunden.

Die so beschriebene zweite Forschungsrichtung ist stark modellorientiert. Sie versucht, Ausbreitungsprozesse in mathematischen Modellen zu erfassen, zu simulieren und Prognosen über die zu erwartende raum-zeitliche Ausbreitung zu geben.

Eine dritte Forschungsrichtung ist eng verknüpft mit L. BROWN, einem Geographen an der Ohio State University in Columbus. Er schlug im Jahre 1973 der National Science Foundation ein umfangreiches Forschungsprogramm vor, das sich zum Ziel setzte, zu einer interdisziplinären Neuorientierung in der Innovations- und Diffusionsforschung zu gelangen. Im Gegensatz zum Ansatz von ROGERS, der von der "Nachfrageseite", also den Adoptoren ausgeht, stellen BROWN und seine Mitarbeiter die "Angebotsseite" in den Mittelpunkt ihrer Betrachtung. Sie analysieren, welche Rolle dem Markt und der in einer Region vorhandenen Infrastruktur bei der Diffusion zukommt. Außerdem gehen sie der Frage nach, welche Strategien von an der Ausbreitung der Innovationen interessierten Wirtschaftsunternehmen angewendet wurden und welche Institutionen sie einrichteten (*diffusion agency, diffusion strategy*).

Ein weiteres Ziel, an dem BROWN auch gegenwärtig noch arbeitet, ist in einer Integration vorliegender Ansätze der Innovations- und Diffusionsforschung in eine Gesamttheorie der wirtschaftlichen Entwicklung zu sehen (*development perspective*). Auf Einzelheiten kann hier nicht eingegangen werden, es sei auf vorliegende Publikationen von BROWN (1981) sowie BROWN u. GILLIARD (1981) verwiesen.

Abb. 2: Die Parallelisierung von Adoptorkategorien und Diffusionsphasen (nach ROGERS und WINDHORST)

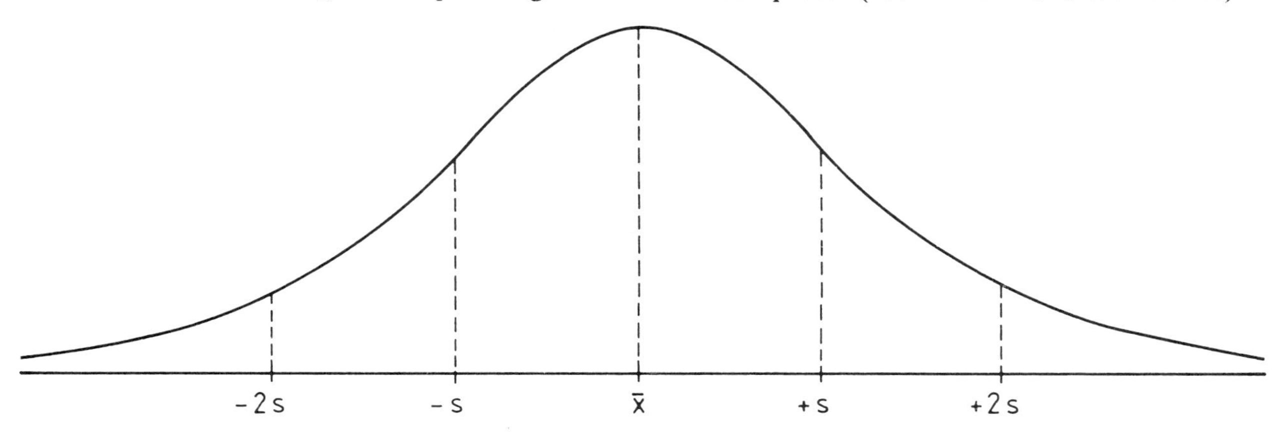

x̄ = mittlerer Zeitpunkt der Adoption
s = Standardabweichung

ADOPTORKATEGORIEN

1	2	3	4	5

1 INNOVATOREN
2 FRÜHE ADOPTOREN
3 FRÜHE MEHRHEIT
4 SPÄTE MEHRHEIT
5 ZAUDERER

DIFFUSIONSPHASEN

I	II	III	IV

I INITIALPHASE
II EXPANSIONSPHASE
III VERDICHTUNGSPHASE
IV SÄTTIGUNGSPHASE

Unverkennbar ist, daß die Forschungsarbeiten von BROWN und seinen Mitarbeitern, aber auch von deutschen Agrarwissenschaftlern bzw. Geographen, die in jüngster Zeit erschienen sind, sehr viel stärker anwendungsorientiert sind.

Überblickt man die gesamte Entwicklung der Innovations- und Diffusionsforschung in den vergangenen vierzig Jahren, kann man feststellen, daß die Analyse der raum-zeitlichen Ausbreitung agrartechnologischer Innovationen eine sehr große Rolle gespielt hat, sogar grundlegende neue Forschungsperspektiven häufig am Beispiel von Innovationen im Agrarsektor entwickelt und erprobt wurden. Und so verwundert es auch nicht, daß die grundlegenden Forschungsansätze, so wie sie hier beschrieben wurden, jeweils von Agrarsoziologen bzw. Agrargeographen nach Deutschland übertragen wurden. Hier sind zu nennen: ALBRECHT (1964, 1969) für die Adoptionsforschung aus der Schule von ROGERS, BORCHERDT (1961) für den Ansatz von HÄGERSTRAND und WINDHORST (1979, 1983) für die Forschungsperspektive von BROWN.

Wenden wir uns nach diesen einleitenden Bemerkungen, die notwendig waren, um die folgenden Betrachtungen und vielleicht auch eine Reihe von Themen, die auf dieser Tagung angesprochen werden, in einen größeren Zusammenhang einzuordnen, der Frage zu, welche Innovationen im Agrarsektor in den kommenden Jahren zur Anwendung gelangen werden und welche Auswirkungen sie haben könnten.

2. Agrartechnologische Innovationen und Strukturwandel

Der sehr schnell ablaufende Strukturwandel in der Agrarproduktion wird in verkürzter Form zumeist als Industrialisierung der Landwirtschaft gekennzeichnet. Hinter dieser Kurzformel verbergen sich eine Vielzahl von Phänomenen, die im Rahmen dieser Einführung nicht im Detail vorgestellt werden können.

Dieser Prozeß läßt sich durch drei Indikatoren erfassen:

-- Sektorale und regionale Konzentration: Hiermit ist die zunehmende Konzentration der Agrarproduktion in einer immer geringer werdenden Zahl von Betriebseinheiten und eng begrenzten Agrarwirtschaftsräumen gemeint.

-- Kapitalisierung der Agrarproduktion: Hiermit wird der Prozeß der Substitution der traditionellen Produktionsfaktoren Boden (heute vielleicht besser: natürliche Ressourcen) sowie menschliche und tierische Arbeit durch Kapital erfaßt. Der Kapitaleinsatz bezieht sich z.B. auf die Mechanisierung, die Verwendung von chemischen Produkten, Hybridsaatgut und Hybridtieren.

Abb. 3: Der Adoptionsprozeß in soziologischer Sicht (nach ROGERS und SHOEMAKER 1971)

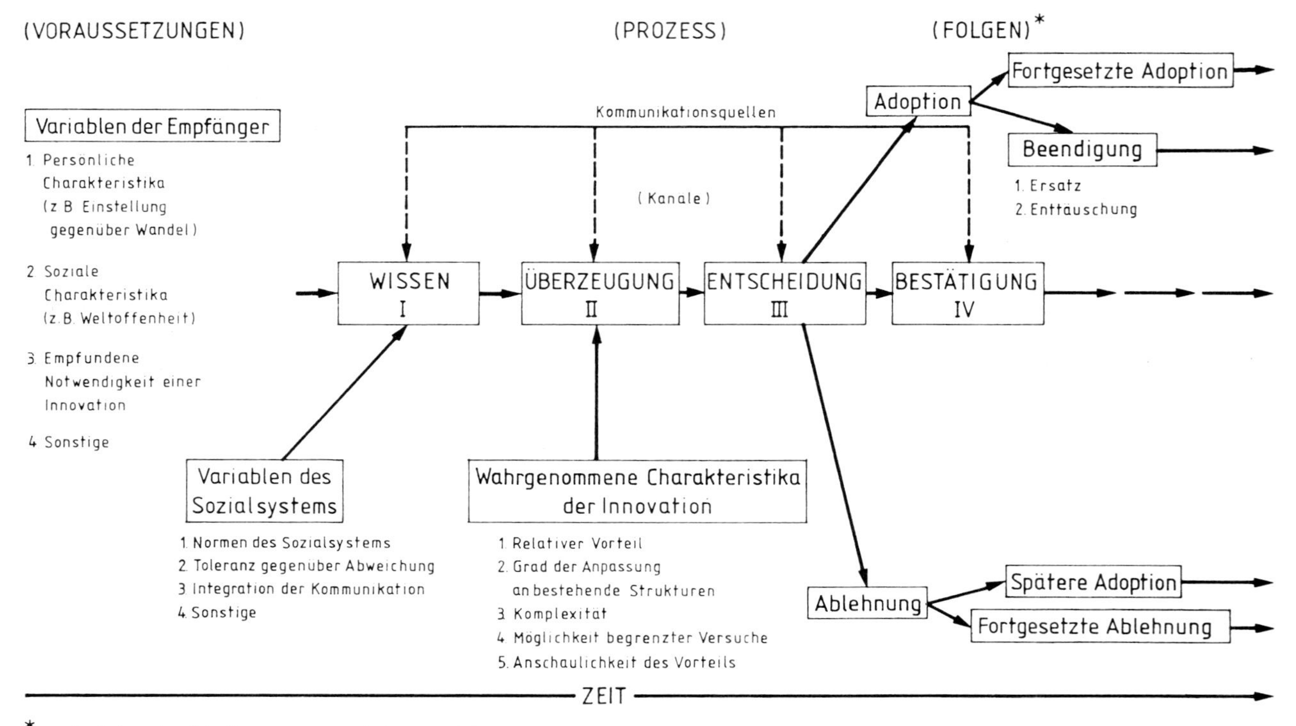

-- Hierarchisierung des Managements und Ausbildung vertikal integrierter agrarindustrieller Unternehmen: Die Vergrößerung mehrerer an der Produktion, Be- und Verarbeitung sowie Vermarktung agrarischer Güter beteiligter Einheiten unter einer Unternehmensführung machte die Dezentralisierung und Hierarchisierung im Management notwendig. Hierin vor allem ist der grundlegende Unterschied zu den traditionellen landwirtschaftlichen Betrieben zu sehen.

Abb. 4: Die Diffusion von Innovationen auf unterschiedlichen räumlichen Ebenen (nach HÄGERSTRAND 1953)

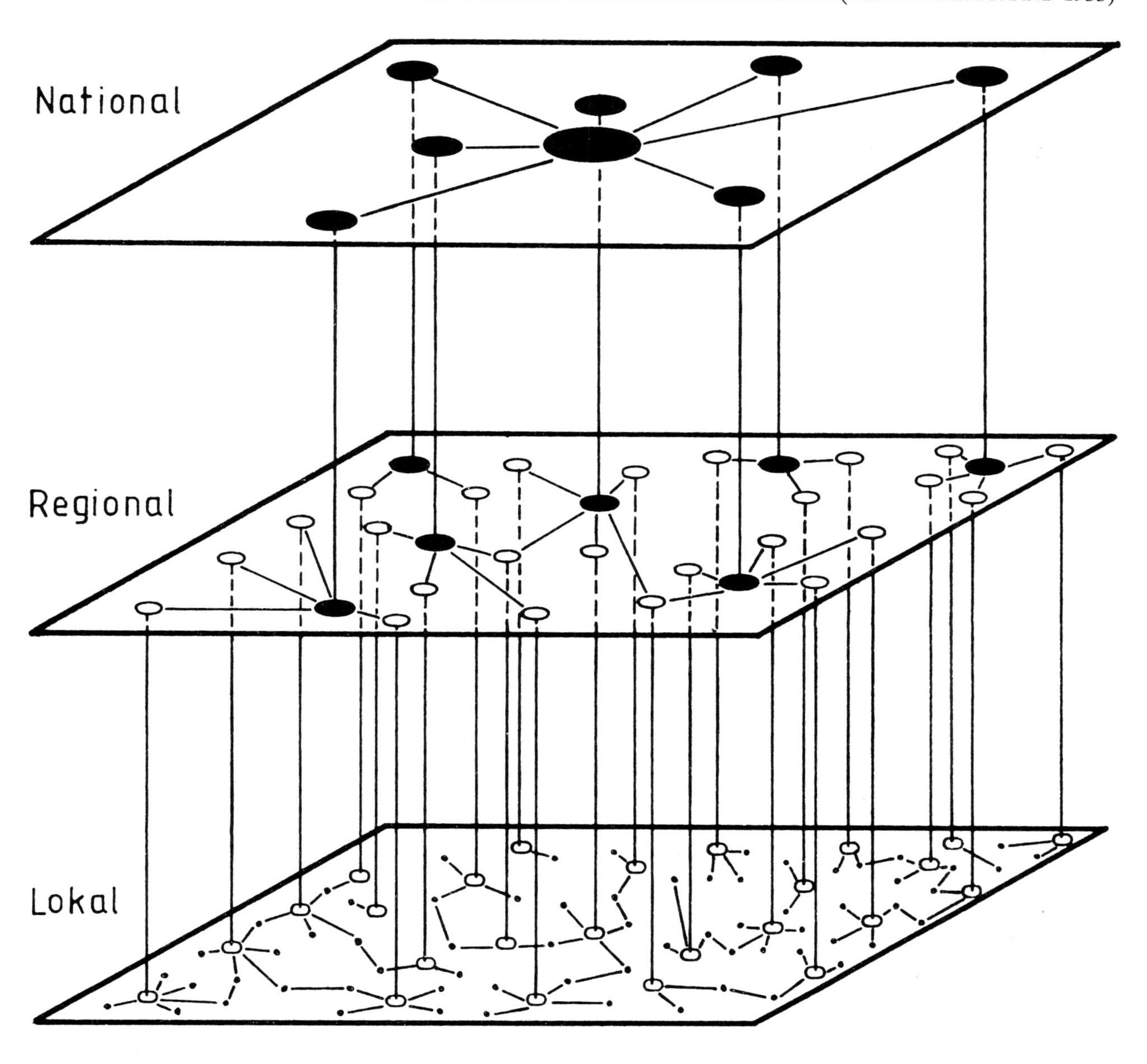

Man sieht, daß man zwischen der Verwendung industrieähnlicher Produktionsweisen, die z.B. auch in landwirtschaftlichen Betrieben Verwendung finden, und dem Entstehen agrarindustrieller Unternehmen unterscheiden muß. Beide Phänomene sind für die Industrialisierung der Agrarwirtschaft charakteristisch.

Dieser so beschriebene Prozeß ist durch die Entwicklung und Ausbreitung agrartechnologischer Innovationen entscheidend gesteuert worden, und auch in Zukunft werden solche Innovationen großen Einfluß auf den Strukturwandel ausüben.

Das *Office of Technology Assessment*, eine vom Kongreß der USA eingerichtete Forschungsinstitution, hat 1986 eine Studie vorgelegt, in der dargestellt wird, welche Innovationen in absehbarer Zeit im Rahmen der Agrarproduktion zur Verfügung stehen werden (Tab. 1).

Tab. 1: Agrartechnologische Innovationen und sonstige Bereiche, die zu einer entscheidenden Produktionssteigerung bis zum Jahre 2000 führen werden

Nutztierhaltung	Pflanzenbau
Gentechnologie	Gentechnologie
Vermehrungstechniken (z.B. Embryotransfer)	Erhöhung der Photosyntheseleistung
Wachstumssteuerung	Wachstumssteuerung
Tierernährung	Kontrolle von Schädlingen
Seuchenkontrolle	Kontrolle von Unkräutern
Stallklimatisierung	Biologische Stickstoffbindung
Aufstallungsformen	Mineraldüngung
Verwertung pflanzlicher Abfälle	Kontrolle des Wasserverbrauches bei Bewässerung
Verwertung tierischer Exkremente	Kontrolle der Bodenerosion
Überwachung des Produktionsprozesses (EDV-gestützt)	Neue Formen der Feldbestellung
Datenhaltung und -verarbeitung	Mehrfachanbau und neue Fruchtfolgen
Telekommunikation	Biologischer Anbau
	Überwachung des Produktionsprozesses (EDV-gestützt, Fernerkundung)
	Leistungsfähigere Maschinen

Quelle: *Office of Technology Assessment*, Washington, D.C., 1986

Es ist offensichtlich, daß Gentechnologie, Biotechnologie und Telekommunikation eine große Rolle spielen werden. Die erwarteten Steigerungsraten in der Produktionsleistung sind sehr unterschiedlich. Sehr hohe Zuwachsraten (Tab. 2) werden in den USA in der Milcherzeugung und Schweinemast, aber auch im Anbau von Weizen, Mais und Sojabohnen erwartet. Spektakulär werden die Veränderungen sein, die durch den Einsatz von Wachstumshormonen in der Milchkuhhaltung (*bovine growth hormone*) erfolgen. Man geht davon aus, daß hier Steigerungsraten zwischen 15 und 20 % möglich sind bei einer Erhöhung des Futterbedarfes von nur etwa 5 %. Regionale Verlagerungen aus dem Milchwirtschaftsgürtel des Nordostens in den Südwesten werden ebenfalls erwartet.

Die Diskusion um die Zulassung dieses Hormons in der EG ist entbrannt. Nachdem man sich in den Niederlanden und England dafür entschieden hat, werden Alleingänge in anderen EG-Staaten kaum möglich sein, weil ein Verbot gravierende Nachteile für die Milchviehhalter in diesen Staaten zur Folge hätte.

Agrarwissenschaftler in den USA gehen ebenfalls davon aus, daß es neue Formen der Überwachung des Wasserverbrauches in Bewässerungsgebieten möglich machen werden, den Wasserbedarf zu verringern und die Pflanzenentwicklung zu optimieren. Fernerkundung und Telekommunikation werden dabei eine große Rolle spielen.

Resistenzzüchtungen gegen Schädlingsbefall, Embryotransfer bei Kühen u.a. Techniken werden ebenfalls zu einer Produktionssteigerung führen.

Diese Entwicklungen, die in den kommenden beiden Jahrzehnten zu erwarten sind, lassen aber auch andere Fragestellungen aufkommen. Einmal geht es um die Frage, ob alles, was durch Bio- und Gentechnologie möglich ist, auch angewendet werden sollte. Es ist die Frage nach der ethischen Verantwortbarkeit des Eingriffes in den Evolutionsprozeß. Hierzu liegen inzwischen zahlreiche Publikationen vor, sowohl aus dem englisch- als auch dem deutschsprachigen Raum (z.B. *Battelle* 1983, DAHLBERG 1986, TEICH u.a. 1985).

Tab. 2: Erwartete Produktionssteigerungen bei ausgewählten Agrarprodukten durch agrartechnologische Innovationen bis zum Jahre 2000 in den USA

Produkt	1982	2000	Wachstumsrate % / Jahr
Rindvieh:			
kg Fleisch pro kg Futter	0,07	0,072	0,2
Kälber pro Kuh	0,88	1,0	0,7
Milchvieh:			
kg Milch pro kg Futter	0,99	1,03	0,2
Milch pro Kuh und Jahr (1000 kg)	5,530	11,120	3,9
Geflügel:			
kg Fleisch pro kg Futter	0,40	0,57	2,0
Eier pro Henne	243	275	0,7
Schweine:			
kg Fleisch pro kg Futter	0,157	0,176	0,6
Ferkel pro Sau und Jahr	14,4	17,4	1,1
Mais:			
dt/ha	71,8	88,3	1,2
Weizen:			
dt/ha	24,5	30,5	1,3
Reis:			
dt/ha	53,6	63,2	0,9
Baumwolle:			
kg/ha	541	623	0,7

Quelle: *Office of Technology Assessment*, Washington, D.C., 1986

Eine weitere Frage ist die nach den Auswirkungen der Anwendung dieser Innovationen auf die Agrarstruktur und den ländlichen Raum. Es ist unverkennbar, daß viele agrartechnologische Innovationen, die zu einer tiefgreifenden Veränderung der Produktionsleistungen führen werden, wegen des notwendigen Kapitals und *know hows* nur von sehr großen Betrieben eingesetzt werden können. Die resultierenden Kostenvorteile in der Produktion werden dazu führen, daß die Konkurrenzfähigkeit der Klein- und Mittelbetriebe weiter sinken wird, wodurch sich ihr Anteil an der gesamten agrarischen Wertschöpfung weiter verringert. Der sektorale Konzentrationsprozeß wird sich zweifellos beschleunigen.

Diese Perspektive ist auch ein entscheidender Grund dafür gewesen, daß man in der Agrarpolitik der Bundesrepublik Deutschland Überlegungen angestellt hat, wie man den "bäuerlichen Familienbetrieb", wie immer man ihn definieren mag, schützen kann. Hier geht das Meinungsbild allein unter den Bauernverbänden in den einzelnen Bundesländern weit auseinander, ganz zu schweigen vom Unverständnis, mit dem man diesen Auseinandersetzungen in einigen anderen EG-Staaten begegnet (vgl. dazu KLOHN und WINDHORST 1987).

Die Agrarpolitik und die bäuerlichen Interessenvertreter befinden sich in einer nahezu ausweglosen Lage. Auf der einen Seite erkennen sie, daß der wissenschaftliche Fortschritt beständig weitergeht und Innovationen bereitstellt, die den Agrarsektor weiterhin in Richtung auf kapitalintensiv wirtschaftende Großbetriebe vorantreiben. Sie sehen auch, daß zur Erhaltung der Konkurrenzfähigkeit in der EG und auf dem Weltmarkt an der Nutzung dieser Innovationen kein Weg vorbeiführt. Auf der anderen Seite werden sie mit der bitteren Wahrheit konfrontiert, daß die Anwendung der agrartechnologischen Innovationen zweifellos zu einer schnellen Verringerung der Zahl der landwirtschaftlichen Betriebe führen wird, was wiederum weitreichende Konsequenzen für die Zukunft des ländlichen Raumes insgesamt haben muß (WINDHORST 1988).

G. THIEDE hat in einer eingehenden Analyse über die Auswirkungen des technischen Fortschritts auf die Agrarproduktion dieses Dilemma sehr prägnant beschrieben (1987, S. 54-55):

> "Der technische Fortschritt ist in der Vergangenheit den großen Betrieben und den von der Natur begünstigten Gebieten zugutegekommen. Alles spricht dafür, daß dies auch in Zukunft so sein wird. Die kostengünstige Anwendung der richtigen Technik ist zu einem großen Teil auch eine Frage der Betriebsgröße ...
>
> Die Konkurrenz zwischen den Landwirten wird härter werden, auch zwischen den verschiedenen Produktionsgebieten in Europa. Die langfristige Existenzsicherung der Tüchtigen wird ohne eine Einbeziehung des wissenschaftlich-technischen Fortschritts des jeweiligen Fachgebietes nicht mehr möglich sein. Wer hier nicht mithält, ist zum Aufgeben verurteilt.
>
> Gegen den technischen Fortschritt zu steuern, ist sinnlos, ja verhängnisvoll. Das sehen auch die Vertreter des Bauernstandes: Der technische Fortschritt darf nicht gebremst werden; denn die Konkurrenz wendet ihn unverdrossen an. Tatsächlich käme eine Unterdückung dieses Fortschritts einer Selbstverstümmelung gleich.
>
> Die Agrarpolitik wird sich auf die neuen Gegebenheiten einstellen müssen, ob sie will oder nicht."

Neben Agrarsozialpolitik und Agrarsoziologie stellen sich hier auch einer modernen Agrargeographie wichtige Forschungsaufgaben. Allerdings wird sie in Zielsetzung und Methodik verschieden sein, denn sie wird stärker anwendungsorientiert arbeiten, d.h. neben der Analyse und Erklärung ablaufender Wandlungsprozesse auch die Erarbeitung von Planungskonzepten in den Mittelpunkt ihrer Arbeit stellen müssen. Tut sie dies, wird ihr auch die Anerkennung von den Nachbardisziplinen nicht versagt bleiben, und sie wird zunehmend in das Blickfeld der Wirtschaft geraten.

Literatur

ALBRECHT, H. (1964): Die theoretischen Ansätze der amerikanischen Adoptions-Forschung. Probleme der Beratung. - Arbeiten der Landwirtschaftlichen Hochschule Hohenheim, 26, S. 9-57.

ALBRECHT, H. (1969): Innovationsprozesse in der Landwirtschaft. - Saarbrücken (Sozialwissenschaftlicher Studienkreis für internationale Probleme, 6).

Batelle Institute (1983): Agriculture 2000. A Look at the Future. - Columbus, Ohio.

BORCHERDT, C. (1961): Die Innovation als agrargeographische Regelerscheinung. - Saarbrücken (Arbeiten aus dem Geographischen Institut der Universität des Saarlandes, 6).

BROWN, L.A.(1981): Innovation Diffusion: A New Perspective. - London.

BROWN, L.A., GILLIARD, R.S. (1981): Towards a Development Paradigm of Migration: with Particular Reference to Third World Settings. In: G.F. DE JONG, R.W. GARDNER (Hrsg.): Migration Decision Making. - Elmford.

DAHLBERG, K.A. (1986): New Directions for Agriculture and Agricultural Research. - Totowa, N.J.

HÄGERSTRAND, T. (1952): The Propagation of Innovation Waves. - Lund (Lund Studies in Geography, Ser. B., No. 4).

HÄGERSTRAND, T. (1953): Innovationsförloppet ur korologisk synpunkt. - Lund.

KLOHN, W., WINDHORST H.-W. (1987): Schutz des bäuerlichen Familienbetriebes - Verhinderung von agrarindustriellen Unternehmen. In: Forschungsgruppe: Agrarische Intensivgebiete, Mitteilungen H. 7. - Vechta.

Office of Technology Assessment (1986): Technology, Public Policy, and the Changing Structure of American Agricutlture. - Washington, D.C.

ROGERS, E.M. (1962): Diffusion of Innovations. - New York, London.

ROGERS, E.M., SHOEMAKERS F.F. (1971): Communication of Innovation: A Cross-Cultural Approach. - New York, London.

RYAN, B., GROSS, N.C. (1943): The Diffusion of Hybrid Seed Corn in Two Iowa Communities. - Rural Sociology, 7, S. 15-24.

TEICH, A.H. u.a. (Hrsg.) (1985): Biotechnology and the Environment. - Washington, D.C.

THIEDE, G. (1987): Technischer Fortschritt als Motor der landwirtschaftlichen Entwicklung. In: D. JAUCH, F. KROMKA (Hrsg.): Agrarsoziologische Orientierungen. Ulrich Planck zum 65. Geburtstag. - Stuttgart, S. 43-55.

WINDHORST, H.-W. (1979): Die sozialgeographische Analyse raum-zeitlicher Diffusionsprozesse auf der Basis der Adoptorkategorien von Innovationen. - Zeitschrift für Agrargeschichte und Agrarsoziologie, 27, S. 244-266.

WINDHORST, H.-W. (1983): Geographische Innovations- und Diffusionsforschung. - Darmstadt (Erträge der Forschung, 189).

WINDHORST, H.-W. (1987): Die US-amerikanische Agrarwirtschaft auf dem Wege zu einer dualen Struktur. - Zeitschrift für Agrargeographie, 5, S. 283-335.

WINDHORST, H.-W. (1988): Zwölf Thesen zur Zukunft der Landwirtschaft und des ländlichen Raumes. - Vechta.

Prof. Dr. Hans-Wilhelm Windhorst
Fach Geographie der Universität Osnabrück, Abtlg. Vechta
Driverstraße 22, 2848 Vechta

Hans-Wilhelm Windhorst

Intensive Tierhaltung in Südoldenburg - Entwicklung, Strukturen, Probleme und Perspektiven

Agrarwirtschaftsräume sind dynamische Gebilde. Ihre gegenwärtige Struktur und ihre Zukunftsperspektiven lassen sich nur erfassen, wenn die Entwicklung berücksichtigt wird. Der Rückblick zeigt, wie es den Agrarproduzenten gelungen ist, sich den natürlichen und wirtschaftlichen Rahmenbedingungen anzupassen und sie in ihrem Sinne zu beeinflussen.

Unter der Struktur wollen wir hier die Betriebsorganisation, die Produktionsausrichtung, die Zuordnung der eigentlichen Primärproduktion zu vor- und nachgelagerten Industrien und die räumliche Differenzierung verstehen. Daneben ist eine Betrachtung der Funktion des Agrarwirtschaftsraumes von Bedeutung. Hiermit ist zweierlei gemeint, einmal der Ablauf der wirtschaftlichen Prozesse, man könnte auch sagen, das Funktionieren der Wirtschaft, und zum anderen die Aufgabe des Agrarwirtschaftsraumes für andere Regionen. Hierunter verstehen wir z.B. die Absatzbeziehungen, aber auch die Versorgung mit Produktionsmitteln, beispielweise Futter.

1. Phasen der agrarwirtschaftlichen Entwicklung (1885-1985)

Bei der Darstellung der wirtschaftlichen Entwicklung wird entsprechend dem Thema dieser Tagung die Rolle der Innovationen besonders berücksichtigt.

Noch vor 100 Jahren war die Landwirtschaft in Südoldenburg ganz überwiegend auf Selbstversorgung ausgerichtet, und die Menschen, vor allem die Heuerlinge und die Besitzer kleiner Betriebe, lebten in bedrückenden wirtschaftlichen Verhältnissen. Minderwertige Sandböden, die nur geringe Erträge lieferten, niedrige Tierbesatzzahlen, weil die Futtergrundlage fehlte, und eine mangelhafte Verkehrsanbindung kennzeichneten die Situation um 1880. Weder bestand die Möglichkeit, in größeren Mengen Futtermittel oder Dünger einzuführen, noch war der Absatz erzeugter Güter sichergestellt. Die Landwirtschaft bewegte sich im Teufelskreis von geringen Erträgen aus der Bodenproduktion, niedrigen Tierbesatzzahlen und geringer Erzeugung von natürlichem Dünger. Die Konsequenz war, daß sich bei steigenden Bevölkerungszahlen die Schere zwischen der Nahrungsmittelproduktion und der Nachfrage nach solchen Gütern immer weiter öffnete. Hollandgängerei, Heuerlingswesen und Auswanderung waren Ventile, die diesem Problem begegneten, eine dauerhafte Entlastung brachte neben der Auswanderung jedoch erst der wirtschaftliche Aufstieg der Region selbst.

Auslösendes Element war der Eisenbahnbau der Jahre 1885 bis 1895. Nun war es sowohl möglich, Fischmehl, Gerste und Mineraldünger von den Häfen an der Küste einzuführen als auch die erzeugten Agrarprodukte (Mastschweine, Mastkälber) in den Industriegebieten an Rhein und Ruhr und anderen städtischen Konsumgebieten abzusetzen. Diese sich bietende Möglichkeit wurde zunächst vor allem von den Heuerlingen und den kleinen Bauern aufgegriffen. Mit zugekauftem Futter mästeten sie Schweine und setzten diese über die ortsansässigen Viehhändler, die sie vielfach auch mit Ferkeln und Futter versorgten, an die damals entstehenden Schlachtviehmärkte ab.

Der erste Entwicklungsschub wurde durch die Ausbreitung mehrerer Innovationen bewirkt. Dies waren: Die Verwendung von Fremdfutter in der Mast, der Absatz der Tiere über Kommissionäre[1] auf den Schlacht-

J.-B. Haversath, K. Rother (Hrsg.): Innovationsprozesse in der Landwirtschaft
Passau 1989 (Passauer Kontaktstudium Erdkunde)

Abb. 1: Die Entwicklung der Hühner- und Schweinebestände in Südoldenburg (Quelle: amtliche Statistik)

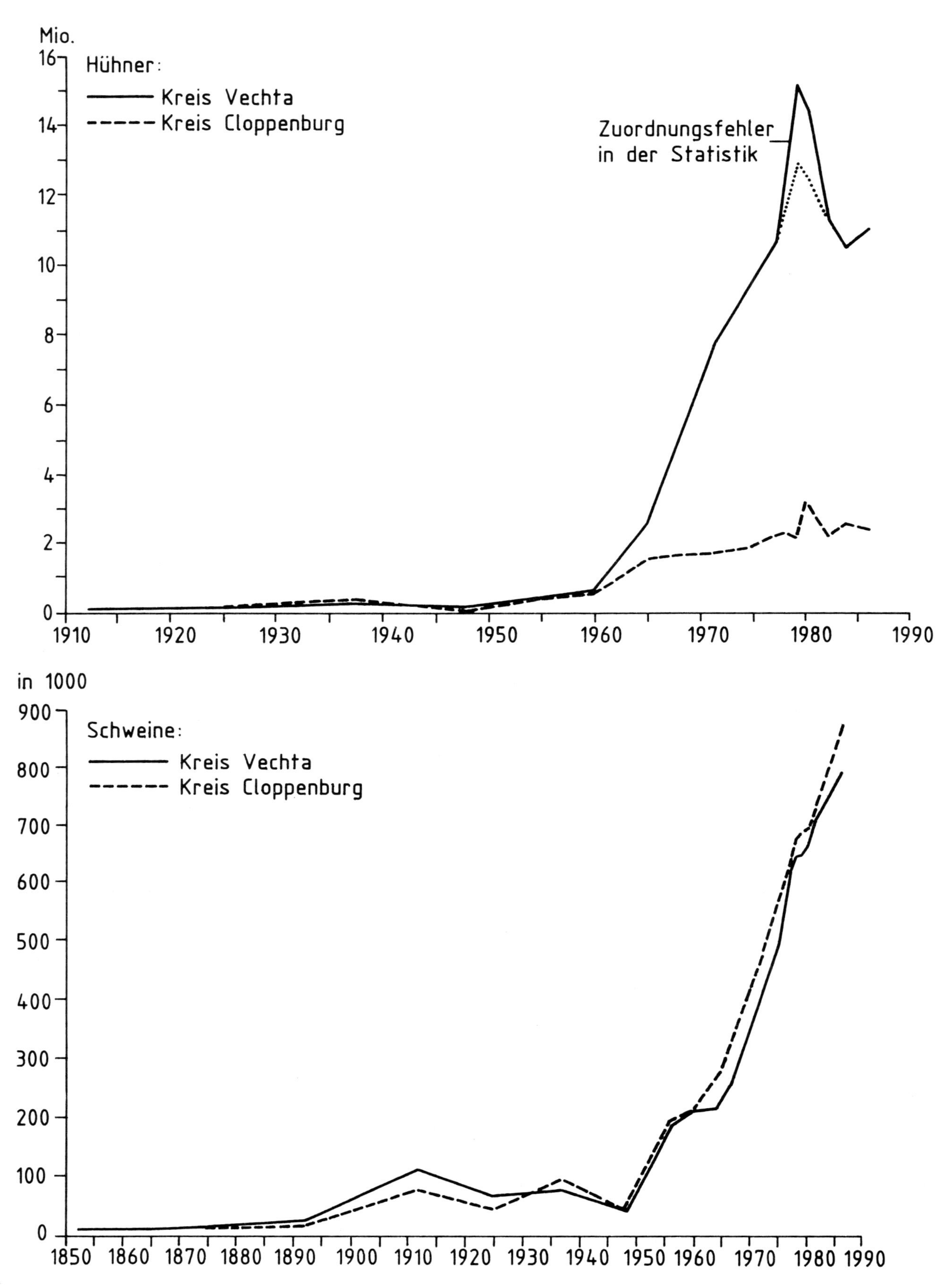

viehgroßmärkten an Rhein und Ruhr sowie die Errichtung von großen Stallanlagen mit der sogenannten "dänischen Aufstallung" als Haltungsform.

Lebendvermarktung und Mast auf Zukauffutterbasis sind die entscheidenden Strukturelemente, Absatz im Ruhrgebiet die bedeutendste Funktionalbeziehung. Dies sollte bis in die Zeit nach dem 2. Weltkrieg so bleiben, doch waren die Jahrzehnte von 1919 bis 1945 von einem dauernden Auf und Ab gekennzeichnet.

An den 1. Weltkrieg schloß sich die Weltwirtschaftskrise an, sie wurde gefolgt vom Dritten Reich, das mit seinen Autarkiebestrebungen einen erneuten Aufschwung brachte. Allerdings war der Zusammenbruch im 2. Weltkrieg, als die Futterversorgung nicht mehr sichergestellt war, um so gravierender. Es dauerte bis weit in die 50er Jahre, bis wieder Tierzahlen erreicht wurden, die denen von 1910 entsprachen (Abb. 1).

Kennzeichnend für Südoldenburg ist, daß trotz dieser wirtschaftlichen Rückschläge schon bald nach der Währungsreform der Neuaufbau begonnen wurde. Die Stallanlagen und das *know how* waren vorhanden, die Absatzwege waren bekannt, die Kommissionäre erreichten schon bald wieder hohe Anteile an den Anlieferungen an den Schlachtviehgroßmärkten, und die Bereitschaft, wirtschaftliches Risiko auf sich zu nehmen, war ungebrochen. Dieser für die Bauern - und später für die gewerblichen Tierhalter - charakteristische Wirtschaftsgeist war es, der neben anderen Faktoren die Ausbildung des agrarischen Intensivgebietes ermöglichte. Was fehlte, war zunächst das Futter. Als dies jedoch wieder in großen Mengen über die Hafenstädte eingeführt werden konnte, begann ein Aufschwung, der wohl ohne Parallele sein dürfte. Ihm kommt nur der in Südholland ablaufende Verdichtungsprozeß nahe. Innerhalb weniger Jahre vervielfachten sich die Tierbestände, anfangs dominierte der Mastschweinsektor, in den sechziger Jahren kamen Legehennenhaltung, Hähnchen- und Kälbermast hinzu.

Eine lange Friedensphase, wachsender Wohlstand, steigende Nachfrage nach tierischen Nahrungsmitteln, unbegrenzte Importmöglichkeiten für Futter, die konsequente Nutzung von technischen Neuerungen, die enge Kooperation mit vor- und nachgelagerten Unternehmen und der kontinuierliche Ausbau einer leistungsfähigen Infrastruktur waren es, die diesen Expansionsprozeß steuerten. Während in der Schweinemast auch weiterhin die bäuerlichen Betriebe dominierten, bildeten sich in der Hühnerhaltung nach und nach vertikal integrierte Unternehmen aus, die vom Futtermittelwerk bis zur Vermarktung des Endprodukts, seien es nun Eier oder Brathähnchen, alle Zweige unter einer Unternehmensführung vereinigten. Anregungen aus den Vereinigten Staaten und eine vorteilhafte Steuergesetzgebung sowie die konsequente Inanspruchnahme der Möglichkeiten, die die Rechtsform einer GmbH & Co. KG eröffnete, waren von steuerndem Einfluß. Doch wäre all dies ohne Wirkung geblieben, wenn nicht Unternehmerpersönlichkeiten vorhanden gewesen wären, die die Gunst der Stunde sowie die Lagevorteile Südoldenburgs erkannten und nutzten.

Diese Phase ist durch das Aufkommen zahlreicher Innovationen gekennzeichnet, die sich in Südoldenburg schnell ausbreiteten. Die wichtigsten seien genannt: Vollautomatische Anlagen zur Haltung von Legehennen (Kompaktbatterien); Hybridhennen; automatische Fütterungsanlagen für Mastschweine, z.T. computergesteuert; Hybridschweine; leistungsfähige Transportfahrzeuge zur Gülleausbringung; Hybridmais; Boxenhaltung von Mastkälbern; die Rechtsform der GmbH & Co. KG; vertikale Integration agrarindustrieller Unternehmen; Vertragshaltung von Nutztieren; Hochleistungsfutter; veterinärmedizinische Präparate.

Diese Aufzählung zeigt, daß es Innovationen unterschiedlicher Art waren. Neben agrartechnologischen Innovationen waren auch solche neuer Organisationsformen der Agrarproduktion sowie Ergebnisse der Tierzucht von entscheidendem Einfluß.

Sowohl die Offizialberatung der Landwirtschaftskammer als auch die Verkaufsabteilungen der Futtermittelwerke und Hersteller von Tierhaltungsgeräten spielten eine große Rolle als *change agents*. Mit gezielten Strategien versuchten sie, den Diffusionsprozeß zu beeinflussen. So wurden beispielsweise Informationsreisen in die USA organisiert, um dort die Formen der Legehennen- und Masthähnchenhaltung zu demonstrieren, ebenfalls Besuche zu wichtigen Messen, auf denen die neuesten Geräte ausgestellt waren.

Erste Probleme traten in den frühen siebziger Jahren auf, als es im Eiersektor wegen der Überproduktion zu einem Preisverfall kam. Dies zog beträchtliche Veränderungen in der Struktur der Legehennenhaltung nach sich, bewirkte jedoch auch eine Entmischung, weil in Zukunft nur noch konkurrenzfähige Unternehmen erhalten blieben, die in der Lage waren, sich auf enger werdenden Märkten zu behaupten. Soweit sie nicht zur

Direktvermarktung übergingen bzw. in Vertragshaltungen einstiegen, konnten sich Produzenten mit kleinen und mittleren Bestandsgrößen nicht mehr behaupten.

Es wurde ebenfalls erkennbar, daß die Umweltprobleme, die aus dem gehäuften Anfall von tierischen Exkrementen herrührten, einen ganz entscheidenden Einfluß auf die Zukunft des Agrarwirtschaftsraumes Südoldenburg haben würden.

Seit 1980 bewegt sich die tierische Veredlungswirtschaft in Südoldenburg in einer Phase geringer Veränderungen in den Bestandszahlen. In der Schweinemast konnten die Marktanteile knapp gehalten werden, wobei aber nicht zu verkennen ist, daß in anderen Teilen der Region Weser-Ems, im Westmünsterland und in Südholland eine Expansion stattfindet. Die Puten- und Entenmast sowie die Masthähnchenproduktion haben sich als sehr flexibel und beständig erwiesen. Im Legehennenbereich stagniert die Entwicklung. Gravierender als die ökonomischen Probleme sind allerdings solche aus dem ökologischen Bereich. Überhöhte Nitratwerte im Grundwasser, ein Trend hin zu Maismonokulturen, unerwünschter Nutzungswandel in der Dümmerniederung und eine zunehmend kritische Einstellung vieler Bürger gegenüber der Agrarproduktion sind einige Stichworte. Dazu kommt das Negativimage, das durch eine Vielzahl von Publikationen und Fernsehsendungen inzwischen mit der Region Südoldenburg verbunden wird. All dies sind Herausforderungen, denen es zu begegnen gilt. Dazu kommen die gesamtwirtschaftlichen Probleme der Region, die mögliche Lösungen nicht gerade leichter realisierbar erscheinen lassen.

Tab. 1: Die Entwicklung des Getreide- und Körnermaisanbaus (ha) in den beiden südoldenburgischen Landkreisen zwischen 1971 und 1983

Kreis	1971	1974	1979	1983	Veränderung (%)
Cloppenburg					
Roggen	21.611	20.200	12.531	8.299	- 61,6
Hafer	7.905	8.967	8.491	6.181	- 21,8
Gerste	12.635	16.024	26.084	24.606	+ 94,7
Weizen	529	1.068	1.553	1.536	+ 190,4
Körnermais	880	995	371	6.080	+ 590,9
Getreide gesamt*	51.150	53.732	51.629	48.317	- 5,5
Vechta					
Roggen	9.822	8.610	5.799	4.218	- 57,1
Hafer	7.494	6.559	4.683	3.176	- 57,6
Gerste	9.270	10.756	14.615	12.934	+ 39,5
Weizen	1.212	2.722	3.174	3.060	+ 152,5
Körnermais	2.209	3.515	3.383	9.745	+ 341,1
Getreide gesamt*	30.918	32.666	31.874	33.222	+ 7,5

* einschließlich Menggetreide

Quelle: amtliche Statistik

2. Die Struktur der Agrarwirtschaft in Südoldenburg um die Mitte der achtziger Jahre

Wenngleich die Veredlungswirtschaft eindeutig im Hinblick auf die Wertschöpfung der Landwirtschaft dominiert, ist die Gesamtstruktur vielseitiger. Neben der Milchwirtschaft, die vor allem im Nordkreis Cloppenburg und den Gemeinden, die Anteil am Dinklager Becken haben, eine größere Rolle spielt, ist im Grenzbereich der beiden Landkreise das zweitgrößte geschlossene Obst- und Gemüseanbaugebiet Norddeutschlands entstanden. War es anfangs überwiegend auf den Anbau von Kern- und Steinobst ausgerichtet, kam in den dreißiger Jahren der Gemüsebau hinzu. Nach dem 2. Weltkrieg entstanden die Institutionen (Versuchsanstalt für den Obst- und Gemüsebau, Obstanbauberatungsring und Erzeugergroßmarkt), die den stetigen Ausbau dieses Wirtschaftszweiges garantierten. Sie waren es auch, die eine Umstellung in der Produktionsausrichtung angesichts veränderter Marktverhältnisse einleiteten und zum Erfolg führten. Diese Infrastruktur war es, die für die Einbringung neuer Anbaufrüchte sowie neue Produktions- und Vermarktungsformen sorgte. Sie wurden die wichtigsten Diffusionsagenturen und steuerten den Ausbreitungsprozeß der Innovationen gezielt. Heute liegt ein breites Angebot vor, das von Äpfeln und Kirschen bis zu Erdbeeren, Himbeeren, Chinakohl, Möhren, Porree und anderen Erzeugnissen reicht.

Im Ackerbau hat sich seit den fünfziger Jahren ein einschneidender Wandel vollzogen. Einmal ist es zu einer beständigen Ausweitung der Ackerfläche gekommen, zum anderen zu einem Nutzungswandel (Tab. 1). Er war zunächst geprägt von einer "Vergetreidung". An die Stelle von Hackfrüchten und Futterpflanzen traten vor allem Gerste und Weizen. Die Gerste hat als wichtigstes Futtergetreide einen wahren Siegeszug angetreten und stellte 1983 mit 37.500 ha 46 % der Getreidefläche. Sie besetzte damit 35 % des Ackerlandes. Darauf folgt der Körnermais mit 15.800 ha (= 19 % der Getreidefläche). Bei den Futterpflanzen dominierte der Grünmais mit

Tab. 2: Die Entwicklung der Schweinehaltung in den beiden südoldenburgischen Landkreisen 1972 - 1986

Kreis	1972	1976	1980	1984	1986	Veränderung (%)
Cloppenburg						
Schweine	454.459	601.307	693.810	790.634	864.942	+ 90,3
davon: Sauen	33.124	46.825	55.071	60.031	64.953	+ 96,1
Mastschweine (20 - 110 kg)	355.320*	433.622	516.848	600.308	658.163	+ 85,2
Haushaltungen mit Schweinen	5.802	5.463	4.810	4.176	3.860	- 33,5
durchschn. Bestandsgröße	78,3	110,1	144,2	189,3	224,1	+ 186,2
Vechta						
Schweine	419.493	573.960	662.984	741.829	779.263	+ 85,8
davon: Sauen	19.827	28.194	33.437	38.683	39.885	+ 101,2
Mastschweine (20 - 110 kg)	391.559*	469.485	553.677	616.157	652.167	+ 66,6
Haushaltungen mit Schweinen	3.477	3.367	3.029	2.588	2.388	- 31,3
durchschn. Bestandsgröße	120,6	170,5	218,9	286,6	326,3	+ 170,6

* 1973

Quelle: amtliche Statistik

21.600 ha (= 83 % der Futterpflanzenfläche). Wenn man den Körner- und Grünmais zusammenfaßt, erreicht er fast genau die Fläche der Gerste. Hieraus wird die herausragende Bedeutung dieser beiden Anbaufrüchte erkennbar, werden sie doch inzwischen auf 70 % des Ackerlandes angebaut. Ohne die Bereitstellung von Hybridmaissaatgut, das den Boden- und Klimaverhältnissen dieses Agrarwirtschaftsraumes angepaßt war, wäre diese Entwicklung nicht möglich gewesen.

In der Tierhaltung stellen Schweine- und Geflügelhaltung die beiden wichtigsten Zweige dar. Im Dezember 1986 wurden in Südoldenburg insgesamt 1,64 Mio. Schweine gehalten (Tab. 2), davon etwa 865.000 in Cloppenburg (= 52,7%). Die Bestände sind nahezu gleichmäßig auf die Landkreise verteilt. Von den 7.684 landwirtschaftlichen Betrieben halten noch immer über 88 % Schweine, was die Bedeutung dieses Nutzviehzweiges für die bäuerlichen Betriebssysteme dokumentiert. Die durchschnittliche Bestandsgröße liegt mit 326 Tieren in Vechta allerdings um mehr als 100 höher als in Cloppenburg (224).

Von den 13,45 Mio. Hühnern, die 1986 in Südoldenburg eingestallt waren, entfielen 11,6 Mio. (= 82 %) auf den Kreis Vechta (Tab. 3). Bei dieser Tierart ist folglich ein deutliches Ungleichgewicht vorhanden. Mit 7,95 Mio. Tieren stellen die Legehennen (über 1/2 Jahr) den höchsten Anteil. Hühner werden nur noch in 1.087 Betrieben gehalten. Die durchschnittliche Bestandsgröße liegt bei 23.164 Hühnern im Kreis Vechta und 4.000

Tab. 3: Die Entwicklung der Hühnerbestände in den beiden südoldenburgischen Landkreisen 1972 - 1986

Kreis	1972	1976	1980*	1984	1986	Veränderung (%)
Cloppenburg						
Hühner	1.803.875	2.267.691	3.360.655	2.569.171	2.448.003	+ 35,7
davon:						
Legehennen (ü. 1/2 J.)	1.071.509	1.186.662	2.068.353	1.383.979	1.480.256	+ 38,1
Junghennen	110.669	149.670	241.347	188.917	216.548	+ 95,7
Masthühner	621.697	931.359	1 050.955	996.275	751.199	+ 20,8
Haushaltungen mit Hühnern	3.003	1.929	1.028	754	612	- 79,7
durchschn. Bestandsgröße	601	1.176	3.269	3.407	4.000	+ 565,6
Vechta						
Hühner	9.496.544	9.748.870	14.589.130	10.532.503	11.002.862	+ 15,9
davon:						
Legehennen (ü. 1/2 J.)	6.123.557	5.751.034	7.866.899	6.505.112	6.472.723	+ 5,7
Junghennen	2.258.817	2.142.088	3.733.265	2.719 500	2.368.225	+ 4,8
Masthühner	1.114.170	1.855.748	2.948.976	1.307.891	2.161.914	+ 94,0
Haushaltungen mit Hühnern	1.665	1.144	736	560	475	- 71,5
durchschn. Bestandsgröße	5.704	8.522	19.822	18.808	23.164	+ 306,1

* Die Werte für 1980 sind nur begrenzt vergleichbar, weil die Tiere beim Sitz des Betriebes und nicht am realen Standort gezählt wurden.

Quelle: amtliche Statistik

Tieren im nördlichen Nachbarkreis. Aus diesen Größenordnungen wird erkennbar, daß die Hühnerhaltung ganz überwiegend in gewerblichen und agrarindustriellen Unternehmen durchgeführt wird.

Die landwirtschaftlichen Betriebe in Südoldenburg, insgesamt im Jahre 1986 7.487, bewirtschaften 164.487 ha. Hierbei sind Zupachtflächen außerhalb der beiden Landkreise nicht mit eingeschlossen. Die Zupacht spielt insbesondere in den viehstarken Gemeinden des Kreises Vechta eine große Rolle. Die durchschnittliche Betriebsgröße beträgt im Kreis Cloppenburg 21,4 ha und im Kreis Vechta 22,9 ha. Betriebe mit weniger als 1 ha landwirtschaftlich genutzter Fläche sind nicht mit einbezogen. Eine Konzentration des Landbesitzes in den Betriebsgrößenklassen über 30 ha ist offensichtlich. Dieser Trend wird sich zweifelsohne weiter fortsetzen.

Fassen wir die gegenwärtige Agrarstruktur in einigen wichtigen Punkten zusammen:

-- Die tierische Veredlungswirtschaft bestimmt das Bild der südoldenburgischen Landwirtschaft. Während Milchviehhaltung und Schweinehaltung weiterhin ganz überwiegend in bäuerlichen Familienbetrieben durchgeführt werden, ist die Hühnerhaltung zur Domäne gewerblicher und agrarindustrieller Unternehmen geworden. Allerdings besteht hier ebenso wie bei der Kälbermast eine enge Verbindung zu bäuerlichen Betrieben über die Vertragshaltung.

-- Im Pflanzenbau bestimmen der Anbau von Gerste und Mais, die nahezu 70 % des Ackerlandes besetzen, das Bild. Einen Sonderfall in diesem sehr gleichmäßigen Spektrum stellt der Anbau von Obst und Gemüse auf den Sandlößböden im Grenzbereich der beiden südoldenburgischen Landkreise dar.

-- Die durchschnittliche Betriebsgröße liegt inzwischen in beiden Kreisen über 20 ha, ein Trend hin zur weiteren Konzentration der Nutzflächen in den oberen Betriebsgrößenklassen ist unverkennbar. Dies erschwert wegen der rechtlichen Grundlagen des Bewertungsgesetzes und des Gülleerlasses die Tierhaltung in kleinen und mittleren Betrieben.

3. Ökologische und sozioökonomische Probleme der Intensivlandwirtschaft in Südoldenburg

Bereits zu Beginn der siebziger Jahre erhoben sich Stimmen, die darauf hinwiesen, daß die schnelle Ausweitung der Tierbestände zu Problemen bei der Beseitigung der tierischen Exkremente führen würde. Sie verstummten jedoch, als im Gefolge der Ölkrise die Preise für Mineraldünger stark anstiegen und damit die Aufnahmebereitschaft der Landwirte für Hühnergülle sehr schnell zunahm. Der Kreis Vechta reagierte bereits 1971 auf einige Verstöße gegen die ordnungsmäßige Verwertung der anfallenden Gülle aus der Tierhaltung mit der sogenannten "Gülleverordnung", doch erfaßte sie nur ein Problem, nämlich die Geruchsbelästigung. So fortschrittlich sie damals gewesen sein mag, verdeckte sie das eigentliche Problem, nämlich die Gefährdung des agrarischen Ökosystems durch Überdüngung. Dies wurde einer breiten Öffentlichkeit in all seinen komplexen Zusammenhängen erst zu Beginn der achtziger Jahre klar, ein Auslöser war der viel diskutierte "Gülleerlaß" des niedersächsischen Ministeriums für Ernährung, Landwirtschaft und Forsten vom 13.4.1983[2)].

a) Ökologische Probleme

Eine dauernde Gefährdung der gehaltenen Nutztiere rührt her von *Seuchen*, die in der Vergangenheit z.T. zu hohen finanziellen Verlusten und zur Gefährdung von Betrieben geführt haben. Zu nennen sind hier: Europäische Schweinepest, Hühnerpest, Newcastle Disease, Maul- und Klauenseuche, Aujeszkysche Krankheit. Während die Impfprophylaxe die Ausbreitung von Seuchen in Geflügelbeständen nahezu vollständig beseitigt hat, stellen die Europäische Schweinepest und die Aujeszkysche Krankheit auch weiterhin eine Bedrohung der Rindvieh- und Schweinebestände dar.

Die *Geruchsbelästigung* aus der Tierhaltung in Großbeständen und der Aufbringung tierischer Exkremente (vor allem Gülle) wird von vielen Nichtlandwirten häufig beklagt. Hierbei ist allerdings zu trennen nach einem "Dauerpegel", der vor allem von der Abluft aus den Stallanlagen herrührt und einer kurzfristigen Extrembelastung in den letzten Wochen des Monats April und Anfang Mai (vor der Maispflanzung), nach der Wintergerstenernte im Juli sowie im Spätherbst vor der Einsaat des Wintergetreides.

Bild 1:
Junghennenaufzuchtanlage mit automatischer Fütterung

Bild 2:
Mehretagenbatterie zur Haltung von Legehennen

Bild 3:
Mastschweinhaltung auf Vollspaltenboden mit Flüssigfütterung

Die von einer langfristigen Aufbringung von Gülle ausgelöste *Nitratanreicherung* des Grundwassers trat erst gegen Ende der siebziger und zu Beginn der achtziger Jahre stärker in das Bewußtsein der Bevölkerung, als Messungen sehr hohe Nitratwerte in zahlreichen Hausbrunnen nachwiesen. Dies veranlaßte das Landwirtschaftsministerium zum "Gülleerlaß", der die Ausbringungsmengen und -zeiträume für Flüssigmist regelt. Zu diesem Problem ist es gekommen, weil aufgrund der unbegrenzten Einfuhrmöglichkeiten für Futtermittel eine sehr schnelle Ausweitung der Schweine- und Geflügelbestände erfolgte, auf der anderen Seite jedoch die Vergrößerung der landwirtschaftlichen Nutzflächen schon schnell an unüberwindbare Grenzen stieß. Zu Beginn der achtziger Jahre lag der Selbstversorgungsgrad der tierischen Veredlungswirtschaft für Futter in Südoldenburg nur noch bei etwa 15 %, im Kreis Vechta erreichte er nur noch gut 10 %. Dadurch geriet das agrarische Ökosystem aus dem Gleichgewicht, weil die tierischen Exkremente nicht wieder dort in den Stoffkreislauf eingespeist werden konnten, wo es an sich notwendig gewesen wäre, wie in den USA, Brasilien und Südostasien. Der Forderung des Gülleerlasses, die Aufbringungsmöglichkeit im Winter auszuschließen, wurde durch den Bau zahlreicher neuer Behälter Rechnung getragen. Die Reduzierung der Gesamtaufbringungsmenge ist zwar durch Zupacht in benachbarten Landkreisen ansatzweise erfolgt, doch liegt die aufgebrachte Güllemenge in einer Reihe von Gemeinden im Kreis Vechta noch über dem Wert von 3 DE/ha LN[3)]. Neben der Verunreinigung des Grundwassers kann aus einer Intensivlandwirtschaft, wie sie in weiten Teilen Südoldenburgs betrieben wird, eine Bodengefährdung ausgehen. Dies ist möglich durch Phosphat- und Schwermetallanreicherungen, Bodenerosion in geneigtem Gelände bei Maisanbau, Bodenverarmung durch Monokulturen von Mais und Überführung von Niedermoorflächen in Ackerflächen, wie es z.B. am Westrand des Dümmers erfolgt ist.

Seit einigen Jahren wird versucht, die Aufbringung der tierischen Exkremente auf den landwirtschaftlichen Nutzflächen des Kreises Vechta zu verringern. Es können dabei folgende Maßnahmen unterschieden werden:

(1) Umstellung vorhandener Legehennenhaltungen von Gülle auf Trockenkot. Eine agrartechnische Innovation, das "belüftete Kotband", ermöglicht es, den anfallenden Hühnerkot in der Stallanlage auf einen Trockenmasseanteil von 65-70 % zu bringen. Dieser Trockenkot kann wegen seines geringen Wassergehaltes im Gegensatz zur wasserreichen Gülle über große Distanzen (500 - 600 km) kostendeckend transportiert werden. Da dieser Dünger stark nachgefragt wird, ist davon auszugehen, daß in Zukunft ein Großteil in weiter entfernt liegenden Gebieten verwendet wird. Diese Innovation breitet sich z.Z. schnell aus. Als Diffusionsagentur fungiert ein Unternehmen, das Tierhaltungsgeräte herstellt. Durch gezielte Werbung, Besichtigungsfahrten, Presseberichte und begleitende wissenschaftliche Untersuchungen wird die Information an potentielle Adoptoren herangebracht.

(2) Verwendung von Trockenkot aus der Masthähnchenhaltung in der Champignonzucht. Ein agrarindustrielles Unternehmen verwendet seit 1986 einen Großteil des in seinen Stallanlagen anfallenden Trockenkotes für die Herstellung eines Kompostes, der als Basis für die Champignonzucht dient. Es werden pro Woche 150-200t Trockenkot und etwa 400 t Weizenstroh verwertet. Diese Innovation führte ebenfalls zu einer Reduzierung der Aufbringung von tierischen Exkrementen.

(3) Gründung einer Genossenschaft zur Verwertung von Naturdung. Im Frühjahr 1988 wurde unter Beteiligung des Landkreises eine Genossenschaft gegründet, die sich zum Ziel setzt, Gülle, die nicht umweltverträglich aufgebracht werden kann, zu sammeln, zu lagern und in benachbarten Landkreisen abzusetzen. Erste Entlastungen werden im Jahre 1989 erwartet.

(4) Anlagen zur Be- und Verarbeitung von Gülle. Zahlreiche Vorschläge liegen vor, Gülle zu einem trockenen Substrat zu verarbeiten bzw. zu kompostieren. Bislang ist noch kein Verfahren entwickelt worden, das kostendeckend arbeitet. Mittelfristig wird man ohne solche Anlagen nicht auskommen, zumal dann, wenn der zulässige Besatz mit Dungvieheinheiten reduziert wird. Man kann davon ausgehen, daß die Landwirte und gewerblichen Tierhalter einen Teil der anfallenden Kosten tragen müssen.

b) Sozioökonomische Probleme

Neben den genannten ökologischen Problemen, die einer Lösung zugeführt werden müssen, bestehen noch soziale und wirtschaftliche, die ebenfalls die weitere Entwicklung des Agrarwirtschaftsraumes Südoldenburg belasten. Das Kernproblem ist die hohe Arbeitslosigkeit. Im Durchschnitt des Jahres 1985 waren in Südoldenburg etwa 11.000 Personen arbeitslos. Während es im Landes- und Bundesdurchschnitt nur noch zu einer geringfügigen Zunahme kam, stieg der Wert im Arbeitsamtsbezirk Vechta gegenüber 1984 noch um 13,1 % an. Im Dezember 1985 bildete Südoldenburg mit 22,6 % das Schlußlicht unter allen 142 Arbeitsamtsbezirken der BR Deutschland. Hierbei ist der große Unterschied zwischen dem Kreis Vechta und dem Nordkreis Cloppenburg zu berücksichtigen, wo fast jeder dritte Arbeitnehmer arbeitslos war. Hauptsächlich betroffen sind: Bauberufe, Verwaltungs- und Büroberufe, Warenkaufleute, Schlosser und Mechaniker, Ernährungsberufe, Sozial- und Erziehungsberufe. Seit einigen Jahren ist auch bei den landwirtschaftlichen Berufen eine hohe Wachstumsrate der Arbeitslosigkeit festzustellen. Die Arbeitlosenzahlen wären noch höher, wenn nicht durch Umschulungen und Arbeitsbeschaffungsmaßnahmen zahlreiche Arbeitslose vorübergehend einer Tätigkeit nachgehen könnten.

Trotz vermehrter Anstrengungen seitens der Wirtschaftsunternehmen und der Schaffung neuer Arbeitsplätze konnte die große Zahl der in das Berufsleben drängenden Jugendlichen nicht aufgefangen werden. Dazu kommt die Ausbildung in Berufen, die in Zukunft nicht mehr in dem bisherigen Umfange nachgefragt werden.

Offenkundig ist, daß Südoldenburg noch einige Jahre mit hohen Arbeitlosenraten und allen daraus resultierenden sozialen Problemen konfrontiert bleiben wird. Insbesondere die längerfristige Arbeitslosigkeit kann dabei zu einer so starken Belastung für die kommunalen Haushalte werden, daß an sich notwendige investive Maßnahmen im Infrastrukturbereich hinausgeschoben werden müssen.

Der agrarische Produktionssektor wird von dieser Situation nachhaltig betroffen, weil der Übergang solcher Landwirte, die ihren Betrieb abstocken (Zu- oder Nebenerwerbsbetriebe) oder auch aufgeben wollen, in andere Wirtschaftszweige sehr erschwert oder unmöglich gemacht wird. Dies führt zwangsläufig zur Festschreibung ungewünschter Strukturen in Problembetrieben, gegebenenfalls sogar zu einer sehr hohen Verschuldung und zum endgültigen Betriebsverlust.

4. Perspektiven der Agrarwirtschaft in Südoldenburg

Bei der Durchmusterung der Zukunftsaussichten der Landwirtschaft in Südoldenburg werden unterschiedliche Gesichtspunkte zu berücksichtigen sein. Angesichts des Stellenwertes, den die Landwirtschaft einschließlich der ihr vor- und nachgelagerten Unternehmen in Südoldenburg hat, muß es als wichtige strukturpolitische und regionalpolitische Aufgabe angesehen werden, sie gegenüber in- und ausländischen Produzenten konkurrenzfähig zu halten. Dies wird keine leichte Aufgabe sein, wenn man die im vorangehenden Kapitel geschilderte gesamtwirtschaftliche Situation mit in die Betrachtung einbezieht. Eine Lösung kann nur durch Verbesserung der gesamten Wirtschaftsstruktur eingeleitet werden. Hierbei ist jedoch zu berücksichtigen, daß die Rahmenbedingungen der EG nicht sehr viel Spielraum zulassen und die Form der Intensivlandwirtschaft in Südoldenburg auch in vielen anderen Agrarwirtschaftsräumen der BR Deutschland auf Ablehnung stößt. Dies bezieht sich nicht nur auf die gewerblichen und agrarindustriellen Unternehmen, sondern auch auf das, was man in Südoldenburg noch als bäuerliche Landwirtschaft zu bezeichnen geneigt ist.

Bild 4:
Moderner Miststreuer zur Ausbringung von Geflügeltrockenkot

Es wurde bereits vom Phänomen der "Stagnation auf einem hohen Niveau" gesprochen. Dies ist eine für die weitere Entwicklung der Agrarwirtschaft in Südoldenburg bedenkliche Situation, weil einerseits in der Region bei dem erreichten Standard der Eindruck vorherrschen könnte, als ob man immer noch mit modernstem *know how* und entsprechenden Anlagen produzieren würde, andererseits jedoch in konkurrierenden Produktionsgebieten des In- und Auslandes bereits neue Technologien zur Anwendung gelangen. Erkennt man dies nicht rechtzeitig genug, besteht die Gefahr, daß der Anschluß an den dort erreichten Standard nicht gehalten werden kann. Bei dem Kostenvorteil, den die Konkurrenten haben, muß sich dies im Verlust von Marktanteilen niederschlagen, der wiederum den weiteren Abstieg einleitet.

Welche Möglichkeiten eröffnen sich angesichts einer solchen Perspektive? Unzweifelhaft ist es sowohl für die gewerblichen und agrarindustriellen Unternehmen sowie für große bäuerliche Betriebe leichter, das notwendige Kapital für die Modernisierung der Stallanlagen aufzubringen, als für kleine und mittlere Betriebe, wenn man eine ähnlich hohe Schuldenbelastung annimmt. Dies hat die Konsequenz, daß entweder Klein- und Mittelbetriebe bezüglich ihrer technischen Ausstattung immer weiter zurückfallen oder andere Wege gesucht werden müssen, um diesem Problem zu begegnen.

Für Klein- und Mittelbetriebe (bis etwa 20 ha) ergeben sich zwei Alternativen. Entweder können sie sich mit anderen Betrieben, die vor ähnlichen Schwierigkeiten stehen, zu überbetrieblichen Erzeugergemeinschaften zusammenschließen, oder sie treten in Verträge mit vor- und nachgelagerten Indstrieunternehmen ein, um einen Teil des wirtschaftlichen Risikos auf diese abzuwälzen. Bislang ist zwar in der Hähnchen- und Kälbermast sowie der Legehennenhaltung die Vertragslandwirtschaft schon eine recht häufige Organisationsform, doch stehen ihr viele Landwirte sehr skeptisch gegenüber. Als Argumente werden dabei der Verlust der unternehmerischen Entscheidungsfreiheit und die Gefahr einer zu großen Abhängigkeit genannt. Dies soll als eine mögliche Gefahr auch nicht in Abrede gestellt werden, doch erscheint die Vertragslandwirtschaft, soweit sie sich auf einen Betriebszweig beschränkt, eine gute Möglichkeit zu sein, finanzschwache Klein- und Mittelbetriebe zu erhalten. In der Veredlungswirtschaft wird die Möglichkeit der überbetrieblichen Kooperation leider bislang kaum genutzt. Gerade hier würde sie sich aber sowohl im Zukauf von Futtermitteln, der Ferkelerzeugung und der Vermarktung anbieten.

Außer in der Vertragslandwirtschaft und in überbetrieblicher Kooperation wird die Agrarproduktion in Zukunft auch weiterhin in Vollerwerbsbetrieben und agrarindustriellen Unternehmen durchgeführt werden. Dabei wird vorausgesetzt, daß sich die rechtlichen Rahmenbedingungen nicht grundlegend ändern. Zumindest ist dies für die gesamte EG kaum zum erwarten. Auch bei diesen Betriebsformen wird sich in den nächsten Jahren die Notwendigkeit ergeben, sich dem internationalen Standard anzugleichen. Möglich sein wird es nur, wenn von der Verwaltung die Rahmenbedingungen geschaffen werden, die dies auch zulassen. Andererseits sind die Produzenten gehalten, sich auf eine veränderte Beurteilung der Gesellschaft hinsichtlich möglicher Umweltbelastungen einzustellen.

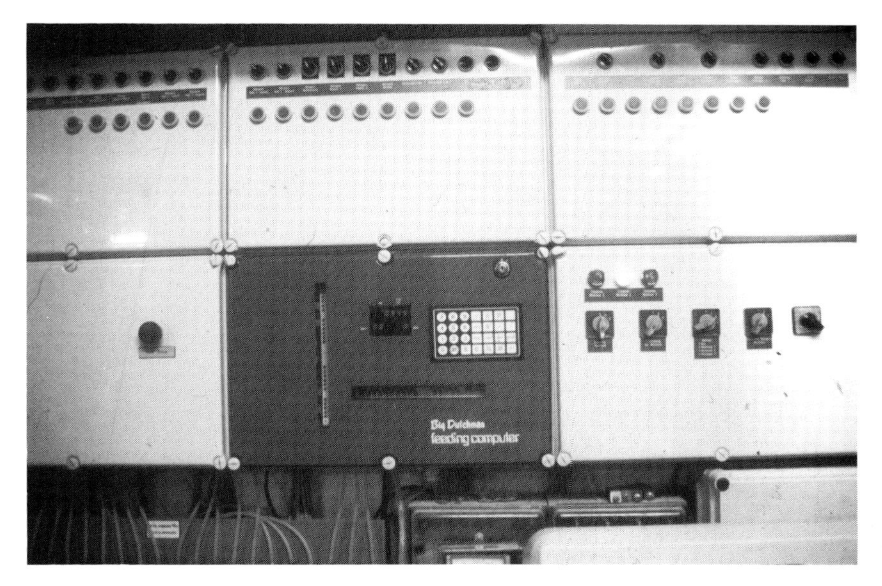

Bild 5:
Kleincomputer zur Steuerung einer Flüssigfütterung in der Mastschweinhaltung

Ein vorrangiges Ziel der nächsten Jahre muß es sein, an die vorhandenen Schlachtbetriebe die Stufe der Weiterverarbeitung bis hin zu küchenfertigen Produkten anzuschließen. Die Veränderung in der Gesellschaft (Kleinfamilie, Berufstätigkeit der Frau) verlangt zunehmend tischfertige Menus, die im Mikrowellenherd in kurzer Zeit vorbereitet werden können. Südoldenburg kann, will es seine Rangstellung halten und ausbauen, nicht auf der Stufe eines "Rohstoffergänzungsraumes" verharren. Hierdurch könnten auch neue Arbeitsplätze geschaffen werden, was angesichts der hohen Arbeitslosenrate bei weiblichen Arbeitnehmern und der Notwendigkeit, Erwerbsmöglichkeiten für Zu- und Nebenerwerbslandwirte zu schaffen, von größter Wichtigkeit ist. Darüber hinaus müßten Marktanalysen vorgenommen werden, um neue Produkte zu entwickeln und verfügbar zu machen.

Sehr wichtig wird es auch sein, vor allem jungen Landwirten Weiterbildungsmöglichkeiten anzubieten. Dies bezieht sich sowohl auf Agrartechnik, Agrarpolitik, betriebliches Rechnungswesen als auch den Umfang der elektronischen Datenverarbeitung. Viele Landwirte stehen dem Eindringen des Computers in die Agrarproduktion skeptisch gegenüber. Dies verwundert angesichts der in der Vergangenheit so charakteristischen Aufnahmebereitschaft für Neuerungen.

Den Maßnahmen im Agrarsektor wird ohne flankierende Aktivitäten in den anderen Wirtschaftssektoren kein dauerhafter Erfolg beschieden sein. Eine regionale Strukturpolitik muß alle Wirtschaftsbereiche einschließen und auch über die Regionsgrenzen hinausschauen.

Ausblick: Welche neuen Probleme zeichnen sich ab?

Wirtschaftsräume sind dynamische Gebilde, in denen sich Struktur und Funktion beständig verändern. Ein Festschreiben auf einen bestimmten Stand ist nicht möglich und auch nicht sinnvoll, weil damit die Entwicklungsabstände zu konkurrierenden Regionen immer größer werden. Schon gar nicht erfolgen kann dies angesichts der vielfältigen räumlichen Verflechtungen eines agrarischen Intensivgebietes vom Typ Südoldenburg. Wenn von Agrarpolitikern und auch von Interessenvertretern einer bäuerlichen Landwirtschaft in jüngster Zeit z.T. der Eindruck erweckt wird, als sei ein solches Einfrieren der Struktur möglich, werden unbegründete Hoffnungen geweckt. Der Strukturwandel wird sich fortsetzen und die Produzenten mit neuen Herausforderungen konfrontieren.

Zwei neue und zusätzliche Herausforderungen werden in den kommenden Jahren auf die Landwirtschaft zukommen. Einmal sind es die Auswirkungen der Bio- und Gentechnologie auf Produktionsformen und Produktionsvolumen, zum anderen die Folgen des Bevölkerungsrückganges. Letzterer wird sich nicht nur in einer sinkenden Nachfrage nach Agrarprodukten äußern, sondern einschneidende Veränderungen in der gesamten Sozial- und Wirtschaftsstruktur der ländlichen Räume zur Folge haben. Die besondere Schwierigkeit ist in der Schnelligkeit dieses Prozesses gelegen, die nur kurze Anpassungszeiträume ermöglicht. Hier werden keine sektoral und regional begrenzten Lösungen möglich sein. Notwendig ist eine politische Willensbildung, die zunächst überhaupt die Richtung erkennen läßt, in die sich solche Räume weiterentwickeln können und sollen. Hier hat Südoldenburg mit immer noch hohen Geburtenraten und einer leistungsfähigen Landwirtschaft sicherlich gute Ausgangsbedingungen im Vergleich zu anderen Regionen in Nordwestniedersachsen und der Bundesrepublik Deutschland.

Anmerkungen

1) Kommissionäre wurden die ortsansässigen Viehhändler genannt, die von den Bauern die Schlachttiere "in Kommission" nahmen, d.h. sie mit der Bahn zu den Schlachtviehgroßmärkten an Rhein und Ruhr versandten, dort im Auftrag des Mästers verkauften und später den Erlös unter Abzug einer Gebühr für Transport, Fütterung und Vermarktung an den Bauern auszahlten.

2) Niedersächsisches Ministerialblatt vom 13.4.1983.

3) DE = Dungvieheinheit. Sie wird berechnet auf der Basis der Dungproduktion der einzelnen Nutztierarten. Bezugsbasis ist 1 Rind von ca. 500 kg Lebendgewicht. Begrenzend wirken: 80 kg Gesamtstickstoff bzw. 70 kg Gesamtphosphat.

Literatur

Arbeiten des Verfassers zum Agrarwirtschaftsraum Südoldenburg:

-- (1973): Probleme der Abfallbeseitigung bei der Massentierhaltung im Südoldenburger Raum. - Neues Archiv für Niedersachsen, 22, S. 356-366 (zusammen mit H. HOFFMANN).

-- (1973): Von der bäuerlichen Veredlungswirtschaft zur agrarindustriellen Massentierhaltung. Neue Wege in der agraren Produktion im Oldenburger Münsterland. - Geographische Rundschau, 25, S. 470-482.

-- (1975): Spezialisierte Agrarwirtschaft in Südoldenburg. Eine agrargeographische Untersuchung. Leer.

-- (1979): Südoldenburg - zur Entwicklung, Struktur und Problematik einer agrarischen Intensivgebietes.- Neues Archiv für Niedersachsen, 28, S. 67-82.

-- (1981): Die Struktur der Agrarwirtschaft Südoldenburgs zu Beginn der achtziger Jahre. - Berichte über Landwirtschaft, 59, S. 621-644.

-- (1984): Strukturveränderungen in ländlichen Siedlungen. Sozioökonomischer Wandel hat Südoldenburg umgeprägt. - Geographische Rundschau, 36, S. 198-205.

-- (1984): Das agrarische Intensivgebiet Südoldenburg. - Geowissenschaften in unserer Zeit, 2, 1984, S. 181-193.

-- (1986): Champignonkulturen auf der Basis von Geflügeltrockenkot. - Deutsche Geflügelwirtschaft und Schweineproduktion, 38, Heft 36, S. 1061-1064.

-- (1986): Strukturprobleme und Strukturpolitik im Wirtschaftsraum Südoldenburg. Cloppenburg (Violette Reihe, Heft 7).

-- (1987): Kapitalinvestitionen südoldenburger Agrarunternehmen in den USA und deren Rückwirkungen auf die sozioökonomische Struktur ihrer Standräume. - Erdkunde, 41, S.14-29.

Prof. Dr. Hans-Wilhelm Windhorst
Fach Geographie der Universität Osnabrück, Abtlg. Vechta
Driverstraße 22, 2848 Vechta

Philipp Hümmer

Formen der Extensivierung in der Landwirtschaft
Das Beispiel des Landkreises Bamberg

1. Einleitung

Eine für die Nachkriegszeit charakteristische Entwicklung der deutschen Landwirtschaft[1)] ist der tiefgreifende Strukturwandel. Mehrere hunderttausend Betriebe sind aufgegeben worden, die Betriebsgrößenstruktur hat sich insgesamt nach oben hin verschoben. Parallel dazu änderten sich die agrarpolitischen Zielsetzungen mehrfach. Galt es in den ersten Jahren nach Kriegsende, die Produktion möglichst schnell anzuheben, um die Ernährung der Bevölkerung zu gewährleisten, so strebte man anfangs der 60er Jahre die Sicherung der bäuerlichen Einkommen durch Produktivitätssteigerung an. Seit Beginn der 70er Jahre rücken der ökologische Aspekt und im Zusammenhang damit die Erhaltung der bäuerlichen Kulturlandschaft in den Vordergrund.

Die jüngere Entwicklung der Landwirtschaft leidet besonders unter der Überproduktion. Den Maßnamen der EG zum Abbau der Überschüsse (z.B. durch Abschlachtungsprämien für Milchvieh, Nichtvermarktungsprämien für Milch und die Milchkontingentierung) steht das Bemühen bäuerlicher Großbetriebe und sogenannter "Agrarfabriken" zur weiteren Intensivierung gegenüber. Dieser strukturbedingte Gegensatz behindert die wirksame Drosselung der Produktion nach wie vor.

Andererseits ist besonders in den naturräumlich benachteiligten Gebieten eine Extensivierung der Bewirtschaftung in Gang gekommen, die sich in Zukunft verstärken wird. Schon seit längerem stellen sich landwirtschaftliche Anwesen aus betriebswirtschaftlichen Gründen auf viehloses Wirtschaften um. Diese Entwicklung hat während der 60er Jahre mit der wachsenden Umstellung vom Haupterwerbs- auf den Nebenerwerbsbetrieb eingesetzt. Ziel der Nebenerwerbsbauern ist es, durch die Aufgabe der Viehhaltung die Arbeitsbelastung für ihre Familien zu verringern.

Andere Landwirte beschreiten für bäuerliche Familienbetriebe bisher eher ungewöhnliche Wege der Extensivierung, wie z.B. die Koppelschafhaltung, die nutztierartige Haltung von Wildtieren (Rot- und Damwild) und die Haltung von Schottischem Hochlandrind.

2. Das Bayerische Kulturlandschaftsprogramm

Neben den aus rein innerbetrieblichen Gründen getroffenen Entscheidungen zur Extensivierung schafft der Freistaat Bayern zusätzliche Anreize. Das "Bayerische Kulturlandschaftsprogramm", das seit 1988 in Kraft ist, fördert einzelbetriebliche Extensivierungsmaßnahmen mit dem Ziel der "Sanierung, Erhaltung, Pflege und Gestaltung der Kulturlandschaft" (vgl. Richtlinien des Bayer. Staatsministeriums für Ernährung, Landwirtschaft und Forsten vom 11. März 1988).

Nach dem Verständnis des zuständigen Ministeriums werden durch dieses Programm die Sonderleistungen der Bauern für Umwelt und Natur honoriert. Im Gegensatz zur EG-weit geltenden "Fächenstillegung" soll mit Hilfe dieser finanziellen Förderung die Landbewirtschaftung in naturräumlich benachteiligten Gebieten Bayerns "extensiv und umweltschonend" aufrechterhalten werden. Mit dieser Förderung wird ein wichtiger Schritt für die aktive Sanierung strukturschwacher ländlicher Räume getan und so einem Teil der angestammten Bevölkerung geholfen, in ihren Dörfern zu verbleiben.

J.-B. Haversath, K. Rother (Hrsg.): Innovationsprozesse in der Landwirtschaft
Passau 1989 (Passauer Kontaktstudium Erdkunde)

Tab. 1: Bayerisches Kulturlandschaftsprogramm des Bayerischen Staatsministeriums für Ernährung, Landwirtschaft und Forsten

Programmpunkte	räumliche Begrenzung	besondere Vereinbarungen	Entschädigung
2.1 Mahd von Steilhangwiesen	in allen Gebieten - abzgl. Ausgleichszulage	Aufrechterhaltung o d e r Wiedereinführung der Mahd (keine Weide) ab 35 % Gefälle	450,-- DM/ha
2.2 Extensive Weidenutzung von Hutungen durch Schafe	nur in Gebieten ohne Ausgleichszulage	Weide mit Unterlassung aller Maßnahmen, die zu einer Veränderung des Pflanzenbestandes führen (Düngung - Pferch) - mind. 10 Muttertiere im Jahresdurchschnitt	180,-- DM/ha
2.3.1 Beibehaltung der Grünlandnutzung	nur in Gebieten ohne Ausgleichszulage	grundsätzlich: 5-Jahres-Vereinbarungen; Viehbesatz auf 1,5 Großvieheinheiten (GV)/ha im Betrieb begrenzt; kein Klärschlamm; keine betriebsfremden organischen Dünger; keine Entwässerungsmaßnahmen; kein Grünlandumbruch; Wiesen müssen gemäht/Erntegut landw. verwertet werden (auch Verkauf)	60,-- DM/ha
2.3.2 Extensivierung der Wiesen-Nutzung als 1- od. 2- Schnittwiesen		zusätzlich bei 2.3.2 Vereinbarungen über Schnittzeitpunkt und Düngung Entschädigung nach zwei Ertragsklassen	350,-- bis 650,-- DM/ha
2.3.3 Extensivierung der Ackernutzung	nur in den anerkannten Gebieten; keine Kürzung der Ausgleichszulage	zusätzlich bei 2.3.3 schlagbezogene Fruchtfolge wahlweie mit Klee - Kleegras, Luzerne - Luzernegras, Grassamen, Roggen, Hafer, Sommergerste (1 x), Dinkel, Flachs, Entschädigungen in zwei Ertragsklassen	400,-- bis 600,-- DM/ha
2.3.4 Besondere Bewirtschaftungsweisen (Einzelmaßnahmen)		zusätzlich bei 2.3.4 betreffend - Erosion - Düngung - Pflanzenschutz - Extensivflächen - Pufferzonen um Schutzgebiete	bis 600,-- DM/ha

Quelle: Bayer. Staatsministerium für Landwirtschaft und Forsten

Im Rahmen des Programms sollen bäuerlich bewirtschaftete Gemarkungen unter besonderer Berücksichtigung ökologischer Gesichtspunkte für die weitere Zukunft gesichert werden. Gefördert werden können (Tab. 1):

a) die Aufrechterhaltung und Wiedereinführung der Mahd in Gebieten mit ungünstiger Oberflächenbeschaffenheit und entsprechend schwierigen Arbeitsbedingungen,

b) die extensive Weidenutzung von Mager- und Trockenrasen und sonstige landschaftstypische Hutungen durch die Haltung von Wander- und Koppelschafen und Ziegen,

c) die Beibehaltung der Grünlandnutzung,

d) die Nutzung von ein- und zweischürigen Wiesen, sofern Bewirtschaftungsvereinbarungen über Schnittzeitpunkt und Düngungseinschränkungen getroffen werden, mit dem Ziel, ökologisch wertvolle Pflanzen- und Tiergesellschaften zu erhalten,

e) die "Behirtung" von anerkannten Almen/Alpen durch ständiges Personal, um die Landschaft und den natürlichen Lebensraum zu erhalten,

f) die Einhaltung einer bestimmten Fruchtfolge zum Zwecke der Extensivierung (Feldfutter, Roggen, Hafer, Dinkel, Flachs/Lein, Sommergerste und eventuell auch Brache),

g) auch sonstige Bewirtschaftungsweisen, die mit dem jeweils zuständigen Amt für Landwirtschaft vereinbart werden und z.B. der Verminderung der Erosion oder dem Pflanzenschutz dienen oder bei denen auf den Einsatz von Dünge- und Pflanzenschutzmitteln verzichtet wird (einschließlich Obst- und Weinbau).

Das Bayerische Staatsministerium für Ernährung, Landwirtschaft und und Forsten weist in allen Landkreisen Gebiete aus, die für eine Förderung in Frage kommen ("Gebietskulisse"). Dabei handelt es sich um:

-- Fluß und Bachauen,
-- Hanglagen über 12 % Neigung,
-- Almen/Alpen und Flächen über 1.000 m Höhenlage,
-- Natur- und Landschaftsschutzgebiete sowie Nationalparks,
-- Moore und Biotope, die in räumlicher Verbindung mit den bisher genannten Flächen stehen.

Insgesamt erstreckt sich das ausgewiesene Gebiet über 1,34 Mio. Hektar, was etwa 39 % der landwirtschaftlichen Fläche Bayerns entspricht. Bis jetzt (Stand: 23.11.88) sind bayernweit über 31.000 Vereinbarungen im Rahmen dieses Programms abgeschlossen worden. Dies bedeutet, daß sich bereits im ersten halben Jahr seiner Geltung jeder achte bayerische Landwirt (in der "Gebietskulisse" sogar jeder dritte) auf freiwilliger Basis an dem Programm beteiligt. Bisher sind 125.000 ha vertraglich für fünf Jahre gebunden. Dafür wird eine Gesamtprämie von ca. 40 Mio. DM gewährt.

Besonderen Zuspruch findet das Programm in den benachteiligten Gebieten. Gemeinsam mit der dort gewährten Ausgleichszulage (Bewirtschaftungszuschuß für Bauern in benachteiligten Gebieten) erhält das Kulturlandschaftsprogramm eine besondere Attraktivität. Mit 22 % aller Vereinbarungen liegt Oberfranken an der Spitze der bayerischen Regierungsbezirke (Tab. 2).

In dieser Zahl spiegelt sich die Tatsache wider, daß dieser Regierungsbezirk naturräumlich besonders benachteiligt ist. Die Aufschlüsselung nach einzelnen Teilprogrammen macht deutlich (Tab.3), daß der Schwerpunkt (41,6 %) beim Teilprogramm "Extensivierung der Wiesennutzung als ein- oder zweischürige Wiesen" liegt (vgl. Tab. 1, Punkt 2.3.2). Dies bringt den hohen Grünlandanteil der bayerischen Mittelgebirge zum Ausdruck.

3. Die Rahmenbedingungen der Landwirtschaft im Landkreis Bamberg

Der Landkreis Bamberg umfaßt als einer der größten Landkreise in Bayern 1.168 km^2 und hat nach der Volkszählung 1987 rund 120.000 Einwohner. Von der Gebietsfläche werden etwa 46 % land- und 36 % forstwirtschaftlich genutzt. Der Landkreis zerfällt in drei große naturräumliche Einheiten: die Frankenalb im Osten mit einer Höhenlage bis 560 m, das Regnitz- und Maintal (Höhenlage: ca. 225 m) und den Steigerwald und die Haßberge (Höhenlage: ca. 350 m). Die Qualität der Böden wechselt selbst in kleinen Gemarkungen stark; ihre Zusammensetzung reicht von sandigem Lehm bis zu schwerem Ton. In den Mittelgebirgen behindert das ungünstige Relief die Bewirtschaftung sehr.

Tab. 2: Kulturlandschaftsprogramm nach Regierungsbezirken - Stand 11. Oktober 1988

	Vereinbarungen		Fläche		Streuobst		Prämie	
	Anzahl	%	ha	%	Anz.Bäume	%	DM	%
Oberbayern	4.893	16,7	31.134	27,6	28.427	13,7	7.347.304	19,8
Niederbayern	3.554	12,1	11.246	10,0	14.252	6,9	4.414.799	11,9
Oberpfalz	2.251	7,7	7.008	6,2	2.639	1,3	3.198.814	8,6
Oberfranken	6.522	22,2	18.904	16,8	38.378	18,5	8.714.744	23,5
Mittelfranken	3.538	12,1	6.331	5,6	41.903	20,2	3.177.099	8,6
Unterfranken	4.783	16,3	9.247	8,2	76.705	36,9	5.026.527	13,5
Schwaben	3.818	13,0	28.826	25,5	5.591	2,7	5.267.192	14,2
Bayern	29.359	100,0	112.699	100,0	207.895	100,0	37.146.481	100,0

Quelle: Landwirtschaftliches Wochenblatt, Nov. 1988

Die Landwirtschaft wird von klein- und mittelbäuerlichen Betrieben getragen (Tab. 4). Fast zwei Drittel der Anwesen bewirtschaften eine Fläche unter zehn Hektar. Knapp 11 % besitzen eine Fläche von mehr als 20 Hektar. In dem kurzen Zeitraum zwischen 1979 und 1986 verringerte sich die Zahl der Betriebe von 7.747 auf 5.415, d.h. innerhalb von sieben Jahren sind mehr als 2.300 Betriebe ausgelaufen. Die Durchschnittsgröße der Anwesen hat sich dadurch von 7,42 Hektar (1979) auf 9,99 Hektar (1986) erhöht (Durchschnittswert für Oberfranken: 13,2 Hektar; für Bayern: 14,2 Hektar). Die Nebenerwerbslandwirtschaft überwiegt bei weitem (Verhältnis von Nebenerwerbs- zu Vollerwerbsbetrieben: 7 : 3).

4. Das Kulturlandschaftsprogramm im Landkreis Bamberg

Das für den Landkreis Bamberg zuständige Amt für Landwirtschaft und Gartenbau hat nach Inkrafttreten des Kulturlandschaftsprogramms im Frühjahr 1988 vieles unternommen, um den Bauern dessen Ziele zu vermitteln. Dies zeigt, daß die Behörde nicht, wie gelegentlich unterstellt wird, allein auf Produktionsmaximierung hin beraten will, sondern auch die individuelle sozioökonomische Lage des Betriebes berücksichtigt und gegebenenfalls eine extensive Bewirtschaftung vorschlägt.

Die "Gebietskulisse" umfaßt im wesentlichen die Frankenalb, den Steigerwald und die Haßberge. Hinzu kommt das geschlossene Waldgebiet des Staatsforstes Hauptsmoorwald, der für das Kulturlandschaftsprogramm letztlich irrelevant ist (Karte).

Im Rahmen des auf extensive Bewirtschaftung ausgerichteten Kulturlandschaftsprogramms wurden im Landkreis Bamberg (Tab. 5) 724 Vereinbarungen mit einer Fläche von 1.420 ha getroffen (Stand: Ende November 1988), d.h. 14% der Betriebe haben bis jetzt von dem Programm Gebrauch gemacht (in Bayern: 12,5 %). Nach Auskunft des Amtes nimmt die Zahl der Anträge rapide zu. Das von politischer Seite mit großer Erwartung gestartete Programm zur Flächenstillegung hingegen haben nur 5,5 % der Betriebe in Anspruch genommen (stillgelegte Fläche: 854 Hektar).

Abb. 1:

Das Kulturlandschaftsprogramm (Gebietskulisse) im Landkreis Bamberg

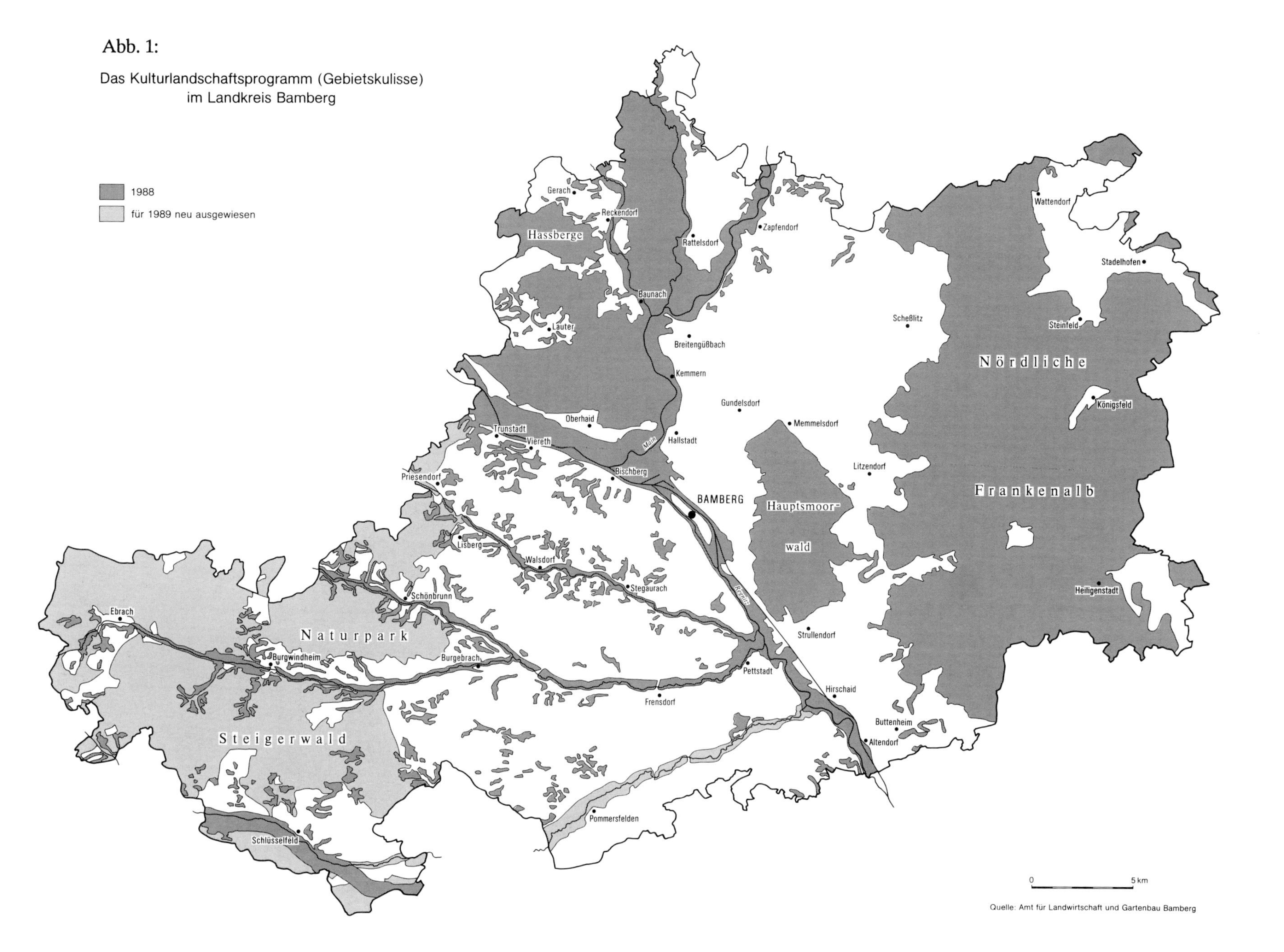

Tab. 3: Kulturlandschaftsprogramm: Auswertung nach Teilprogrammen - Stand: 11.10.1988

	Vereinbarungen Anzahl	%	Fläche ha	%	Streu-obst	Prämie DM	%	ha/Verein-barung	DM/ha	DM/ha Verein-barung
Mahd v. Steil-lagenfläche	2.666	9,1	2.586	2,3	0	1.264.337	3,4	1,0	489	474
extensive Weidenutzung	539	1,8	5.769	5,1	0	1.038.585	2,8	10,7	180	1.927
Beibehaltung von Grünland	545	1,9	2.746	2,4	0	165.135	0,4	5,0	60	303
ein- oder zweischürige Wiesen	12.215	41,6	40.079	35,6	0	17.566.520	47,3	3,3	438	1.438
anerkannte Almen/Alpen	391	1,3	24.403	21,7	0	1.225.210	3,3	62,4	50	3.134
extensive Fruchtfolge	4.744	16,2	15.934	14,1	0	6.800.239	18,3	3,4	427	1.433
bes. Bewirt-schaftungs-vereinbar.	8.259	28,1	21.177	18,8	207.895	9.086.452	24,5 [1)]	2,6	233 [2)]	1.100
Bayern	29.359	100	112.699	100		37.146.481				1.265

1) 11,2 % Streuobst = 4.157.900 DM
2) Ohne Streuobstflächen

Quelle: Landwirtschaftliches Wochenblatt, Nov. 1988

Der große Widerhall, den das Kulturlandschaftsprogramm im Landkreis Bamberg findet, wird durch folgende Gründe hervorgerufen:

-- Das Landwirtschaftsamt hat, wie bereits erwähnt, eine intensive Aufklärungsarbeit über die Medien und den Berufsverband betrieben.

-- Besonders in den benachteiligten Gebieten haben viele Betriebe bisher schon weitgehend im Sinne des Programms gearbeitet. Sie kommen durch geringe Änderungen der bisher praktizierten Fruchtfolge in den Genuß der Förderung.

-- Bei vielen Betrieben ist die Hofnachfolge ungesichert. Entweder ist der Betriebsleiter unverheiratet und somit ohne direkten Nachfolger, oder potentielle Erben sind nicht bereit, das Landwirtschaftliche Anwesen weiterzuführen (HÜMMER 1974). In dieser Situation liegt es nahe, den Hof durch extensiven Einsatz von Arbeit und Kapital im Rahmen dieses Programms aufrechtzuerhalten.

-- Landwirtschaftliche Anwesen in strukturschwachen Gebieten verfügen meist über geringe Kapitalreserven. Bauern in einer solchen Lage, die an ihrem über Generationen ererbten Besitz emotional hängen, nehmen die Förderung dankbar auf, weil sie ihnen zumindest mittelfristig hilft, ihre Betriebe extensiv weiterzuführen.

-- In vielen Anwesen nimmt die Arbeitskraft durch die Abwanderung der jungen Generation und durch den Tod der Altenteiler ständig weiter ab. Auch sog. "subsidiäre Arbeitskräfte" (in die Stadt abgewanderte Angehörige, die bei Arbeitsspitzen helfen; vgl. HÜMMER 1974), sind immer weniger bereit, landwirtschaftliche Arbeit zu verrichten. Bei einer so gelagerten Arbeitssituation wächst die Bereitschaft, die Möglichkeiten des Kulturlandschaftsprogramms wahrzunehmen.

Tab. 4: Die Entwicklung der landwirtschaftlichen Betriebsverhältnisse im Landkreis Bamberg[1)]

	Betriebe 1986		Betriebe 1983		Betriebe 1979	
bis 1 ha	75	1,4 %	83	1,5 %	2.047	26,4 %
1 - 2 ha	646	11,9 %	633	11,2 %		
2 - 5 ha	1.186	21,9 %	1.274	22,5 %	1.528	19,7 %
5 -10 ha	1.526	28,2 %	1.640	28,8 %	1.964	25,4 %
10-15 ha	963	17,8 %	1.045	18,4 %	1.775	22,9 %
15-20 ha	441	8,1 %	451	8,0 %		
20-30 ha	361	6,7 %	353	6,2 %	329	4,3 %
30-50 ha	164	3,0 %				
über 30 ha			190	3,4 %	104	1,3 %
50-100 ha	49	0,9 %				
über 100 ha	4	0,07 %				
insgesamt	5.415		5.669		7.747	

1) In der Tabelle sind auch die landwirtschaftlichen Betriebe der Stadt Bamberg (überwiegend Gartenbaubetriebe) enthalten.

Quelle: Amt für Landwirtschaft und Gartenbau Bamberg

5. Die Schafhaltung im Landkreis Bamberg

In der Schafhaltung steht der Landkreis Bamberg (mit den Landkreisen Bayreuth und Hof) an vorderster Stelle in Oberfranken (Tab. 6). Die Schafhaltung ist den Bauern in den Mittelgebirgsregionen nie fremd gewesen. Zudem wurden z.B.im Landkreis Bamberg noch um die Jahrhundertwende größere Bereiche der heute bewaldeten Gebiete von Wanderschäfern aus Unterfranken während der Sommermonate abgehütet (WEISEL 1970), was nicht selten zu Konflikten zwischen Bauern und Schäfern führte. Heute sind hier noch fünf Herdenschafhalter mit knapp 3.500 Schafen ansässig. Die Schäferfamilien üben schon seit Generationen diesen Erwerbszweig aus (FALGE 1982).

Daneben gibt es im Landkreis Bamberg mittlerweile insgesamt 171 Koppelschafhaltungen mit fast 4.900 Schafen, die 170 Hektar beweiden (Bild 1). Die staatliche Förderung ab einer Größe von zehn Mutterschafen hat zahlreiche interessierte Landwirte dazu veranlaßt, Koppelschafhaltung zu betreiben. Mit vergleichsweise wenig Arbeitsaufwand können vor allem Marginal- und Grünlandrestflächen beweidet werden. In einigen Fällen beziehen Landwirte auch Flächen mit guter Bonität, besonders in Hofnähe, in die Koppelschafhaltung ein. Gerade die Umwidmung guter Böden für die Schafhaltung ist als eine echte Extensivierung neuen Stils anzusprechen.

Dieser Betriebszweig wird dadurch begünstigt, daß eine nur einen Meter hohe Einzäunung erforderlich ist, die zudem noch zuschußfähig ist. Im Gegensatz zur Damwildhaltung im Gehege, die einen mindestens 1,80 Meter hohen Zaun vorschreibt, entfällt das für den Bauern aufwendige Genehmigungsverfahren.

Tab. 5: Das Kulturlandschaftsprogramm im Landkreis Bamberg 1988

Teilprogramme	Zahl aller Vereinbarungen	Fläche in Hektar	Prämie in DM
2.1	2	0,32	150,00
2.2	5	6,61	1.189,80
2.3.2	293	609,89	288.704,50
2.3.3	235	791,20	323.479,80
2.3.4	189	11,59	108.542,06
		1.419,61	722.066,16

Quelle: Amt für Landwirtschaft und Gartenbau Bamberg

Tab. 6: Der Schafbestand in Oberfranken

Landkreis	Herdenschafhaltungen			Koppelschafhaltungen			Gesamtschafbestand
	Halter	Mutterschafe	Gesamt schafe	Betriebe	Mutterschafe	Gesamtschafe	
Bamberg	5	1.570	3.454	171	2.218	4.879	8.333
Bayreuth	3	760	1.672	192	2.414	5.311	6.983
Coburg	-	-	-	71	704	1.549	1.549
Forchheim	8	2.000	4.400	84	1.320	2.904	7.404
Hof/Saale	3	1.998	4.395	149	2.241	4.930	9.325
Kronach	-	-	-	108	1.543	3.395	3.395
Kulmbach	3	705	1.551	92	1.597	3.513	5.064
Lichtenfels	4	1.123	2.470	56	731	1.608	4.078
Wunsiedel	-	-	-	48	774	1.703	1.703
Summe:	26	8.156	17.942	971	13.542	29.792	47.734
Vorjahr:	31	8.770	19.290	944	12.597	27.712	47.002
Durchschnitt: Herde/Betrieb:		314	690		14	31	

Quelle: Tierzuchtamt Bamberg

Neben der staatlichen Förderung, dem vergleichsweise geringen Arbeitsaufwand und den im Vergleich zur akkerbaulichen Nutzung geringen Kapitalkosten ist der gesicherte Absatz ein zusätzlicher Grund für die Schafhaltung. Die Direktvermarktung ist infolge der Nachfrage türkischer Gastarbeiterfamilien, aber auch wegen der Geschmacksänderung deutscher Konsumenten sehr rege. Darüber hinaus gibt es kein Vermarktungsrisiko, da die vom "Landesverband Bayerischer Schafhalter" gegründete Erzeugergemeinschaft Lämmer und Schafe zu festgesetzten Preisen aufkauft. Damit hat der Schafhalter eine feste Kalkulationsgrundlage. Mittelfristig gesehen bemühen sich die bayerischen Schafhalter darum, die Teilstückvermarktung zu verbessern. Angestrebt wird eine der EG-Norm entsprechende Produktgestaltung, um auch Lebensmittelgroßmärkte besser bedienen zu können.
Die Aussichten der Koppelschafhaltung sind in den benachteiligten Gebieten aufgrund des Kulturlandschaftsprogramms besonders günstig. Mit Sicherheit ist dadurch ein weiterer Extensivierungsschub zu erwarten.

Die Schafhaltung wird vor allem von den Nebenerwerbslandwirten betrieben, die im Zuge der Rationalisierung Flächen extensiv bewirtschaften wollen. Über einen Antrag an das Amt für Landwirtschaft kann für die Anschaffung von Schafen und für die Einzäunung der beantragten Fläche ein Zuschuß gewährt werden, wenn der Halter eine Hofstelle besitzt. Außerdem muß er nachweisen können, daß er mindestens 20 % seines Einkommens aus der Landwirtschaft bezieht.

In einigen Fällen werden tierische Produkte, u.a. auch Schaffleisch, aus der Landwirtschaft über einen angeschlossenen Gastwirtschaftsbetrieb direkt vermarktet. In Franken, wo die Verbindung von Land- und Gastwirtschaft noch häufig ist, bietet sich die Direktvermarktung von Schaffleisch an.

6. Die Damwildhaltung im Landkreis Bamberg

Die Haltung von Damwild in Gehegen, ein noch junger Produktionszweig, ist eine weitere Form der Extensivierung landwirtschaftlicher Nutzfläche, die in den letzten Jahren zugenommen hat (Bild 2). Im Bundesgebiet gibt es derzeit mehr als 1.600 Betriebe mit rund 25.000 Tieren, davon allein in Bayern etwa 500 Betriebe mit einem Bestand von ca. 5.000 Tieren. Im Landkreis Bamberg sind bisher 25 Gehegebetreiber mit einer Gesamtfläche von 41 ha tätig.

Die Einführung und die verhältnismäßig rasche Zunahme der Damwildhaltung innerhalb von acht Jahren ist erstaunlich, weil diese Form der "nutztierartigen Wildtierhaltung in Gehegen mit Erwerbsabsicht" hier fremd war. Bezeichnend ist die Tatsache, daß die Innovatoren aus einem Personenkreis außerhalb der Landwirtschaft stammen. Der erste Damwildhalter im Landkreis Bamberg war ein Gartenbauunternehmer in der Gemeinde Stullendorf: der zweite ein Berufssoldat mit größerem Landbesitz in Bayreuth, der 1981 gemeinsam mit einem aufgeschlossenen Landwirt aus Heiligenstadt die Damwildhaltung auf der Frankenalb begann (vgl. Abb. 1). Nach einer ersten Phase der Verwunderung und Skepsis bei seinen Berufskollegen wurden in fünf weiteren Gemeindeteilen der Großgemeinde Heiligenstadt Gehege angelegt. Auch in diesen Fällen wirkt sich die Beratertätigkeit des Landwirtschaftsamtes Bamberg positiv aus. Während der Wintermonate veranstaltet es Fortbildungskurse für die Nebenerwerbslandwirte. In deren Rahmen weist es auf die Einkommensalternative der Damwildhaltung hin, und am Ende dieser Kurse werden den Teilnehmern auch Gehege vorgestellt.

Die günstige Entwicklung bei der nutztierartigen Haltung von Wildtieren in Bayern und in unserem Fallbeispiel ist darauf zurückzuführen, daß hier größere Gebiete naturräumlich benachteiligt sind. Wie die Schafhaltung so eignet sich die Damwildhaltung besonders zur Nutzung von Grünland, Brach- und Marginalflächen. Positiv wirkt sich aus, daß der Arbeitsaufwand begrenzt ist. Außerdem sind im Gegensatz zu anderen Betriebszweigen die Investitionen in Maschinen und Gebäude gering. Dadurch hält sich das Risiko in Grenzen.

Ein weiterer Gunstfaktor besteht darin, daß das Damwildfleisch bei den Konsumenten in eine Marktlücke stößt und besonders bei der Direktvermarktung angemessene Preise erzielt. Seit neuestem hat auch die "Südfleisch GmbH" die Vermarktung von Damwildfleisch in ihr Arbeitsprogramm aufgenommen. Bisher wird lediglich ein Viertel der Nachfrage durch die Inlandserzeugung gedeckt (vgl. Rede des Bundesministers für Ernährung, Landwirtschaft und Forsten vom 26.10.1985).

Einer zügigeren Verbreitung der Damwildhaltung stehen bisher noch gewisse Erschwernisse entgegen, wie z.B. Schwierigkeiten bei der Genehmigung von Gehegen, Fragen des Natur- und Landschaftsschutzes und das Jagdrecht, die geforderte Tierfleischbeschau, Fragen des "know how" und der Fortbildung für die Betreiber.

Bild 1:
Koppelschafhaltung
(Aufnahme: Hümmer)

Bild 2:
Damwildgehege
(Aufnahme: Hümmer)

Am Beispiel des Landkreises Bamberg sollen abschließend einige Typen von Gehegebetreibern genannt werden, die möglicherweise Rückschlüsse auf die Ausbreitung der Damwildhaltung zulassen:

a) Wichtig für die Übernahme und Ausbreitung der Damwildhaltung ist ein Personenkreis außerhalb der Landwirtschaft, der aus bestimmten Gründen (z.B. Kauf, Heirat oder Erbschaft) landwirtschaftliche Nutzfläche besitzt. Daß gerade diese Gruppe, die der Bewirtschaftung unvoreingenommen gegenübersteht, als Innovatoren auftritt, ist nicht verwunderlich, weil der traditionell wirtschaftende Landwirt an herkömmlichen Wirtschaftweisen hängt. Andererseits sind viele Bauern durch Investitionen an ein bestimmtes Betriebsziel gebunden, um das eingesetzte Kapital zu amortisieren. Die Gruppe der Innovatoren ist es auch, die die Vermarktungsprobleme durch Werbung und professionelle Vertriebsmethoden zu lösen sucht und damit eine wichtige Voraussetzung für die weitere Verbreitung der Damwildhaltung schafft.

b) Eine größere Gruppe von Damwildhaltern im Landkreis Bamberg sind mobilere Nebenerwerbsbauern, die durch die Wildtierhaltung ihre Arbeitsbelastung herabsetzen und ein zusätzliches Einkommen erzielen wollen. In vielen Fällen geht es ihnen auch darum, den veralteten Maschinenpark nicht kapitalintensiv erneuern zu müssen und trotzdem die Flächenbewirtschaftung aufrechterhalten zu können.

c) Andere Betriebe, die Wildtiere im Gehege halten, sind sozio-ökonomische Problemfälle. Bei ihnen ist die Hofnachfolge ungesichert (ältere unverheiratete Betriebsleiter oder kinderlose Ehepaare; fehlende Bereitschaft des Erben, den Hof weiterzuführen). In einer solchen Situation kommt eine kostenintensive Modernisierung nicht in Frage. Die Arbeitskräfte sind, besonders nach dem Ausscheiden der Altenteiler durch Krankheit und Tod, für eine traditionelle Bewirtschaftung unzureichend. In dieser Lage ist die Haltung von Wildtieren eine Möglichkeit, den Hof zumindest mittelfristig noch weiterzubewirtschaften. Es muß jedoch angemerkt werden, daß dieser Weg der Extensivierung kein Allheilmittel ist, da oft das Startkapital, die Innovationsbereitschaft und das "know how" fehlen.

d) Ein Damwildhalter betreibt eine größere Gastwirtschaft. Auf den zum Betrieb gehörenden landwirtschaftlichen Nutzflächen hält er Damwild, das er im eigenen Gasthof vermarkten kann. Dadurch steigt der Rentabilitätsgrad.

7. Zusammenfassung

Derzeit gibt es zwei parallel verlaufende Entwicklungen in der Landwirtschaft: einerseits eine weiter zunehmende Intensivierung aufgrund noch vorhandener Produktionsreserven; andererseits gibt es verstärkte staatliche und private Bemühungen, durch Extensivierungsmaßnahmen Überproduktion zu vermeiden. Das erklärte Ziel des Freistaates Bayern bei der Extensivierung ist es, trotz der Mengenreduzierung vor allem möglichst viele bäuerliche Betriebe in naturräumlich benachteiligten Gebieten durch staatliche Finanzhilfe zu erhalten. Damit honoriert der Staat die "externen" Leistungen der Landwirtschaft für Ökologie und Landschaftsschutz. Das Beispiel des Landkreises Bamberg zeigt, daß das auf Extensivierung hin ausgerichtete Kulturlandschaftsprogramm bereits im ersten Jahr breiten Zuspruch gefunden hat. Es ist hier auf fruchtbaren Boden gefallen, weil viele Bauern schon vor Inkraftreten des Kulturlandschaftsprogramms extensiver zu bewirtschaften begonnen hatten. Die Maßnahmen der Eigeninitiative reichen von der viehlosen Bewirtschaftung über die Koppelschafhaltung bis hin zur nutztierartigen Haltung von Wildtieren in Gehegen. Es ist abzusehen, daß in Zukunft weitere Formen der Extensivierung, wie z.B. die Haltung von Schottischem Hochlandrind im Freien und von Ammenvieh, praktiziert werden.

Anmerkung

1) Herrn ltd. Landwirtschaftsdirektor Dr. Karl Siebeneicher danke ich herzlich für Unterstützung bei den Erhebungen.

Literatur

FALGE, G. (1982): Die Wanderschäferei im Fränkischen Raum. - Zulassungsarbeit zur wissenschaftlichen Prüfung für das Lehramt an Gymnasien, Erlangen. - Unveröffentlicht.

HÜMMER, Ph. (1974/75): Soziale Entwicklungen und ihre räumlichen Auswirkungen im Agrarbereich, erläutert an einem Beispiel aus der nördlichen Fränkischen Alb. - Mitteilungen der Fränkischen Geographischen Gesellschaft, 21/22, S. 527-535.

WEISEL, H. (1970): Die Bewaldung der nördlichen Frankenalb. Ihre Veränderung seit der Mitte des 19. Jahrhunderts. - Mitteilungen der Fränkischen Geographischen Gesellschaft, 17, S. 1-69.

Sonstige Materialien

Bayerisches Staatsministerium für Ernährung, Landwirtschaft und Forsten: Richtlinien über die Dam- und Rotwildhaltung in der Landwirtschaft vom 20.11.1987 Nr. T3 - 7447 - 143.

Bayerisches Staatsministerium für Ernährung, Landwirtschaft und Forsten: Bayerisches Kulturlandschaftsprogramm. Richtlinien vom 11.3.1988 Nr. B4 - 7292 - 410.

Rede des Bundesministers für Ernährung, Landwirtschaft und Forsten, Ignaz Kiechle, anläßlich der Hauptversammlung des Bayerischen Landesverbandes für die nutztierartige Haltung von Wildtieren e.V. am 26.10.1985 in Schweitenkirchen.

Prof. Dr. Philipp Hümmer
Geographisches Institut der Universität Erlangen-Nürnberg
Kochstraße 4, 8520 Erlangen

Johann-Bernhard Haversath

Veränderungen im Agrarraum der Fränkischen Schweiz

1. Einleitung

Mit dem Landschaftsnamen Fränkische Schweiz wird der Teil der nördlichen Frankenalb bezeichnet, der im Bereich der Landkreise Bamberg, Forchheim und Bayreuth liegt und in etwa den Einzugsbereich der Wiesent, die in Forchheim in die Regnitz, mündet, umfaßt (Abb. 1).

Die agrarstrukturellen Wandlungen dieses Raumes werden im folgenden am Beispiel der Entwicklung des Müllereigewerbes dargestellt. Die enge wirtschaftliche Verbindung bäuerlicher Kleinmühlen mit der getreideproduzierenden Landwirtschaft ist besonders dafür geeignet, im zeitlichen Längsschnitt die agrarischen Veränderungen des 19. und 20. Jahrhunderts zu verdeutlichen. Die Betrachtung von landwirtschaftlich-gewerblichen Mischformen, wie es die Mühlen sind, bringt es mit sich, daß auch gesellschaftliche, technikgeschichtliche und politische Aspekte zu berücksichtigen sind.

Ziel der folgenden Ausführungen ist es, das verbreitete Bild des historischen Agrarraumes mit jahrhundertelanger technischer, gesellschaftlicher und wirtschaftlicher Stagnation in einzelnen Punkten zu korrigieren. Innovationen und technischer Wandel beschränken sich keineswegs auf unsere dynamische Gegenwart. In England führten z.B. merkantilistische Ideen bereits im 17. Jahrhundert mit verbesserten Anbaumethoden (Düngung, Fruchtwechselwirtschaft, Pflanzenauslese) zu einer bedeutenden Produktionssteigerung der Landwirtschaft (TREUE 1962); das kontinentale Europa wurde von dieser Innovationswelle erst später erfaßt (BLOHM 1976, S. 23-27).

2. Bestandsentwicklung im Müllereigewerbe

Das Bild der Täler in der Fränkischen Schweiz (Abb. 2) wurde Jahrhunderte hindurch von Getreidemühlen geprägt, die häufig über einen zusätzlichen Schneidegang, in manchen Fällen auch über einen Ölschlaggang verfügten, um den einmal geschaffenen Betrieb möglichst umfassend zu nutzen (HAVERSATH 1987, S. 89-121). Diese Mühlen waren ganz auf eine bäuerliche Gesellschaft und Kundschaft eingestellt. Dagegen bleiben Papier-, Hammer- und Pulvermühlen, Spiegelglas- und Steinschleifereien, die in der Fränkischen Schweiz ebenfalls in beträchtlicher Anzahl existieren, als Betriebe mit spezialisierter nichtlandwirtschaftlicher Funktion außerhalb der Betrachtung.

Die Entwicklung von Landwirtschaft und Müllerei im 19. und 20. Jahrhundert gliedert sich in drei wichtige agrarhistorische Phasen, in denen jeweils unterschiedliche Tendenzen zu erkennen sind: Das 19. Jahrhundert ist die Zeit, in der die Landwirtschaft des Untersuchungsgebietes nahezu ausschließlich der Selbstversorgung der Bevölkerung diente; mit dem Übergang zum 20. Jahrhundert werden Änderungen sichtbar, zumindest was die Zahl der Mühlen betrifft; den landwirtschaftlichen Strukturwandel der Gegenwart zeigt der rapide Rückgang der Mühlenbetriebe seit 1960 (vgl. 2.2.1).

2.1 Mühlenbestand und Landwirtschaft im 19. Jahrhundert

Die Akten des Gewerbesteuerkatasters des Rentamts Ebermannstadt von 1814[1)] geben einen genauen Einblick

J.-B. Haversath, K. Rother (Hrsg.): Innovationsprozesse in der Landwirtschaft
Passau 1989 (Passauer Kontaktstudium Erdkunde)

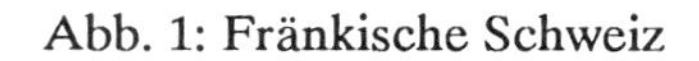

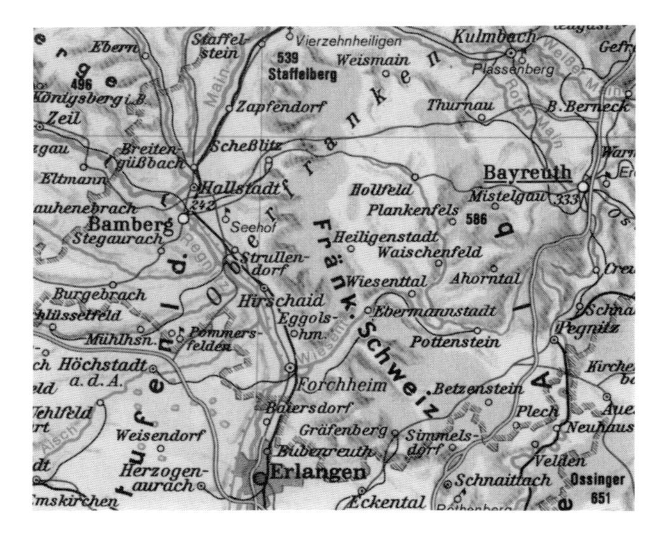

Abb. 1: Fränkische Schweiz

Abb. 2: Gewässernetz der Fränkischen Schweiz

in die wirtschaftlichen Verhältnisse der Mühlen am Mittellauf der Wiesent, an Leinleiter, Aufseß, Breitenbach, Fischbach, Weilersbach und Trubach. Insgesamt sind 35 Betriebe für diesen Raum belegt (vgl. Abb. 3).

Die Kapazitätsauslastung, die in den meisten Fällen als gering eingestuft ist, ist aus den Beschreibungen des Gewerbesteuerkatasters zu erschließen. So heißt es zur Mühle Oberweilersbach: der Mühlbach, der aus mehreren Quellen gespeist wird, habe nur sehr wenig Wasser "und leidet daran gewöhnlich den Sommer über gänzlichen Mangels, so daß das Mahlwerk nicht selten durch die Hände in Betrieb gesetzt werden muß. Die Mühle ist daher äußerst unbedeutend, und der Verdienst um so weniger und geringer"[2]. Ähnliches gilt für die Obere und Untere Mühle in Pretzfeld: "Jede der beyden Mühlen ist mit zwey Mahlgängen und einem Schnaidgange versehen, allein so wie sich in der Nähe des Ortes Pretzfeld und in der Entfernung von 1/2 und 3/4 Stunde mehrere Mühlen befinden, aber so wird schon durch die Nachbarschaft zweyer Mühlen in Einem Orte der Nahrungsstand gehemmt. Keiner der Berechtigten findet daher für zwey Mahlgänge volle Beschäftigung, und es kann sonach nur Ein Gang als hinlänglich betrieben angenommen werden"[3]. Zur Mühle in Hetzelsdorf ist angemerkt, sie habe den ganzen Sommer über kein Wasser, so daß das Mühlrad mit der Hand gedreht werden müsse; das Gewerbe sei als ruhend zu betrachten[4]. Die Mühle Lützelsdorf leide besonders unter der Konkurrenz der Mühle Hagenbach; demnach habe sie noch nicht einmal für einen Mahlgang ausreichend Beschäftigung[5]. Eine inhaltlich ähnliche Beschreibung findet man zu den Mühlen am Fischbach und bei anderen Betrieben, deren Auslastung in Abb. 3 als gering gekennzeichnet ist (HAVERSATH 1987, S. 89-97).

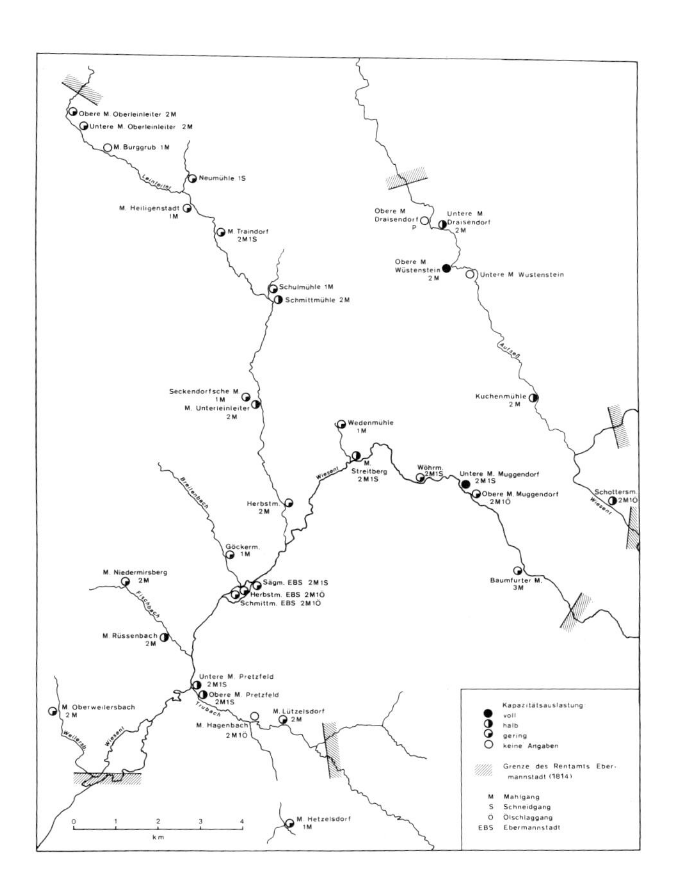

Abb. 3: Mühlenbetriebe im Rentamtsbezirk Ebermannstadt 1814 (Quelle: HAVERSATH 1987, S. 90)

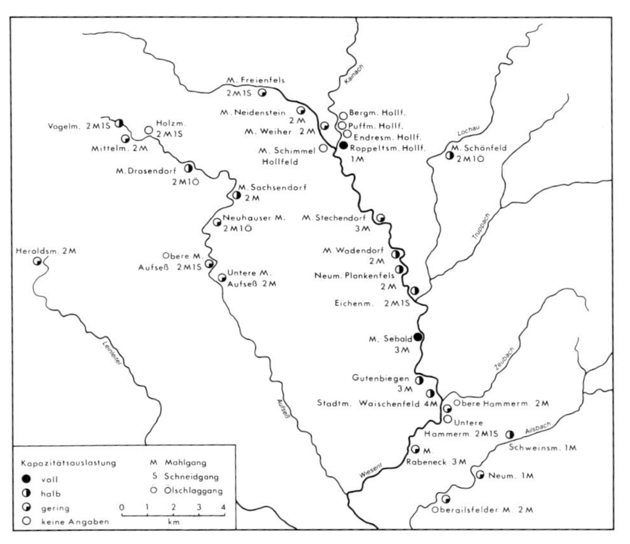

Abb. 4: Mühlenbetriebe im Rentamtsbezirk Waischenfeld 1816 (Quelle: HAVERSATH 1987, S. 98)

Für den Bereich des Rentamtsbezirks Waischenfeld[6)] ergibt eine Zusammenstellung von 1816 einen vergleichbaren Befund: Von 31 Mühlen sind 23 zur Hälfte oder geringer ausgelastet (Abb. 4). Ursachen sind auch hier die Nähe anderer Mühlen und die ungenügende Wasserführung der Mühlbäche. Der in den Quellen immer wieder genannte Wassermangel (Abb. 5) scheint ein Faktor zu sein, der im Untersuchungsgebiet tatsächlich von großer Bedeutung war. Viele Gewässer der Fränkischen Schweiz - insbesondere die Aufseß - waren infolge geringer Wasserführung kaum imstande, die Mühlräder das Jahr über gleichbleibend anzutreiben.

Dieses Phänomen hängt mit der Verkarstung der Fränkischen Schweiz ursächlich zusammen. Die zahlreichen Karstquellen schütten zwar in der Regel viel Wasser, unterliegen aber großen Schwankungen. Für die Mühlen der Fränkischen Schweiz hat diese naturgeographische Besonderheit die Konsequenz, daß die Betriebe unmittelbar an einer stark schüttenden Quelle errichtet werden konnten. Zur tatsächlichen Anlage wurden aber nur solche Standorte ausgewählt, an denen mehrere Karstquellen zum Antrieb zur Verfügung standen. Die

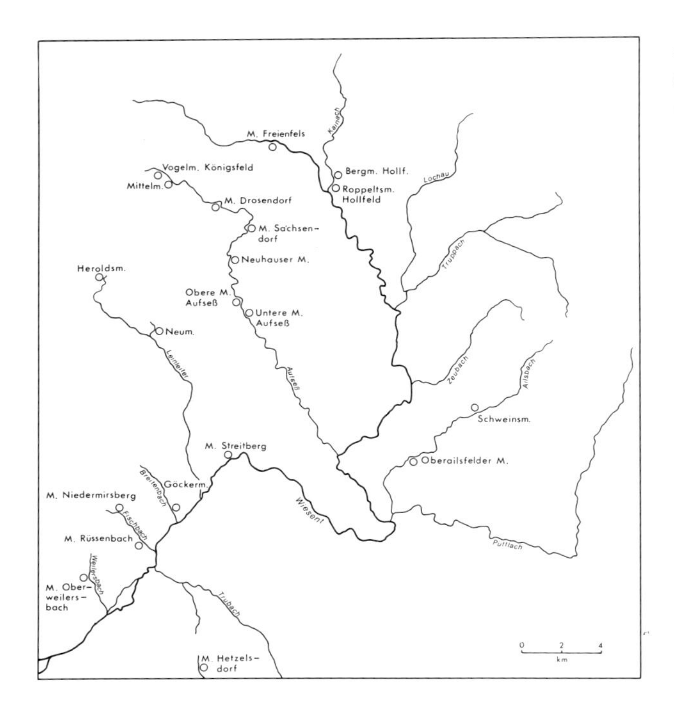

Abb. 5: Mühlen in den Rentamtsbezirken Ebermannstadt und Waischenfeld mit Wassermangel (1814/16) (Quelle: HAVERSATH 1987, S. 101)

Stempfermühle im Wiesenttal und die Holzmühle an der Aufseß wurden von jeweils drei Quellen, die in unmittelbarer Nähe austraten, angetrieben. Das sieben Meter hohe Rad der Heroldsmühle im Leinleitertal (Foto 1) bezog das Wasser, das mit einem Aquädukt übergeleitet wurde, ebenfalls aus nahegelegenen Quellen.

Die hydrographische Besonderheit der Fränkischen Schweiz mit Ihrer Bedeutung für die Müllerei zeigt in aller Deutlichkeit eine vergleichende Untersuchung aus den Haßbergen bei Ebern/Unterfranken (vgl. Abb. 1). In diesem nicht-verkarsteten Mittelgebirge konnten die Mühlräder an der Baunach und ihren Nebenbächen erst 4,5 km unterhalb der Quelle installiert werden (HAVERSATH 1981).

Wie war trotz des problematischen Wasserangebots, des geringen räumlichen Abstands und der Konkurrenz der Betriebe untereinander überhaupt ein rentables Wirtschaften möglich? Welchen besonderen Umständen ist es zu verdanken, daß einzelne Betriebe voll ausgelastet waren? Wovon lebten die Betreiber von Mühlen mit halber oder geringerer Kapazitätsauslastung?

Mit archivalischem Material, das zur Steuerfestsetzung diente, läßt sich zweifelsfrei feststellen, aus welchen verschiedenen Tätigkeiten die Müller ihr Einkommen bezogen.

-- Die Mühle Gutenbiegen im Wiesenttal (vgl. Abb. 4) verfügte neben dem Wohn- und Gewerbegebäude noch über einen Pferde-, Rinder- und Schweinestall, einen separaten Keller und ein Backhaus. Hinzu kommen als Grundbesitz ein kleiner Obst- und Grasgarten (3/4 Tgw.), 4 Tgw. Ackerland, 5 Tgw. Wiesen, 6 Tgw. Feld-Gras-Wechselland, 2 1/2 Tgw. Buchenholz und 1 Fischteich. 1839 wird der gesamte Grundbesitz mit 49,89 Tgw. angegeben[7)].

-- Zur Eichenmühle Plankenfels (vgl. Abb. 4) gehörten neben Wohn-, Gewerbe- und landwirtschaftlichen Gebäuden (Scheune, Stall, Schuppen) an Grundbesitz 1810 ein kleiner Hausgarten (1/4 Tgw.), 15 1/4 Tgw. Akkerland, 2 1/2 Tgw. Wiesen und 6 Tgw. Wald (MAYER 1972, S. 26).

-- Die flußaufwärts benachbarte Neumühle (vgl. Abb. 4) umfaßte folgende Besitzungen: je ein Wohn- und Mühlengebäude, zwei Ställe, einen Schuppen und einen separaten Keller, ein Obst- und Pflanzgärtlein (1 Tgw.), einen Hausgarten (1 2/3 Tgw.), 15 3/4 Tgw. Ackerland und 2 Tgw. Wiesen[8)].

Diese drei Beispiele - alle aus der Gruppe der Mühlen mit halber Kapazitätsauslastung - zeigen die Verwurzelung der Betriebe im landwirtschaftlichen Umfeld. Bei Betriebsgrößen zwischen 3 und 8 ha (5 Tgw. = 1 ha) ist die Ackernahrung sichergestellt (LAMPING 1988, S. 83), so daß die Müllerei als gewerbliche Zusatzfunktion anzusehen ist. Eine ökonomisch vorteilhafte Nutzung der Lage an einem Gewässer ist mit diesem Erwerbs-

Bild 1:
Heroldsmühle im Leinleitertal (Aufn.: W. Rüfer, Nürnberg, August 1987)

zweig bei kleinem Kundenkreis und der Nähe konkurrierender Mühlen nicht möglich. Die Müllerei war also bei dieser Gruppe von Betrieben immer ein Nebenerwerb.

Anders dagegen bei der Gruppe der voll ausgelasteten Mühlen. Eine genauere Betrachtung von zwei Wiesentmühlen weist die strukturellen Unterschiede zu den Betrieben mit höchstens halber Kapazitätsauslastung nach.

-- Die Mühle Sebald in Nankendorf (vgl. Abb. 4) hat eine wesentlich schmalere landwirtschaftliche Basis: Zum Mühlen- und Wohngebäude mit Stallung kommen 1 1/4 Tgw. Garten, 6 Tgw. Ackerland, ca. 2 Tgw. Wiesen und Anspruch auf die 1809 noch unverteilten Gemeindegründe[9]. Nach einem Brand im Jahre 1801 erreichte der Müller am 17.4.1803 eine zehnjährige Steuerfreiheit. Die finanziellen Belastungen des Wiederaufbaus konnten auf diese Weise gemildert werden. Die neu errichtete Mühle war nun von der technischen Ausstattung her dem alten Betrieb deutlich überlegen. Der Wert des gesamten Anwesens war nach den Beträgen der Übergabegelder seit dem Brand um das 2,5fache gestiegen (MAYER 1972, S. 31, 33). Es wird daher verständlich, daß gerade die Mühle Sebald von den Bauern der Umgebung stark frequentiert wurde, so daß sie bei der Katasteraufnahme 1816 einer der wenigen Betriebe mit voller Kapazitätsauslastung ist.

-- Die Untere Mühle in Muggendorf (vgl. Abb. 3) hat nur wenig Grundbesitz. Das Anwesen besteht aus dem Wohn- und Mühlengebäude und einem separaten Stall. Hinzu kommen das Pflanz- und Gemüsegärtlein (1/8 Tgw.), 2/3 Tgw. Wiese, ein 'Ängerlein', ein Fischwasser und 1/3 Tgw. Laub- und Fichtenholz[10]. Bei so geringen Flächen konnte die Landwirtschaft nur ein kleiner Zuerwerb zur Eigenversorgung mit Nahrungsmitteln sein, die Fischzucht war ein weiterer Erwerbszweig, das Haupteinkommen mußte aber dem gewerblichen Betrieb entspringen. Somit ergibt sich auch für die Untere Mühle Muggendorf die Notwendigkeit, in der technischen Ausstattung den benachbarten Betrieben, bei denen die Müllerei Nebenerwerb war, voraus zu sein, um selber genügend Kunden zu gewinnen.

Diese Mühlen ohne größeren landwirtschaftlichen Grundbesitz hatten insbesondere deshalb schwer um die Existenzsicherung zu kämpfen, weil sie sich in der absoluten Vermahlungskapazität (zwei Mahlgänge sind für das Untersuchungsgebiet die Regel) nicht von den anderen Betrieben unterschieden. Hier kam es also auf die persönliche Initiative und die richtige Investitionsentscheidung des Inhabers an, um eine möglichst hohe Kapazitätsauslastung zu erreichen.

Zusammenfassend ist im 19. Jh. für den Zustand des Müllereigewerbes folgendes kennzeichnend:

1. Die Getreidemühlen des Untersuchungsgebietes sind in der Betriebsgröße annähernd gleich, da sie über durchschnittlich zwei Mahlgänge verfügen. Nur ein Betrieb in der Fränkischen Schweiz hat vier Mahlgänge (Stadtmühle Waischenfeld), zahlreiche Mühlen verfügen über einen zusätzlichen Schneidegang, nur wenige haben einen einzigen Mahlgang.

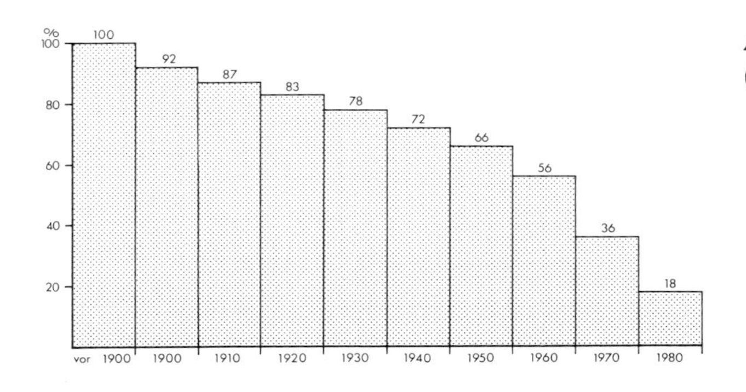

Abb. 6: Mühlenbestand in der Fränkischen Schweiz (Quelle: eig. Erhebungen)

2. Die Mühlenbetriebe lassen sich in zwei wirtschaftliche Gruppen einteilen.
a) Mühlen mit geringer Kapazitätsauslastung: Diese dienen in der Regel nur zur Gewinnung eines zusätzlichen Einkommens; Haupterwerb dieser Betriebe ist bei 3-8 ha Grundbesitz die Landwirtschaft.
b) Mühlen mit sehr wenig landwirtschaftlicher Nutzfläche. Diese sind darauf angewiesen, die technischen Anlagen weitestgehend auszunutzen. Der Betriebsinhaber war hier besonders gefordert, durch persönliche Initiative und einen guten Betriebszustand einen Vorsprung vor der Konkurrenz zu gewinnen. Bei Betrieben dieser Gruppe mußte daher in die Mühle investiert werden. Weitere Einkommensquellen (z.B. Fischteiche) sind oft lebenswichtig.

3. Die enge Bindung der Mühlen an die Landwirtschaft - es wurde ausschließlich das Getreide der umliegenden Bauern im Umtauschverfahren gemahlen - zeigt sich in der Betriebsform der sogen. Bauernmüllerei, aus der auch die Einstufung sämtlicher Betriebe als Kleinmühlen zu erklären ist.

2.2 Die Entwicklung im 20. Jahrhundert

Auf der Grundlage eines engen Bezugs zwischen Landwirtschaft und Müllereigewerbe blieb der Mühlenbestand im 19. Jh. annähernd gleich. Zwar gab es immer wieder einzelne stillgelegte Betriebe, daneben aber auch Neugründungen, so daß sich die Gesamtzahl nicht nennenswert veränderte; aus Altkarten und anderen schriftlichen Quellen lassen sich diesbezüglich zuverlässige Schlüsse ziehen (HAVERSATH 1987, S. 32-89). Nur in den Städten gab es phasenweise größere Veränderungen, wenn beispielsweise in Forchheim im Rahmen kriegerischer Auseinandersetzungen die Mühlen im Festungsvorfeld vorübergehend abgerissen wurden. Solange jedoch in Landwirtschaft und Müllereigewerbe die technische Ausstattung gleichblieb, war auch die Anzahl der Mühlen konstant. FROMM (1907, S. 153) und GLAUNER (1939, S. 42-43) wiesen nach, daß dieser Zustand bis ca. 1870 in Deutschland andauerte; erst seit dieser Zeit setzte ein Schrumpfungsprozeß ein, der immer wieder mit der pathetischen Bezeichnung "Mühlensterben" belegt wurde. Die Fränkische Schweiz wurde von diesem Rückgang der Mühlen seit ca. 1900 erfaßt.

2.2.1 Der Schrumpfungsprozess und seine Ursachen

Das Säulendiagramm zur Entwicklung des Mühlenbestands in der Fränkischen Schweiz (Abb. 6) gibt die um 1900 beginnende Regression wieder, die seitdem nicht mehr abbrach. Die rund 160 Mühlenbetriebe an der Wiesent und ihren Nebenflüssen nehmen von 1900 bis 1950 pro Dekade um rund 5 %, ab 1960 sogar um 16 % ab.

Die Gründe hierfür liegen zunächst im Müllereigewerbe selber. Bedeutende technische Neuerungen veränderten den Produktionsablauf grundlegend.

Mahlsteine waren über Jahrhunderte in vielen Kleinmühlen das einzige technische Gerät. Der obere Mühlstein (Oberläufer) wurde durch Wasserkraft bewegt, während der untere Stein ruhte. Zwischen diese beiden verschieden harten und unterschiedlich zubehauenen Steine wurden die Körner geschüttet, die allerdings erst nach wiederholtem Mahlen das Endprodukt lieferten.

Walzenstühle lösten die Mahlsteine ab. In der älteren Ausführung besaßen sie Porzellanwalzen, die über- oder

Bild 2:
Walzenstühle (Aufn.: W. Schuh, Gößweinstein, August 1987)

Bild 3:
Plansichter (Aufn.: W. Schuh, Gößweinstein, August 1987)

Tab. 1: Einbau von Plansichtern in Getreidemühlen am Oberlauf der Wiesent (von Steinfeld bis Rabeneck) und an den Nebenläufen (Kainach, Truppach, Lochau, Ehrlichbach, Feilbrunnenbach)
(Quelle: eig. Erhebungen)

	Anzahl der Mühlen	davon keine Angaben möglich	Einbau eines Plansichters						
			- 1910	- 1920	- 1930	- 1940	-1950	1950 -	Ohne Angaben
absolut	38	8	1	2	6	6	4	4	7
relativ (%-Angabe summiert)			3,3%	10%	30%	50%	64%	77%	100%

Quelle: eigene Erhebungen

nebeneinander angebracht, sich gegenläufig drehten. Die geringe Haltbarkeit dieses Materials begünstigte die Entwicklung von Stahl- und Hartgußwalzen, die bereits in den zwanziger Jahren in Deutschland weit verbreitet waren. Als sogenannte doppelte Walzenstühle mit vier Walzen setzten sie sich auf dem Markt rasch durch (Foto 2).

Spätestens in der dreißiger Jahren mußten Getreidemühlen mit Walzenstühlen ausgerüstet sein, wenn die vorgegebenen Normen zur Vermahlung (z.B. zur Herstellung der Type 405 bei Weizenmehl) eingehalten werden sollten. Die alten Mahlsteine dienten seit dieser Zeit nur noch zum Schroten.

Mit der allgemeinen Einführung der Walzenstühle ging eine Erhöhung der Vermahlungskapazität der Mühlen einher, die später für den Schrumpfungsprozeß ganz entscheidend werden sollte.

Zur optimalen Ausnutzung der Walzenstühle waren weitere technische Einrichtungen nötig, die der gestiegenen Mahlleistung Rechnung trugen. An erster Stelle sind hier die *Plansichter* (Foto 3) zu nennen, die der Trennung des Mahlgutes dienen. Als große viereckige Kästen sind sie an Rohrstäben aufgehängt und werden durch einen Zapfen in kreisende Bewegung versetzt. Durch die verschiedenen Schichten des Siebgewebes, das durch rotierende Bürsten immer wieder gesäubert wird, fällt das feine Mehl in tiefere Schichten. Tab. 1 zeigt, daß die Verbreitung der Plansichter, die im Anschluß an den Einbau der Walzenstühle erfolgte, bis 1940 erst so weit fortgeschritten war, daß 50 % der Mühlen am Oberlauf der Wiesent diese Technik übernommen hatten. Damit wird schon jetzt deutlich, daß der Anteil der Betriebe, die bereits damals als technisch überaltert gelten mußten, sehr groß ist. Es handelt sich ganz überwiegend um solche Anwesen, die mit genügend landwirtschaftlicher Nutzfläche versehen das Müllereigewerbe traditionell als Zu- oder Nebenerwerb betrieben.

Darüber hinaus waren zur Heranschaffung und Bewegung der großen Getreidemengen spezielle *Transportmittel* nötig. In den Kleinmühlen der Fränkischen Schweiz besorgten diesen Arbeitsgang einfache Becherwerke oder Elevatoren. Diese dienen der senkrechten Förderung von unten nach oben. Elevatoren bestehen aus einem endlosen Gurt, der über ein Führungsrad getrieben wird und in der Regel alle Stockwerke einer Getreidemühle durchläuft. In bestimmten Abständen sind auf den Gurt Becher geschraubt, die im unteren Teil einlaufendes Mahlgut aufnehmen und nach oben transportieren. Je nach Mahlgut (Mehl oder Körner) werden unterschiedliche Becher benötigt: sogenannte flachbombierte für Mehl und tiefbombierte für Körner und groben Schrot.

Nur bei größeren Mühlen (Stadtmühle Waischenfeld: 12t/24h; Puffmühle Forchheim 35t/24h; Mühle Draisendorf 10t/24h; Mühle Mostviel: 50t/24h) wurde die wesentlich leistungsfähigere Pneumatik eingebaut. Bei den hohen Transportgeschwindigkeiten, die mit Druckluft erreicht wurden, schwankte die stündliche Leistung einer Pneumatik je nach technischer Ausführung bereits 1921 zwischen 1 und 330t (SACHER 1921, S. 181).

Abb. 7: Typen der Wasserräder

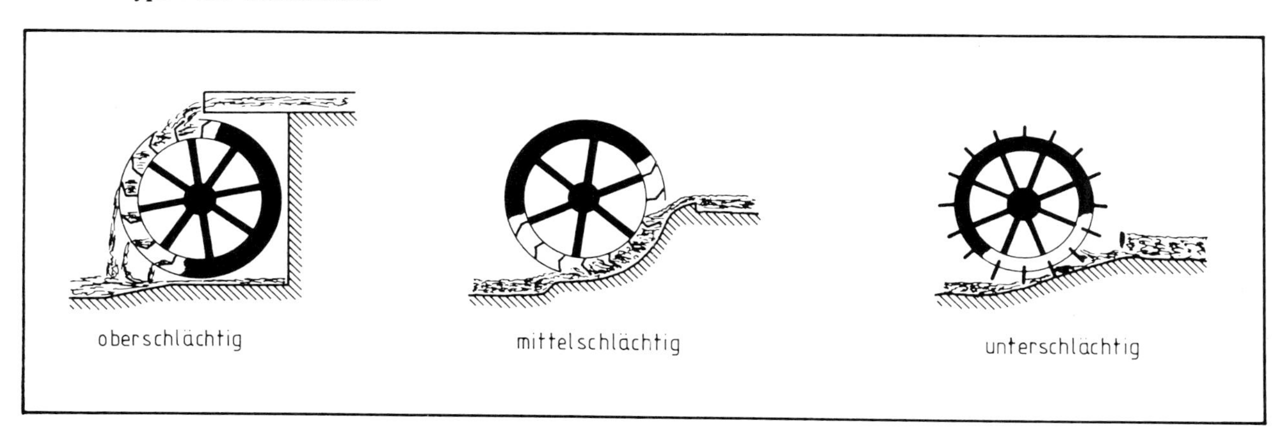

Auch die Nutzung der Wasserkraft durch unter-, mittel- und oberschlächtige *Räder* (Abb. 7) wurde durch die Technisierung verdrängt. Vor allem aufgrund der besonderen hydrographischen Verhältnisse (vgl. 2.1) waren die Müller in der Fränkischen Schweiz bestrebt, die wenig effektiven Räder durch neue Technologien zu ersetzen. Der ungleiche Lauf des Wasserrades, ungenaue Regulierungsmöglichkeiten und die ausschließliche Nutzung des Wasserdrucks sind für den grundsätzlich schlechten Wirkungsgrad verantwortlich (EISGRUBER 1950, S. 236).

Turbinen, die die Druck- und Sogkraft ausnutzen, erreichen einen Wirkungsgrad von 80-90 %, d.h. das Zwei- bis Vierfache von Wasserrädern. Trotz hoher Anschaffungskosten hält daher diese Neuerung frühzeitig im Untersuchungsgebiet Einzug: in der Unteren Mühle Muggendorf 1889, in der Ottmühle Aufseß 1897, in der Unteren Mühle Pretzfeld, der Schimmelmühle Hollfeld und der Schottersmühle 1900, um nur die ersten zu nennen. Etliche Mühlen schreckten von Anfang an vor den hohen Investitionen zurück; ohne diese neuartige Energiequelle war aber eine Modernisierung und längerfristige Existenzsicherung des Gewerbebetriebs nicht möglich. Zahlreiche Mühlenbetriebe konnten dagegen durch den frühzeitigen Einbau einer Turbine ihre wirtschaftliche Situation ganz entscheidend verbessern, manche stellten auch auf Stromversorgung um und belieferten ganze Ortschaften bis in die fünfziger Jahre mit Elektrizität.

Zusammengenommen führten diese technischen Neuerungen zu gewaltigen strukturellen Änderungen im Müllereigewerbe. Da die Vermahlungskapazität bei den einzelnen Kleinmühlen von 500kg/24h auf 1-2t/24h angestiegen war, suchten die Müller nach einem größeren Kundenkreis, um die neuen Anlagen gut auszulasten. Trotz gewaltiger Anstrengungen (Mehlfahren und andere Dienstleistungen) war ein wirtschaftlicher Betrieb aber oft nicht möglich, weil bereits bedeutende Überkapazitäten bestanden. Daß dennoch bis in die fünfziger Jahre die Schrumpfungsrate bei annähernd 5 % pro Dekade blieb, ist ganz entscheidend auf wirtschaftliche Maßnahmen während des Nationalsozialismus zurückzuführen. Zur Sicherstellung der Versorgung der Bevölkerung mit Mehl in Kriegszeiten war die Erhaltung der dezentralen Kleinmühlen geboten. Eine Mühlenkontingentierung, mit einem Neubau- und Erweiterungsverbot gekoppelt, schützte so selbst die Betriebe vor dem Konkurrenzdruck und den Folgen der Überkapazität, die in ihrem Bestand vollkommen überaltert waren.

Das Problem der strukturellen Überkapazität war damit aber nicht gelöst, sondern nur verschoben worden. Aus der Sicht der Kleinmüller ergab sich folgende trügerische Perspektive: "Das große Mühlensterben war abgestoppt. Jeder Müller hatte, wenn auch in beschränktem Rahmen, seine Existenzmöglichkeit. Endlich schien nach langer, langer Zeit in der Müllerei alles in Ordnung zu kommen" (BECKER 1979, S. 16).

Ein zweites Ursachenbündel, das den Rückgang der Getreidemühlen erklärt, liegt in der Entwicklung der Landwirtschaft. Der allgemeine Strukturwandel, der seit den sechziger Jahren die Landwirte veranlaßte, immer größere Kapitalmengen für die Mechanisierung des Produktionsablaufs aufzuwenden (LAMPING 1966, S. 61-73), führte in der gesamten Bundesrepublik Deutschland zu einer bedeutenden Veränderung der Betriebsgrößenstruktur (HENNING 1978). Der beschleunigte Rückgang der Kleinbetriebe mit 0,5-5 ha LN/LF ab 1960 und die gleichzeitige Zunahme mittelgroßer Betriebe (10-50 ha) sind auch in den Gemeinden der Fränkischen Schweiz für den Wandel der Betriebsgrößenstruktur kennzeichnend (HOFFMANN 1976). Die Kleinmühlen des Untersuchungsgebiets waren mit diesem Strukturwandel vor eine vollkommen neue Situation gestellt, weil die

Tab. 2: Entwicklung des Verbrauchs an Nahrungsmitteln (in kg) je Einwohner und Jahr in der Bundesrepublik Deutschland und West-Berlin (Quelle: KAMM 1964, S. 85)

Jahr	Getreideerzeugnisse		andere Nahrungsmittel					
	gesamt	Brot-getreide	Zucker	Frischobst	Südfrüchte	Fleisch	Butter	Eier
1952/53	97,3	94,8	24,1	59,4	11,2	41,7	6,2	7,9
1953/54	95,0	92,9	25,6	56,3	13,0	44,0	6,8	9,0
1954/55	96,1	93,8	26,7	58,2	13,1	46,2	7,0	10,0
1955/56	93,1	90,9	27,4	45,2	14,7	48,0	7,0	10,0
1956/57	90,9	88,5	28,3	56,6	13,6	50,1	7,2	11,3
1957/58	88,5	86,1	28,0	29,0	18,8	52,6	7,4	11,6
1958/59	84,8	82,5	29,0	76,5	18,9	53,3	7,8	12,5
1959/60	81,7	79,4	27,3	49,0	21,4	54,9	7,8	13,1
1960/61	79,8	77,3	28,8	81,4	21,9	57,0	8,5	13,1

Quelle: KAMM 1964, S. 85

Tab. 3: Kapazitätsgrößenklassen und Grad der Kapazitätsausnutzung bei Getreidemühlen im Getreidewirtschaftsjahr 1956/57 (Quelle: KAMM 1964, S. 52)

Kapazitätsgrößenklasse in t Tagesleistung	Betriebe Anzahl	%	Kapazitätsausnutzung in %
unter 1 t	2.318	24,8	18
1 bis 3 t	4.146	44,3	13
3 bis 5 t	1.425	15,2	15
5 bis 10 t	792	8,5	20
10 bis 25 t	473	5,1	36
25 bis 40 t	78	0,8	47
40 bis 80 t	59	0,6	55
80 bis 150 t	29	0,3	56
150 t und mehr	33	0,4	78
insgesamt	9.353	100,0	39

Quelle: KAMM 1964, S. 52

Bauern bei marktwirtschaftlicher Orientierung die Dienste der Kleinmühlen nicht mehr in Anspruch nahmen. Die Ursachen hierfür sind mehrschichtig: einerseits erfolgte die Vermarktung über große Absatzorganisationen (Lagerhäuser, Genossenschaften), die vertraglich an Großmühlen gebunden waren, andererseits führte auch die Mechanisierung der Landwirtschaft indirekt dazu, daß die Kleinmühlen systematisch ins Abseits gedrängt wurden.

Der seit 1966 in der Fränkischen Schweiz zunehmende Einsatz von Mähdreschern ermöglichte den Erntevorgang auch bei feuchter Witterung; weil aber keine Kleinmühle (bis 10t/24h Vermahlungskapazität) im Einzugsbereich der Wiesent über eine Trocknungsanlage verfügte, waren diese Betriebe fortan für die lokalen Getreideproduzenten als Geschäftspartner uninteressant.

Ein drittes Ursachenbündel spricht die gesellschaftlichen Entwicklungen an. Die Steigerung des Realeinkommens breiter Schichten führte seit den fünfziger Jahren nicht nur zu einer Verschiebung in der Ausgabenstruktur privater Haushalte (HENNING 1978, S. 34), sondern auch zu gravierenden Wandlungen in den Ernährungsgewohnheiten. Der Trend ging dabei besonders in den fünfziger Jahren zu einer Abnahme des Verbrauchs an Brotgetreide bei gleichzeitiger Zunahme im Frischobst-, Südfrüchte-, Fleisch-, Butter- und Eierkonsum (Tab. 2). Der abnehmende Mehlverbrauch ist dabei nicht als Modeerscheinung, sondern als gesamtgesellschaftliche Reaktion auf veränderte Lebensbedingungen zu verstehen (*Arbeitsgemeinschaft Deutscher Handelsmühlen* 1973, S. 103).

Setzen wir die Gesamtvermahlung an Weizen in der Bundesrepublik Deutschland im Getreidewirtschaftsjahr 1960/61 als 100 %, dann ist schon bis zum Getreidewirtschaftsjahr 1968/69 bei kontinuierlicher Abnahme ein Rückgang auf 88,4 % festzustellen (*Mühlenstelle Bonn* 1970, S. 105). Trotz wachsender Bevölkerung nimmt der Brotgetreideverbrauch relativ und absolut ab.

Für die Kleinmühlen hatte diese Entwicklung verheerende Konsequenzen. Die durchschnittliche Kapazitätsauslastung sackte auf Werte um 15 % ab (Tab. 3). Viele Mühleninhaber der Fränkischen Schweiz gaben in dieser Zeit den Betrieb auf; hatte man in den Jahren zuvor die Entwicklung beobachtet und aus Vorsicht nicht investiert, so war nun bei abnehmenden Aufträgen und stärker aufkommenden außerlandwirtschaftlichen Arbeitsplätzen die Stillegung der Mühle ein Gebot der wirtschaftlichen Vernunft. Die Größe der Schrumpfungsrate betrug in den beiden Dekaden von 1950 bis 1969 im Untersuchungsgebiet (bezogen auf den Mühlenbestand von 1900) 10 % bzw. 20 % (vgl. Abb. 6).

Weil gleichzeitig auch die Kapazitätsauslastung der Mittel- und Großmühlen unbefriedigend war, sah sich der Staat zum Abbau der Überkapazitäten imMüllereigewerbe veranlaßt. Das "Gesetz über die Errichtung, Inbetriebnahme, Verlegung und Erweiterung von Mühlen" vom 27. Juli 1957[11)] zielte auf eine Abschöpfung von 10.000 t Tagesleistung. Nur wenige Jahre später folgte ein zweites Gesetz[12)]; durch diese Stillegungsanreize - eine finanzielle Abfindung war der Kern der Maßnahmen - wurde der Schrumpfungsprozeß maßgeblich geför-

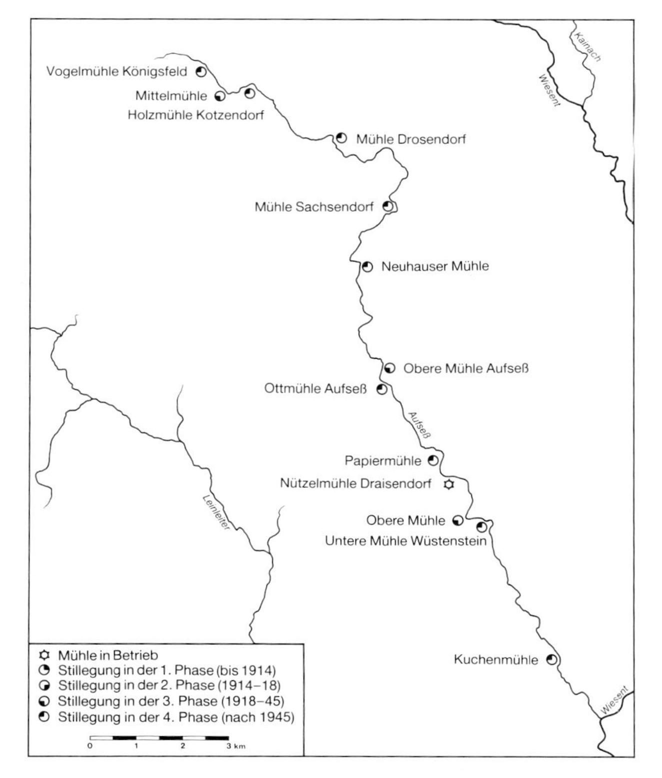

Abb. 8: Bestandsentwicklung der Getreidemühlen im Aufseßtal (Quelle: eig. Erhebungen)

Bild 4:
Mühle Mostviel im Trubachtal (Aufn.: W. Schuh, Gößweinstein, August 1987)

Bild 5:
Stempfermühle im Wiesenttal (Aufn.: H. Weisel, Ebermannstdt, Oktober 1980)

dert. Mit dem "Gesetz über abschließende Maßnahmen zur Schaffung einer leistungsfähigen Struktur des Mühlengewerbes (Mühlenstrukturgesetz)" vom 22. Dezember 1971[13)] ist der Strukturwandel im Müllereigewerbe aus gesetzgeberischer Sicht beendet. Die Kleinmühlen spielen seit dieser Zeit auch für die lokale Mehlproduktion keine Rolle mehr. Von den 13 Mühlen des Aufseßtals der Zeit um 1900 ist - um die Entwicklung an einem Flußlauf zu dokumentieren - nur eine einzige in Funktion geblieben (Abb. 8), im benachbarten Leinleitertal haben alle 12 Mahlmühlen den Betrieb eingestellt.

2.2.2 Funktionaler Wandel

Da heute im gesamten Einzugsbereich der Wiesent von ehemals über 160 Getreidemühlen keine 30 mehr existieren, stellt sich die Frage nach der Folgenutzung stillgelegter Mühlen.

-- Die Anzahl der wüstgefallenen Standorte ist gering. Nur in wenigen Fällen wurden die Gebäude nach der Stillegung des Gewerbebetriebs vollständig abgerissen. In der Regel fallen in diese Gruppe solche Mühlen, die schon frühzeitig aufgaben, die im Nebenerwerb betrieben wurden und aufgrund ihrer marginalen Lage zum Siedlungs- und Verkehrsnetz keine Ansatzpunkte für eine weitere Nutzung boten.

-- Die Liste der branchennah weitergenutzten Mühlen - der zweiten Kategorie des Funktionswandels - ist dagegen sehr umfangreich. Gerade bei offengelassenen Bauernmühlen bietet es sich an, das Mühlengebäude für landwirtschaftliche Zwecke als Lager, Scheune, Stall o.ä. zu verwenden. Allein an der Wiesent haben 23 Mühlen einen derartigen Funktionswandel erfahren, an der Aufseß sechs, an der Leinleiter zwei und an der Trubach acht (HAVERSATH 1987, S. 236-239). In zwei Fällen ist die neue Nutzung des Gebäudes nur aus dem ehemaligen Mühlenbetrieb zu verstehen. Der Umbau zu Bäckereiunternehmen setzt in der Unteren Mühle Aufseß (vgl. Abb. 4) eine alte Tradition fort, da hier bereits seit ca. 1900 Brot gebacken wird, und aus der Mühle in Mostviel an der Trubach (Foto 4) hat sich heute eine bedeutende Brotfabrik entwickelt, die aus einem 1938 angegliederten Betriebszweig hervorgegangen ist.

-- Bei der branchenfremden Nachfolgenutzung fällt zunächst der hohe Anteil von Getreidemühlen auf, die Wohnzwecken zugeführt werden (26 % aller branchenfremd weitergenutzten Gebäude). Ein Umbau von Mühlen zu Büro- oder Geschäftsräumen spielt nur in Forchheim eine Rolle. Die Übernahme von Funktionen des Gaststätten- und Beherbergungsgewerbes ist dagegen in der Fränkischen Schweiz weit verbreitet. 1829 fand der erste derartige Funktionswandel statt (Neumühle Ailsbachtal). Vor allem im 19. Jh. entstanden Gaststätten mit Übernachtungsmöglichkeiten an Talabschnitten der Wiesent und Püttlach, die aufgrund bizarrer Felsen und steiler Taleinschnitte als besonders romantisch galten (Foto 5). Mit den Erlanger Studentenverbindungen, die hier ihre Exkneipen einrichteten, konnte man auf einen Personenkreis zurückgreifen, der die Rentabilität der neuen Gasthäuser gewährleistete. Im 20. Jh. wurden weitere Mühlen in Wirtschaften umgewandelt, die seit den fünfziger Jahren überwiegend von Kurzzeiturlaubern und Naherholungssuchenden aus dem Raum Nürnberg-Fürth-Erlangen und aus den Städten Bamberg und Bayreuth frequentiert werden.

Einige Mühlen, die infolge des agrarischen Strukturwandels den Betrieb eingestellt hatten, sind nach Jahren des Verfalls als Zweitwohnsitze wohlhabender Städter nach altem Vorbild restauriert worden. Mit dieser Entwicklung sind wir an einen Punkt gekommen, an dem das Ausmaß des agrarischen Strukturwandels der letzten 30 Jahre deutlich wird: als Freizeitwohnsitze mit nostalgischem Touch sind Mühlen heutzutage offenbar Sinnbilder einer (nie dagewesenen) ländlichen Idylle. Die landwirtschaftlich-gewerbliche Vergangenheit in einer armen bäuerlichen Gesellschaft erscheint hierdurch in einem falschen Licht.

3. Zusammenfassung

Überblickt man die Entwicklung des 19. und 20. Jahrhunderts, so läßt sich der Strukturwandel in Landwirtschaft und Müllereigewerbe in folgenden Punkten zusammenfassen:

1. Die große Anzahl der Getreidemühlen des Untersuchungsgebietes im 19. Jh. ist aus der sogenannten Bauernmüllerei zu erklären. Bei landwirtschaftlichem Haupterwerb wird in der Mühle die Möglichkeit einer Einkommensergänzung gesehen. Allen Betrieben gemeinsam ist die geringe Vermahlungskapazität, die kaum 1t/24h überschreitet (Kleinmühle).

2. Der um 1900 einsetzende Schrumpfungsprozeß steht in unmittelbarem Zusammenhang mit der Ausbreitung neuer Müllereimaschinen, die den Vermahlungsvorgang zunehmend automatisieren. Insbesondere solche Unternehmen, die sich von dieser Entwicklung ausschlossen, schieden bei gestiegenem Konkurrenzdruck frühzeitig aus.

3. Seit den fünfziger Jahren wird auch der Strukturwandel in der Landwirtschaft ein steuernder Faktor für den Rückgang der Getreidemühlen. Technische Innovationen (allgemeiner Einsatz des Mähdreschers bei der Getreideernte ab 1966), Wandlungen in der Betriebsgrößenstruktur und Spezialisierung in der Agrarproduktion verurteilen die Bauernmühlen zur Bedeutungslosigkeit. Den nationalen Mehlmarkt beherrschen die Großmühlen, am regionalen haben auch die wenigen Mittelmühlen der Fränkischen Schweiz Anteil, einen lokalen Mehlmarkt gibt es nicht mehr.

4. Gesetzgeberische Maßnahmen der sechziger und siebziger Jahre beschleunigen den Konzentrationsprozeß und führen um 1980 zum Mühlenbestand der Gegenwart.

5. Die Nachfolgenutzung stillgelegter Betriebe ist überwiegend landwirtschaftlich, in zahlreichen Fällen auch gastronomisch. Bei den Mühlen, die erst in den letzten zwanzig Jahren stillgelegt wurden, bleibt abzuwarten, welchen neuen Funktionen sie in Zukunft zugeführt werden.

Anmerkungen

1) *Staatsarchiv Bamberg (= StAB)*, Rep. K 214 (Finanzamt Ebermannstadt), Nr. 615 (Gewerbe Steuer Kataster des Königl. Rentamtes Ebermannstadt von den 26. Steuer Districten 1814).

2) *StAB*, Rep. K 214, Nr. 615 (Steuerdistrikt Weilersbach).

3) *StAB*, Rep. K 214, Nr. 615 (Steuerdistrikt Pretzfeld).

4) *StAB*, Rep. K 214, Nr. 615 (Steuerdistrikt Hagenbach).

5) *StAB*, Rep. K 214, Nr. 615 (Steuerdistrikt Wannbach).

6) *StAB*, Rep. K 237, Nr. 2226 (Acta des Königl. Rentamtes Waischenfeld, Besteuerung der Mühlen; Verzeichnis der in dem Rentamtsbezirke Waischenfeld versteuerten Mühlen - 1816).

7) *StAB*, Rep. K 237, Nr. 388, S. 313.

8) *StAB*, Rep. K 237, Nr. 416, Bl. 35.

9) *StAB*, Rep. K 237, Nr. 355, Bl. 39.

10) *StAB*, Rep. K 214, Nr. 266, Bl. 10.

11) In: *Bundesgesetzblatt*, Teil 1, 1957, S. 664-666.

12) Zweites Gesetz zur Änderung des Mühlengesetzes vom 3. Juli 1961. In: *Bundesgesetzblatt*, Teil 1, 1961, S. 865.

13) In: *Bundesgesetzblatt*, Teil 1, 1971, S. 2098-2103.

Literatur

Arbeitsgemeinschaft Deutscher Handelsmühlen (Hrsg.) (1973): Jahresbericht der Arbeitsgemeinschaft Deutscher Handelsmühlen. - Bonn.

BECKER, M.F. (1979): Das deutsche Mühlensterben im zwanzigsten Jahrhundert, dargestellt am Beispiel der Mühlen in der Pfalz. - München.

BLOHM, E. (1976): Landflucht und Wüstungserscheinungen im südöstlichen Massif Central und seinem Vorland seit dem 19. Jahrhundert. - Trier (Trierer Geographische Studien, Heft 1).

EISGRUBER, G. (1950): Müllerei und Mühlenbau. Grundlagen zur Nachwuchserziehung. - München.

FROMM, M. (1907): Das Mühlengewerbe in Baden und in der Rheinpfalz. - Karlsruhe.

GLAUNER, W. (1939): Die historische Entwicklung der Müllerei. - München, Berlin.

HAVERSATH, J.- B. (1981): Marginalität und Strukturschwäche, aufgezeigt am Beispiel der Mühlen in Franken. - Geographie im Unterricht, 6, S. 248-255.

HAVERSATH, J.- B. (1987): Mühlen in der Fränkischen Schweiz. - Erlangen (Die Fränkische Schweiz - Landschaft und Kultur, Band 4).

HENNING, F.-W. (1978): Landwirtschft und ländliche Gesellschaft in Deutschland. Band 2: 1756 bis 1976. - Paderborn.

HOFFMANN, H. (1976): Entwicklungstendenzen der Betriebsgrößenstruktur in Bayern. - Bayerisches Landwirtschaftliches Jahrbuch, 53, S. 3-85.

KAMM, W. (1964): Anlaß und Umfang der manipulierten Kapazitätseinschränkungen auf dem Gebiet des deutschen Mühlengewerbes. - Dissertation. Mannheim.

LAMPING, H. (1966): Dorf und Bauernhof im südlichen Grabfeld. Zur Analyse der Struktur agrarischer Räume. - Würzburg (Würzburger Geographische Arbeiten, 17).

LAMPING, H. (1988): Gewerblich-landwirtschaftliche Mischformen im Rahmen der Industrialisierung im 19. Jahrhundert. - Zeitschrift für Wirtschaftsgeographie, 32, S. 83-87.

MAYER, I. (1972): Die Mühlen im südlichen Landkreis Ebermannstadt im Struktur- und Funktionswandel von 1790 - 1972. - Unveröffentlicht.

Mühlenstelle Bonn (Hrsg.) (1970): Übersichten über die Vermahlung von Brotgetreide (Roggen, Weichweizen, Hartweizen) der Handels-, Lohn- und Umtauschmüllerei in den Getreidewirtschaftsjahren 1960/61, 1964/65 bis 1968/69 - Bundesrepublik Deutschland. - Bonn.

SACHER, R. (1921): Handbuch des Müllers und Mühlenbauers. - Leipzig.

TREUE, W. (1962): Wirtschaftsgeschichte der Neuzeit (1700 - 1960). - Stuttgart.

Dr. Johann-Bernhard Haversath, Studiendirektor i.H.
Lehrstuhl I für Geographie der Universität Passau
Schustergasse 21, 8390 Passau

Rudolf Stauber

Landwirtschaft und Flurbereinigung
Bilanz der letzten vier Jahrzehnte

Einführung

Der Dienstbezirk der Flurbereinigungsdirektion Landau a.d.Isar deckt sich fast mit dem Regierungsbezirk Niederbayern, so daß das Thema Landwirtschaft und Flurbereinigung, Bilanz der letzten vier Jahrzehnte, auf Niederbayern abgestimmt wurde.

Niederbayern ist ein Bauernland, ein Kulturland, mit langer Tradition. Seit vielen Jahrhunderten wird es von der Landwirtschaft geprägt und weist unter den bayerischen Regierungsbezirken immer noch den höchsten Anteil Erwerbstätiger in der Landwirtschaft aus. Hoch ertragreiche Gäulagen finden ihr Gegengewicht in landschaftlich schönen, aber landwirtschaftlich von Natur benachteiligten Mittelgebirgsgebieten des Bayerischen Waldes.

Alt ist das Bemühen, die Flur zu ordnen

So ist eine "Flurbereinigung" bei Osterhofen bereits in der Mitte des 13.Jahrhunderts nachweisbar. Im Jahre 1247 wurden die Fluren von Neusling und Langenisarhofen bei Osterhofen bereinigt. Veranlasser war der Grundherr, da die Bauern zu einer solchen Initiative nicht befugt gewesen wären. Beide Orte liegen im ältesten Siedlungsgebiet Niederbayerns.

100 Jahre später wurde östlich von Straubing im Zusammenhang mit der Regulierung der Donau durch Kaiser Ludwig den Bayern eine echte "Unternehmensflurbereinigung" durchgeführt. Nach einer Urkunde aus dem Jahre 1343 veranlaßte der Kaiser das Benediktinerkloster Oberalteich, das Bett der Donau umzuleiten, um die Flur des Dorfes Ittling von alljährlichen Überflutungen zu befreien. Den hierfür notwendigen Grund und Boden sollten Kloster und Bauern aufbringen. Der Kaiser schenkte dem Kloster in den Jahren 1344 und 1347 aus seinem Besitz drei Bauernhöfe zum Ausgleich für den eingetretenen Landverlust, wies aber gleichzeitig das Kloster an, die Bauern aus klostereigenem Land zu entschädigen und verlorenes Ackerland gegen Acker, Wiese gegen Wiese, Weide gegen Weide und Holz gegen Holz auszutauschen.

Der Bauer seinerzeit war weitgehend autark. Jeder produzierte alles. Er mußte mit dem auskommen, was ihm zur Verfügung stand. Tierische und menschliche Arbeitskraft wurden intensiv genutzt. Brenn- und Baustoffe wurden in Siedlungsnähe erzeugt, gewonnen und abgebaut. Nebenprodukte und Abfälle wurden wieder verwendet.

Naturwissenschaften und technischer Fortschritt in der Landwirtschaft

Seit dem Ausgang des 18.Jahrhunderts hat die Industrialisierung den ländlichen Raum und die rd. 5000 Jahre alte Agrargesellschaft mehr und mehr beeinflußt und umgestaltet. Mit der Erfindung der Dampfmaschine (1763/64) und späterer anderer Antriebsgeräte konnten Muskelkraft und primitives Werkzeug durch Maschinen ersetzt werden. Dies führte und führt heute noch zu weitergehender, umfassenderer Mechanisierung und Automation von Produktionsformen in allen Bereichen, nicht nur in der Landwirtschaft.

J.-B. Haversath, K. Rother (Hrsg.): Innovationsprozesse in der Landwirtschaft
Passau 1989 (Passauer Kontaktstudium Erdkunde)

Bild 1:
Bewirtschaftung früher (Foto: *Flurbereinigungsdirektion Landau/ Isar*)

Bild 2:
Bewirtschaftung heute (Foto: *Flurbereinigungsdirektion Landau/ Isar*)

Die Entwicklung von Naturwissenschaft und Technik eröffnete schnell ungeahnte Möglichkeiten. Als Folgewirkungen dieser Entwicklung für die Landwirtschaft läßt sich folgendes feststellen:

1. Änderung der Produktionsbedingungen und Produktionsformen im Bereich der Landwirtschaft durch neue Bodenordnungen und Landbausysteme. Wie in der Industrie werden die meisten Arbeitsvorgänge mechanisiert und automatisiert. Ertragsverbesserungen und Ertragssicherungen werden durch die Ergebnisse der agrarchemischen Forschung ermöglicht.

2. Die Mechanisierung führt zu immer stärkeren Traktoren und zu größerer Arbeitsbreite der Maschinen. Um die teueren Maschinen wiederum möglichst wirksam einsetzen zu können, wurden die Parzellen immer großflächiger und gleichzeitig aber ärmer an Kleinstruktur; heute werden bereits Blockflächen bis zu 600 m x 600 m (36 ha) und mehr gefordert. Damit werden großzügige Zusammenlegungen in den entsprechend weitmaschigen Wegenetzen erforderlich.

3. Die Preis-Kostenschere zwingt den Landwirt zu immer stärkerer Spezialisierung und Intensivierung, zu Konzentration und Rationalisierung. Der traditionelle Fruchtwechsel wird eingeengt, teilweise fast ganz aufgehoben.

4. Die Produktion wird ständig gesteigert. Um 1900 ernährte ein Bauer fünf Mitbürger, um 1950 10 Mitmenschen, 1970 bereits 32, und heute erzeugt der Bauer Nahrungsgüter für durchschnittlich 67 Verbraucher.

5. Die Produktivität hat sich innerhalb einer Generation versechsfacht. Die Produktionsüberschüsse werden zu einem Problem; die Intensität der Bewirtschaftung nimmt weiterhin zu.

6. Es setzte ein Strukturwandel ein, der besonders durch Betriebsgrößensteigerung, Abnahme der Anteile landwirtschaftlicher Betriebe und starken Rückgang der Arbeitskräfte gekennzeichnet war.

7. Im ländlichen Raum und im Dorf zeigten sich wachsende Fremdbestimmung und Solidaritätsprobleme. Die dörfliche Welt wird immer mehr von städtischen Einflüssen geprägt.

Mitten in diesen Entwicklungen steht nun die Flurbereinigung. Sie soll die vielfältigen und sich ständig ändernden Ansprüche der Landwirte, der Städter, der Naturschützer und Erholungssuchenden, der Jäger, Fischer, der Straßenbauer und Wasserwirtschaftler möglichst umfassend berücksichtigen. Da die Flurbereinigung somit allen Ansprüchen gerecht werden soll, sitzt sie sozusagen manchmal zwischen den Stühlen.

Aber gerade die Vielfalt der Probleme und Aufgaben macht die Flurbereinigung zu "dem" Neuordnungsinstrument im ländlichen Raum.

In der Zeit nach dem 2.Weltkrieg - also vor gut 40 Jahren - galt es, die Ernährungssituation der Bevölkerung zu stabilisieren, den Hunger der Menschen zu stillen und außerdem für Millionen von Flüchtlingen zusätzlich Arbeit, Brot und Wohnraum zu beschaffen. Die Eingliederung und Versorgung der heimatvertriebenen Flüchtlinge war eine klare politische Vorgabe.

Die Folgen des 2. Weltkrieges waren um 1950 noch überall deutlich zu spüren. Die gesamte Wirtschaft war dabei, sich neu zu organisieren. Von dieser Umstellung mußte auch die Agrarwirtschaft erfaßt werden. Die politisch Verantwortlichen kamen wie die Fachleute bald zu der Überzeugung, daß Niederbayern seine agrarischen Probleme zeitgemäß nur lösen kann, wenn eine eigene Flurbereinigungsbehörde zur Verfügung steht. 1950 beschloß der Bayerische Landtag, für Niederbayern ein Flurbereinigungsamt zu errichten. Schon im

Bild 3:
Bundesautobahn A 93 bei Plattling (Bertram-Luftbild, München-Riem; Aufnahme v. Okt. 1980, freigegeb. durch Reg. v. Obb., Nr. G 4/30907)

Herbst 1950 wurde mit dem Bau des Flurbereinigungsamtes in Landau a.d.Isar begonnen. Am 5. Okt. 1951 wurde es im Rahmen eines feierlichen Aktes vom damaligen Staatsminister Dr. Schlögl seiner Bestimmung übergeben. Mit 80 Amtsangehörigen begann dann der Dienstbetrieb, die Flurbereinigung in Niederbayern.

Die Bereitschaft der niederbayerischen Bauern zur Flurbereinigung war von Anfang an groß und nahm ständig zu, einmal weil die Vorteile fertiger Verfahren für sich sprachen und Beispiele gaben, zum anderen, weil der Zwang zur Mechanisierung und Rationalisierung Schwerpunkte für die Einleitung und Bearbeitung der Flurbereinigungsverfahren setzte.

Die landwirtschaftlichen Vorranggebiete des Gäubodens und im Rottal - Schwerpunkt der Bodenordnung in den 50er Jahren

In den fünfziger Jahren lagen die Schwerpunkte der Flurbereinigung in den landwirtschaftlichen Vorranggebieten des Gäubodens und im Rottal. Es folgten dann die landwirtschaftlichen Gebiete des tertiären Hügellandes (Lkr. Passau und Lkr. Rottal-Inn) sowie der Bereich der Hochwasserschutzanlagen entlang der Donau.

Der "Grüne Plan", 1955 ins Leben gerufen, bedeutete für die Entwicklung der Landwirtschaft und für die Arbeit der Flurbereinigung gleichermaßen eine Wende. Zuvor war es eine Seltenheit, wenn einer Teilnehmergemeinschaft eine Beihilfe von einigen tausend Mark zugestanden werden konnte. Entsprechend konnten die Wirtschaftswege nur in sehr beschränktem Maße ausgebaut werden. Erst der "Grüne Plan" und die Zuschüsse des Freistaates Bayern schufen die Voraussetzungen für die dann praktizierte Flurbereinigung. Nun konnte den Erfordernissen einer zunehmend mechanisierten Landwirtschaft Rechnung getragen und die agrarstrukturellen Mängel wirksam behoben werden.

Ein weiterer Meilenstein in der finanziellen Ausstattung der Verfahren wurde das "Gesetz über die Gemeinschaftsaufgabe Verbesserung der Agrarstruktur und des Küstenschutzes". Es teilte die gemeinsame Agrarstrukturpolitik von Bund und Ländern in vier Maßnahmegruppen, nämlich
- zur Verbesserung der Produktions- und Arbeitsbedingungen in der Land- und Forstwirtschaft,
- der Wasserwirtschaft,
- der Marktstruktur und
- des Küstenschutzes.

Die Gemeinschaftsaufgabe zielte darauf ab, eine leistungsfähige, auf künftige Anforderungen ausgerichtete Land- und Forstwirtschaft zu gewährleisten und deren Eingliederung in den Markt der Europäischen Gemeinschaft zu erleichtern.

In der Produktionslandschaft im Straubinger Gäu bei Alburg - Atting arbeitete die Flurbereinigung Ende der 50er und in den 60er Jahren unter dem vorgegebenen Leitziel der Produktionssteigerung. Der Beitrag der Landschaftspflege bestand überwiegend in Straßen- und Wegebegleitpflanzungen in Form von Einzelbäumen und Hecken in einer schon zuvor weitgehend ausgeräumten Landschaft.

Es war für die damalige Zeit trotzdem sehr beachtlich, daß die Flurbereinigung auch in der Kornkammer Bayerns, einem von altersher fast baumlosen Gäuboden, Rücksicht auf den landschaftsgliedernden Bestand nehmen konnte: denn niemand hatte damals der ökologischen Landschaftsplanung den ihr gebührenden Platz eingeräumt; dies wäre politisch wahrscheinlich auch gar nicht durchsetzbar gewesen. Man hatte die Umweltprobleme, wie sie sich uns heute darstellen, noch gar nicht erkannt. Von einer ganzheitlichen Sicht, nach der die wechselseitigen Verflechtungen aller wirtschaftlichen, sozialen und zwischenmenschlichen Bereiche zu überschauen und der ländliche Raum neu zu gestalten sei, war man seinerzeit noch weit entfernt.

Das ökonomische Prinzip, dem sich praktisch alle anderen Faktoren und Bedingungen unterzuordnen hatten, stand bis in die 60er Jahre im Vordergrund. Und dieses Prinzip einer einseitigen ökonomischen Zielsetzung wurde auch von der europäischen Agrarpolitik weitergeführt. Die Entwicklung hin zu den Agrarfabriken war aufgezeigt.

Lag der Schwerpunkt der Neuordnungstätigkeit während der ersten 10 Jahre im Bereich südlich der Donau, drang die Flurbereinigung zu Beginn der 60er Jahre allmählich in das Gebiet nördlich der Donau, in den Oberpfälzer und in den Unteren Bayerischen Wald vor.

Bild 4:
Dorf im südlichen Niederbayern
(Foto: J. Straßenberger, 1983)

Hochwasserschutz für Mensch, Tier und Flur an Donau und Vils

Des weiteren erwies sich die Flurbereingung als unentbehrliches Instrument zur Durchführung von Maßnahmen der öffentlichen Hand, die im Interesse der Landwirtschaft lagen. In enger Zusammenarbeit mit der Wasserwirtschaftsverwaltung wurden entlang der Donau 20 Hochwasserschutzverfahren abgewickelt. Diese wegen des ungewöhnlich hohen Flächenabzugs und anderer Besonderheiten schwierigen Verfahren hatten den Zweck, die durch den Bau der Hochwasserdämme entstandenen Grundabtretungen zu regeln, die Durchschneidungsschäden zu beseitigen sowie nach Jahren der Unsicherheit wieder geordnete Eigentumsverhältnisse herzustellen.

Mitte der sechziger Jahre (1964) wurde der "Generalplan Niederbayerische Vils" vorgestellt. Er bezweckte eine geordnete Wasserwirtschaft im Vilstal. Die Hochwasser bereiteten der Landwirtschaft regelmäßig empfindlichen Schaden. Begleiter, ja Voraussetzung der Hochwasserschutzmaßnahmen war eine Neuordnungsarbeit der Flurbereinigungsverwaltung, die das ganze untere Vilstal umfaßte.

Hilfe der Flurbereinigung beim Ausbau der Bundesautobahnen, der Donau und der Isar

Um 1970 begann der Ausbau der Bundesautobahn A 3 Regensburg - Passau und um 1980 der Ausbau der Autobahn A 93 Deggendorf - München. Bald nahm auch der Ausbau der Donau zwischen Regensburg und Straubing in der Planung konkrete Gestalt an. Diese drei Vorhaben prägten und prägen heute noch das Arbeitsprogramm der Flurbereinigungsdirektion Landau maßgeblich. Hinzu kam dann noch in den achtziger Jahren der Isarausbau von Dingolfing nach Plattling.

Bei den Großbauvorhaben des Bundes wie Autobahn und Donauausbau sowie des Freistaates Bayern beim Ausbau der Isarstaustufen Landau-Mamming und Ettling war und ist die Flurbereinigung aufgefordert, die durch diese Großbaumaßnahmen verursachten landeskulturellen Nachteile, soweit es möglich ist, zu beheben, z.B. durch Anlage eines den neuen Verhältnissen angepaßten Wegenetzes und die Neuordnung der Wirtschaftsfläche. Die Durchführung einer Großbaumaßnahme und der mit ihr im Zusammenhang stehenden Flurbereinigung wird durch rechtzeitigen Landerwerb erheblich erleichtert.

Unternehmensträger und Teilnehmergemeinschaften Flurbereinigung sind deshalb bestrebt, im Zusammenwirken mit der Enteignungsbehörde und der landwirtschaftlichen Berufsvertretung frühzeitig mit dem Landerwerb zu beginnen. Der noch verbleibende Flächenbedarf wird dann auf "einen größeren Kreis von Eigentümern" umgelegt, damit der einzelne Landwirt in seiner Existenz nicht gefährdet wird.

Die Flurbereinigung veranlaßt keine öffentlichen Großbaumaßnahmen und ist auch nicht ihr Wegbereiter. Sie ist vielmehr die einzige Hilfe für die Landwirtschaft, mit solchen Maßnahmen zurecht zu kommen, die Auswirkungen abzufangen und die Belastungen, die für die Landschaft und Landwirtschaft entstanden sind, auszugleichen. Die Aufgabe der Flurbereinigung ist es, landeskulturelle Nachteile zu vermindern und Enteignungen möglichst zu vermeiden.

Aktivierung und Erhaltung der ländlichen Siedlungen durch Dorferneuerung

Die Erneuerung, Aktivierung und Erhaltung der traditionsreichen niederbayerischen Dörfer ist seit Jahrzehnten ein Anliegen der Flurbereinigung. Doch konnten bis Mitte der siebziger Jahre nur Teilprobleme gelöst werden, etwa durch Aussiedlung beengter Betriebe aus der Ortslage. Lange Zeit waren die für eine umfassende Dorferneuerung unerläßlichen öffentlichen Mittel unzureichend. Im Jahre 1977 standen erstmals in größerem Umfang zusätzliche Mittel für die Dorferneuerung bereit. Damit konnte ein echter Durchbruch erzielt werden. Für die Jahre 1977 bis 1980 wurden in Niederbayern im sogenannten Investitionsprogramm des Bundes 20 Millionen für Dorferneuerung aufgewendet. Zwischenzeitlich ist die Dorferneuerung ein festes Programm der Bayerischen Staatsregierung geworden.

Mit diesem Programm der Dorferneuerung wird die Entwicklung der Ortschaften in ländlichen Gebieten gefördert; die Dorferneuerung trägt damit zur Verbesserung der Lebensverhältnisse auf dem Lande bei und hilft mit, die wirtschaftlichen und sozialen Verhältnisse im Dorf zu festigen. Sie bewahrt und gestaltet das Dorf als Lebens- und Heimatraum und schafft somit ein Gegengewicht zur Entwicklung in den Städten. Dadurch kann eventuell den Abwanderungstendenzen aus dem ländlichen Raum in die Ballungszentren entgegengewirkt werden.

Mit der Intensivierung der Landwirtschaft mußte den landespflegerischen Erfordernissen immer mehr Rechnung getragen werden. Landespflege wurde schließlich zur eigenständigen Aufgabe der Flurbereinigung. War in den fünfziger und sechziger Jahren ein begrenzter gesetzlicher Handlungsspielraum auf diesem Sektor gegeben, so wurde dieser Mangel mit dem novellierten Flurbereinigungsgesetz 1976 behoben.

Sicherung des Bayerischen Waldes als Lebens- und Erholungsraum

Gerade in den landwirtschaftlichen Problemgebieten nördlich der Donau - hier sei die Verfahrensgruppe im Vorfeld Nationalpark Bayerischer Wald mit 20 Flurbereinigungsverfahren und 15 000 ha erwähnt - konnte die

Bild 5:
Erschließungsstraße im unteren Bayerischen Wald (Foto: *Flurbereinigungsdirektion Landau/Isar* 1972)

Bild 6:
Blechschnitt-Wegkreuz in einem Bayerwalddorf (Foto: *Flurbereinigungsdirektion Landau/Isar*)

Flurbereinigung in den Jahren 1975-1985 neben der allgemeinen Fortentwicklung der Landwirtschaft unter Erhaltung des Landschaftsbildes lebenswichtige Existenzvoraussetzungen schaffen. Der Bayerische Wald mußte als Lebens- und Erholungsraum entwickelt, die infrastrukturellen Maßnahmen durchgeführt und auch die allgemeine Landeskultur verbessert werden. Dieser Erholungsraum braucht Menschen, die für den Erholungssuchenden die vielfältigen Kulturlandschaften mit ihrem Wechsel von Feldern, Wiesen, Wäldern und Dörfern erhalten. Es ist somit eine wichtige Aufgabe, den Bauernstand im Bayerischen Wald zu festigen, weil sonst die Vielfalt der Landschaft verloren geht. Die Menschen im Bayerischen Wald hängen mit großer Liebe an ihrer Heimat; ihre Lebensgrundlage ist bis jetzt die Landbewirtschaftung. Wenn sie diese nicht mehr betreiben können, müßten sie abwandern. Zurück bliebe eine überalterte Bevölkerung bzw. ein entvölkertes Grenzland. Die Flurbereinigung hat hier einen großen Beitrag geleistet, daß es nicht so weit gekommen ist. Dabei mußte sie mit ihren Maßnahmen sehr behutsam vorgehen, damit die Bayerwaldlandschaft ihre Wesenszüge nicht verlor, die sie im Laufe der Jahrhunderte durch die Landbewirtschaftung erhalten hat.

So mußte z.B. das neue Wegenetz die Zufahrt zu den Anwesen ganzjährig sichern und die Anfahrt zu den Äckern und Wiesen mit modernen landwirtschaftlichen Maschinen ermöglichen. Untergeordnete Wirtschaftswege waren so zu planen und auszubauen, daß sie auch als Wanderwege von den Urlaubern angenommen wurden.

So konnten Konflikte zwischen ökonomischen und ökologischen Zielen mit den Mitteln der Flurbereinigung vermieden oder doch befriedigend gelöst werden. Es wurde hier immer wieder deutlich, daß konkrete Zielsetzungen von Naturschutz und Landschaftspflege im Flurbereinigungsverfahren verwirklicht werden können.

Der bayerische Weg der Agrarpolitik war und ist eine echte agrarpolitische Hilfe für die Voll-, Zu- und Nebenerwerbslandwirte. Denn er hat es möglich gemacht, die Belange des Naturhaushalts mit den Zielen einer leistungsfähigen, existenzsicheren Landwirtschaft in Einklang zu bringen. Die These, daß Ökologie Langzeitökonomie bedeute, ist bereits bei vielen Allgemeingut geworden, und deshalb wird es ganz sicher künftig nicht mehr das Entweder-Oder Denken oder, anders gesagt, das entweder nur Ökonomie- oder nur Ökologie-Denken geben.

Flurbereinigung - Mittler zwischen Ökonomie und Ökologie

Heute ist die Flurbereinigung noch mehr Mittlerin zwischen Ökonomie und Ökologie. Bei der Förderung der allgemeinen Landeskultur muß die Flurbereinigung ökologischen Anforderungen gerecht werden. Die Flurbereinigungsgebiete sind so zu gestalten, daß geeignete landschaftspflegerische Aufgaben von den Landwirten einkommenswirksam übernommen werden können. Die Möglichkeiten, eine umweltverträgliche Landbewirtschaftung zu gewährleisten, sind im Rahmen der Flurbereinigung voll auszuschöpfen und die Vorhaben des Naturschutzes und der Landschaftspflege sind zu unterstützen.

So ist z.B. die Vernetzung wertvoller ökologischer Flächen zu Bioverbundsystemen oder die Ausweisung und naturnahe Gestaltung von Uferstreifen an Gewässern oft nur im Rahmen einer Flurbereinigung möglich.

Die Flächenbereitstellung für diese Maßnahmen kann aber nicht kostenlos erfolgen und darf auch nicht zu Lasten der Bauern vollzogen werden. Hier sind wir alle aufgefordert mitzuwirken, d.h. diese Maßnahmen müssen in ihrer Gesamtheit von der Öffentlichen Hand finanziert werden.

Diese ganze Entwicklung spiegelt sich auch in der Verfassungsänderung des Freistaates Bayern vom 1. Juli 1984 und im Jahrhundertvertrag für die Landwirtschaft vom 8. April 1987 wider. Die Verfassungsänderung des Freistaates Bayern vom 1. Juli 1984 und der Jahrhundertvertrag vom 8. April 1987 stellen ganz klar die hohe Verantwortung der Landwirtschaft bei der Sicherung der natürlichen Lebensgrundlagen heraus. Wichtig ist dabei vor allem, die Umweltbeeinträchtigungen durch die Landwirtschaft im Entstehen zu verhindern und aufgetretenen Fehlentwicklungen entgegenzuwirken. Ein erfolgreicher Natur- und Umweltschutz ist nur mit und nicht gegen die Landwirtschaft möglich; aber dies kann die Landwirtschaft nicht allein tun.

Die betroffenen und beteiligten Landwirte sollen und müssen in die Lage versetzt werden, ihr Gesamteinkommen aus
- der Produktion von Nahrungsmitteln und industriellen Rohstoffen,
- aus Dienstleistungen im Umwelt- und Naturschutz oder im Fremdenverkehr und
- aus Ausgleichszahlungen für vertraglich vereinbarte Bewirtschaftungsformen und Nutzungsbeschränkungen im Markt- oder Umweltinteresse zu erzielen.

Deshalb wird auch im Jahrhundertvertrag im ersten Satz der Säule 6 vom "Entgelt für landeskulturelle und landespflegerische Leistungen" gesprochen, und die Flurbereinigung muß dazu beitragen, eine standort-, umwelt- und marktgerechte bäuerlich geprägte Landwirtschaft zu erhalten, wobei
- den Erfordernissen einer umweltgerechten Landnutzung sowie
- der Sicherung und Entwicklung einer vielfältigen Kulturlandschaft unter Wahrung der berechtigten Interessen der Beteiligten ein hoher Stellenwert einzuräumen ist.

Bild 7:
Kinderspielplatz auf einem Dorfanger (Foto: *Flurbereinigungsdirektion Landau/Isar* 1982)

Aufgaben der Flurbereinigung von heute und morgen

Die Flurbereinigung hat vom Gesetzgeber den Auftrag bekommen, sich gezielt und verstärkt für die Belange der allgemeinen Landeskultur und der Landentwicklung im ländlichen Raum einzusetzen.

Dieser gesetzliche Auftrag muß permanent in die Praxis umgesetzt werden. Er umfaßt einen umfangreichen Katalog:

1. Verbesserung der Agrarstruktur
Hauptaufgabe der Flurbereinigung bleibt ihr Beitrag zur Erhaltung und Stärkung der bäuerlichen Landwirtschaft. Durch ihre vielfältigen Maßnahmen im Bereich der Agrarstruktur erleichtert die Flurbereinigung den bäuerlichen Familien die Arbeit, schafft die Grundlage für eine gesicherte betriebliche Fortentwicklung und fördert damit auch den bayerischen Weg der Agrarpolitik, nämlich das Miteinander von Voll-, Zu- und Nebenerwerbsbetrieben.

2. Ländlicher Straßen- und Wegebau
Nicht nur für die Bewirtschaftung der Felder wird ein gut angelegtes, weitmaschiges und ausgebautes Wegenetz benötigt. In vielen Fällen muß für Einzelgehöfte, Weiler, ja sogar für ganze Ortschaften erst die fehlende Anbindung an das örtliche Straßennetz hergestellt werden.

3. Ländlicher Wasserbau
Wasserwirtschaftliche Maßnahmen haben das Ziel, die Bewirtschaftung wertvoller und leistungsfähiger landwirtschaftlicher Böden mit Erfolg zu gewährleisten, die Erträge zu sichern und naturgegebene Nachteile für Boden und Pflanzen zu beseitigen.

4. Boden- und Erosionsschutz
Erst durch gezielte Boden- und Erosionsschutzmaßnahmen, z.B. Wasserrückhaltung in der Fläche und an Wegen im Rahmen einer Flurbereinigung, wird erreicht, daß das Vermögen eines Bodens, Wasser zu speichern und zu filtern, erhalten bleibt, die Gewässer vor stärkerer Belastung durch Eutrophierung bewahrt und die Bodenfruchtbarkeit sowie die Erträge langfristig gesichert werden.

5. Naturschutz und Landschaftspflege in der Flurbereinigung
Die Maßnahmen des Naturschutzes und der Landschaftspflege in der Flurbereinigung tragen dazu bei, daß die Vielfalt, Eigenart und Schönheit von Natur und Landschaft sowie die Pflanzen- und Tierwelt nachhaltig geschützt und gepflegt werden. Gute Ergebnisse bei allen landespflegerischen Bemühungen sind nur in enger Zusammenarbeit mit der Landwirtschaft zu erreichen; dabei muß sich die Landwirtschaft bewußt sein, daß für sie langfristig nur das ökonomisch sein kann, was ökologischen Gesetzmäßigkeiten und Notwendigkeiten entspricht.

6. Denkmal- und Heimatpflege
Zusammen mit der Denkmal- und Heimatpflege hat die Flurbereinigung den ländlichen Raum als Kulturlandschaft zu sanieren, zu erhalten sowie vor weiteren Schäden zu bewahren. Dazu zählt u.a. die Erhaltung ortsbildprägender Denkmäler oder Ensembleteile in den Dörfern sowie von Naturdenkmälern außerhalb der Ortschaften, z.B. die Erhaltung von Getreidespeichern ("Troadkästen"), Backöfen, Feldkreuzen, Martern oder Bodendenkmälern. Eine Agrarstrukturverbesserung ohne Denkmal- und Heimatpflege gerät in Gefahr, Tradition und heutige Belange der bäuerlichen Bevölkerung zu vergessen und damit an ihrer wichtigsten Aufgabe zu scheitern.

7. Freizeit und Erholung
Mit dem zunehmenden Wohlstand in unserer modernen Industrie- und Dienstleistungsgesellschaft geht eine Steigerung der arbeitsfreien Zeit einher. Diese Gesellschaft hat vielerlei Wünsche und Ansprüche an den ländlichen Raum, um ihre Freizeitpläne verwirklichen zu können. Immer mehr Freizeit- und Erholungseinrichtungen und -anlagen sind dazu nötig. Die Palette der Anlagen, die im Rahmen einer Flurbereinigung verwirklicht werden können, reicht vom Badeweiher über Wander-, Rad- und Reitwege bis hin zu den Langlaufloipen und den Spiel- und Bolzplätzen. Dabei darf aber eines nicht vergessen werden: Nur eine von der Landwirtschaft gepflegte Landschaft kann die Bedürfnisse unserer Bevölkerung auf Freizeit und Erholung in der "freien Natur" gewährleisten.

8. Dorferneuerung
Die Dorferneuerung fördert die Entwicklung der Ortschaften in ländlichen Gebieten, trägt damit zur Verbesserung der Agrarstruktur und der Lebensverhältnisse auf dem Lande bei und hilft mit, die wirtschaftlichen und sozialen Verhältnisse im Dorf zu festigen. Sie bewahrt und gestaltet das Dorf als Lebens- und Heimatraum.

9. Mithilfe bei kommunalen Planungen
In ländlichen Gemeinden kann die Flurbereinigung die Durchführung kommunaler Vorhaben wesentlich unterstützen, so z.B. durch
-- Flächenausweisung für Kinderspiel-, Sport- oder Bolzplätze,
-- Landbereitstellung für Ver- und Entsorgungsanlagen,
-- Bodenordnung mit dem Ziel der Gewerbeansiedlung,
-- Umlegungen nach dem Baugesetzbuch in Baugebieten und
-- Austausch von Land zur Baulandmobilisierung.
Die Flurbereinigung steht hier im Dienste der Gemeinden und hilft, die Voraussetzungen dafür zu schaffen, daß die Gemeinden und damit die Bevölkerung ihren wachsenden Aufgaben auch künftig gerecht werden können.

10. Bodenordnung bei flächenbeanspruchenden Großbauvorhaben
Die Flurbereinigung veranlaßt keine öffentlichen Großbaumaßnahmen und ist auch nicht ihr Wegbereiter. Sie ist vielmehr eine Hilfe für die Landwirtschaft, mit solchen Maßnahmen zurecht zu kommen, die Auswirkungen abzufangen und die Belastungen, die für Landschaft und Landwirtschaft entstanden sind, auszugleichen.

11. Landbereitstellung, Landauffang und Landzwischenerwerb
In unserem dicht besiedelten Land wird Grund und Boden immer knapper. Die freie Landschaft ist sozusagen zur Mangelware geworden. Die Frage der Flächennutzung wird immer drängender in einem Land, das zu den am dichtesten bevölkerten Regionen Europas zählt. Daher müssen alle öffentlichen Institutionen bei der Planung landbeanspruchender Maßnahmen sparsam mit dieser wertvollen Lebensgrundlage umgehen. Denn Grund und Boden sind nicht vermehrbar. Bei öffentlichen Vorhaben kann ein Großteil der Schwierigkeiten dadurch gemeistert werden, daß Ersatzland in ausreichendem Umfang zur Verfügung gestellt wird. Ein rechtzeitiger Landauffang durch die Teilnehmergemeinschaften oder den Flubereinigungsverband ist immer ein wesentlicher Beitrag zu der Aufgabe, den allgemeinen Landverlust für die Landwirte zu vermindern und Enteignungen zu vermeiden.

So bietet die Flurbereinigung immer das Instrumentarium, mit dem all die angesprochenen Maßnahmen, die zur Stärkung des ländlichen Raumes beitragen, vorteilhaft eingeleitet, koordiniert und durchgeführt werden können. Flurbereinigung ist und bleibt ein gesetzlicher und gesellschaftspolitischer Auftrag, denn nur mit der Flurbereinigung können die vielseitigen Probleme um
-- eine sichere Existenz der Landwirtschaft,
-- einen intakten, gesunden Lebensraum für Menschen, Tiere und Pflanzen sowie
-- die Natur und eine gesunde Umwelt gelöst werden.

Mit der Flurbereinigung haben wir auch eine echte Chance, die anstehenden, vielschichtigen und gewiß nicht leichten Aufgaben der nächsten Jahre zu meistern, damit auch unsere Kinder und Enkel in Niederbayern eine sichere Existenz finden und eine liebenswerte Heimat haben, in der es sich lohnt zu arbeiten und zu leben.

Literatur

Bayerisches Staatsministerium für Ernährung, Landwirtschaft und Forsten (1986): 100 Jahre Flurbereinigung in Bayern 1886-1986. - München.

Flurbereinigungsdirektion Landau a.d. Isar (1981): Ländliche Neuordnung in Niederbayern. - Landau a.d. Isar.

KRIMMER, H. (1985): Mittelalterliche Flurbereinigungen in Niederbayern. - München (Berichte aus der Flurbereinigung, 55).

Rudolf Stauber
Präsident der Flurbereinigungsdirektion,
Dr.-Schlögl-Platz 1, 8380 Landau a.d. Isar

Ulrich Eckert

Zuckerrübenanbau im Einzugsbereich der Zuckerfabrik Plattling

Einleitung

Der Zuckerrübenanbau im Raum Plattling gewann ab 1960 durch die Errichtung der neuen Zuckerfabrik der Südzucker AG in Plattling enorm an Bedeutung. Er kann als Beispiel für eine agrarische Innovation im niederbayerischen Gäuboden angesehen werden. Mußten die Anbauer ihre Rüben bis dahin nach Regensburg transportieren (lassen), so nahm nun die nahe, leistungsfähige Fabrik die Ernte ab. Anfangs war das Werk gezwungen, für einen verstärkten Rübenanbau zu werben, weil sich viele Landwirte zurückhielten. Heute handeln sie die Anbaukontingente zu hohen Preisen untereinander.

Die Zunahme des Zuckerrübenanbaus im Einzugsbereich der Südzucker AG Werk Plattling von 1961 bis 1988 zeigt Tabelle 1. Nicht alle angebauten Rüben verarbeitet das Plattlinger Werk; z.T. geschieht dies weiterhin in Regensburg.

Daß die Zuckerrübe heute als Marktfrucht für den Landwirt eine große wirtschaftliche Bedeutung hat, wird an einem Beispielbetrieb des Gäubodens (1987) deutlich (Tab. 2). Trotz höherer Kosten für Arbeitskräfte ist sie derzeit die gewinnbringendste Ackerfrucht.

Grundlagen

Im Vergleich zu anderen Anbaupflanzen stellt die Zuckerrübe an Boden und Witterung erhebliche Anforderungen. Sie schränken den Anbau auf die Gunstgebiete ein. Er ist dort rentabel, wo die folgenden klimatischen Bedingungen herrschen:

-- Frühzeitiges Auftauen des Bodens, keine späten Fröste im Frühjahr (ab 5-6° C Keimtemperatur, gleichmäßiges Auflaufen des Saatgutes erst bei 10-12° C);

-- ausreichende Feuchtigkeit beim Keimen des Saatgutes (Bodenart!);

-- lange Vegetationszeit und langer, warmer, sonniger Herbst (Zuckerbildung);

-- gleichmäßige und ausreichende Niederschläge, aber nicht zu hohe Luftfeuchtigkeit (Blattkrankheiten).

Die Böden müssen nährstoffreich, tiefgründig, locker und feinkrümelig, d.h. siebfähig für die Mechanisierung sein, wie z.B. Braunerde und Lößlehm.

Der Schwerpunkt des Anbaus zieht sich infolgedessen entlang der Donau von Osterhofen bis Regensburg (LOIBL 1980). Die hygrischen Besonderheiten beeinflussen den Ertrag wesentlich: Westwärts steigt bei geringerer Erntemenge der Zuckergehalt der Rüben, ostwärts wird ein höherer Hektarertrag, aber ein etwas niedrigerer Zuckergehalt erzielt.

Organisation

Weil der Rübenanbau derzeit der gewinnbringendste Ackerbau ist, muß er durch Anbauverträge geregelt wer-

J.-B. Haversath, K. Rother (Hrsg.): Innovationsprozesse in der Landwirtschaft
Passau 1989 (Passauer Kontaktstudium Erdkunde)

den, um Überproduktionen zu vermeiden. Die Gesamtmenge der erzeugten Rüben wird durch den EG-Zukkermarkt festgelegt und auf die Mitgliedsländer und deren Zuckerfabriken aufgeteilt. Der Landwirt schließt mit der Zuckerfabrik einen Liefervertrag. Die darin festgehaltene Quotenmenge ist veräußerbar. Für eine Dezitonne (dt) Lieferrecht werden derzeit DM 50 bis DM 70 bezahlt.

Tab. 1: Entwicklung des Zuckerrübenanbaus im Einzugsbereich der Zuckerfabrik Plattling

Kampagne	Rübenanbaufläche im Einzugsbereich der Zuckerfabrik Plattling in Hektar (ha)	Verarbeitete Zuckerrüben in Tonnen (t)
1961	4.900	230.000
1963	7.400	390.000
1965	7.200	260.000
1967	7.300	390.000
1969	8.300	440.000
1971	8.900	520.000
1973	11.500	760.000
1975	17.600	920.000
1977	18.700	1.230.000
1979	17.500	1.110.000
1981	20.600	1.620.000
1983	20.000	1.160.000
1985	21.000	1.220.000
1986	19.800	1.220.000
1987	18.800	1.070.000
1988	18.300	1.110.000

Quelle: ECKERT 1986

Tab. 2: Wirtschaftliche Bedeutung des Zuckerrübenanbaus für einen bäuerlichen Betrieb im Dungau

	dt/ha	DM/dt	Marktleistung (DM)	Aufwand für Saatgut	Düngung (DM)	sonstiges	Deckungsbeitrag (DM)
Hafer	58	38,--	2.204,--	90,--	331,--	264,--	1.519,--
Wintergerste	63	38,--	2.394,--	105,--	284,--	374,--	1.631,--
Winterweizen	63	40,--	2.520,--	111,--	332,--	440,--	1.637,--
Zuckerrüben A-Kontingent	600	12,90	7.740,--	325,--	577,--	423,--	6.415,--
Zuckerrüben B-Kontingent	600	8,30	4.980,--	325,--	577,--	423,--	3.655,--

Quelle: Amt für Landwirtschaft und Bodenkultur, Deggendorf (10/1988)

Man unterscheidet die
-- vereinbarte Quotenmenge = A-Rüben (1988: DM 9,46 je dt plus Zuschläge für Qualität; Durchschnitt je Betrieb: 2.240 dt);

-- Garantiemenge = Höchstmenge: Rüben, die über die Quotenmenge hinaus produziert werden, kauft die Fabrik bis zu der vereinbarten Garantiemenge als B-Rüben auf (1988: DM 5,84 je dt plus Zuschläge für Qualität ; Durchschnitt je Betrieb: 3.300 dt);

-- über die Garantiemenge hinaus erzeugte Rüben werden als C-Rüben zu einem sehr niedrigen Preis abge nommen (1988: DM 3 je dt; Grundpreis bei 16% Zuckergehalt; Angaben der *Rübeninspektion der Südzucker AG*, Plattling 1989).

Die Qualität der Rüben wird bei der Anlieferung in der Fabrik durch Analysen in einem eigenen Labor geprüft, der Schmutzanteil von zwei Schätzern festgehalten. Geringer Schmutzanteil, hoher Gehalt an ausbeutbarem Zucker und geringer Anteil an Nichtzuckerstoffen in den Rüben verschaffen dem Bauern bei der Endabrechnung Zuschläge. Für jedes Prozent mehr Zuckergehalt erhält der Landwirt zusätzlich ca. DM 0,90 pro dt Rüben. Für wenig Nichtzuckerstoffe und eine hohe Zuckerausbeute bekommt er ca. DM 0,50 Prämie je dt.

Anbau

Um die Hektarerträge steigern, gleichzeitig aber rentabel wirtschaften zu können, muß der Landwirt folgende Ziele beachten:

a) A-Rüben- und ggf. B-Rüben-Kontingent voll ausnützen	Rübenfläche richtig berechnen
b) Bodenfruchtbarkeit erhalten	Fruchtwechsel, Bodenpflege
c) Arbeitsaufwand minimalisieren	Mechanisierung
d) Unkosten gering halten	Niedrige Ausgaben für Spritzmittel u. Düngung
e) Gute Qualität erreichen (wenig Nichtzuckerstoffe: Kalium, Natrium, Stickstoff; hoher Zuckergehalt der Rüben)	Richtige Düngung, Sortenwahl, Standort, Anbautechnik

Zwei Betriebsbeispiele, Betrieb A (Viehhaltung mit Gülledüngung) und Betrieb B (keine Viehhaltung), veranschaulichen den unterschiedlichen Erfolg (Tab. 3):

Tab. 3: Zuckerrübenanbau in einem landwirtschaftlichen Betrieb mit Viehhaltung und Gülledüngung (A) und ohne Viehhaltung (B)

Betrieb:	A	B
Zuckergehalt der Rüben in %	16,2	17,4
Kaliumgehalt (in mmol auf 100 g Zucker)	41,5	29,9
Natriumgehalt (in mmol auf 100 g Zucker)	1,2	1,7
Stickstoffgehalt (in mmol auf 100 g Zucker)	16,0	5,9
Ausbeute in % auf Saccharose	82,1	87,0

Quelle: Amt für Landwirtschaft und Bodenkultur in Deggendorf (10/1988)

Der Zuckerrübenanbau setzt spezielle Fachkenntnisse beim Landwirt voraus. Neben der richtigen Düngung, Bodenbearbeitung und Pflege spielt die Rotation eine entscheidende Rolle, um Pflanzenkrankheiten vorzubeugen.

Beispiele für die Rotation:

a) Rüben (33 %) - Winterweizen (33 %) - Mais (33%)

b) Rüben (25 %) - Wintergerste (25 %) und Kartoffeln (25 %) - Winterweizen (25 %)
(dadurch Verringerung des Nematodenbefalls)

c) selten: Rüben (50 %) - Getreide (50 %)
(Die Gefahr, daß Fruchtfolgekrankheiten auftreten, steigt. Somit ist erhöhter Spritzmitteleinsatz notwendig.)

Der bäuerliche Arbeitskalender gestaltet sich folgendermaßen:

Herbst: Ernte
Rüben- u. Blattabfuhr (u. U. Unterpflügen der Blätter)
Pflügen, Eggen, Frostgare;

Frühjahr: Säen der Saatgutpillen (gebeiztes Saatgut)
Düngung
zweimal Herbizidspritzung zur Unkrautbekämpfung
(bei Bandspritzung: nur 30 % der Fläche)
zwei- bis dreimal mechanisches Hacken
zweimal Fungizidspritzung gegen Pilzbefall
(je nach Witterung).

Ökologische Probleme

Die ökologischen Probleme des Zuckerrübenanbaus sind vielfältig. Die Zuckerrübe verlangt ein "volles Programm". Im Gegensatz zu Kartoffeln oder Getreide, die u.U. ab Hof vermarktet werden können, bringt hier ein Anbau nach ökologischen Gesichtspunkten niedrigere Hektarerträge, aber keine höheren Preise.

Da die Anbauflächen den Winter über brach liegen, werden die Bodenerosion und die Belastung des Grundwassers durch verstärkte Auswaschung von Dünger gefördert. Eine schützende Gründecke, die im Winter abfriert, ist bisher nur bei Hanglagen in Baden-Württemberg vorgeschrieben. Weil sich der Boden dann im Frühjahr aber langsamer erwärmt und das Auflaufen von Unkräutern mit einer zusätzlichen Herbizidspritzung verhindert werden muß, bringt auch diese Methode nicht nur Vorteile.

Bei der Ernte wird wertvoller Ackerboden, der an den Rüben klebt, abtransportiert. Bei sehr ungünstiger Witterung kann diese Erde bis zu 15 % des Rübengewichts ausmachen; sie landet auf dem Deponiegelände der Fabrik. Durch gründliches Abscheiden der Rübenerde auf den Feldern versucht man, dieses Problem zu lösen (Bild 1).

Der Einsatz von schweren Maschinen (Bild 2) - der auch in der Vorfrucht, etwa beim Maisanbau, erfolgt - kann zur Bodenverdichtung führen. Deshalb versucht man z.B. Spritzungen mit leichten Spezialgeräten durchzuführen (Bild 3).

Die traditionellen Wertvorstellungen vom Aussehen eines "ordentlichen" Rübenfeldes (keine "Unkräuter", dunkles Blattgrün) und niedrige Kunstdüngerpreise verführen zur Überdüngung. Im Gegensatz zum Weizen ist dies bei Zuckerrüben mit viel weniger Risiko verbunden, weil die Rübenpflanze bei Überdüngung nicht an Standfestigkeit verliert. Da sich ein geringer Anteil von Nichtzuckerstoffen und ein niedriger Prozentsatz bei der Zuckerausbeute im Rübenpreis nicht besonders auswirken, ist der Landwirt versucht, auf Vorrat zu düngen; denn bei trockener Witterung wird weniger Kunstdünger freigesetzt.

Bild 1:
Sechsreihiger Zuckerrübenvollernter mit drei Metern Arbeitsbreite im Einsatz

Bild 2:
Lade- und Reinigungsgerät im Einsatz auf einem Rübenfeld (Trockenabscheidung der Erde)

Bild 3:
Ultraleichtkraftfahrzeug für die Spritzmittelausbringung; Verringerung der Bodenverdichtung (Bilder: *Südzucker AG*, Plattling)

Auf diesem Gebiet könnte die Zuckerindustrie etwas mehr für den Umweltschutz tun und z.B. durch ein Bonus-Malus-System bei der Preisgestaltung noch stärker auf die Art und den Umfang der Düngung Einfluß nehmen. Der Verband der Zuckerrübenanbauer ist allerdings der einflußreichste Aktionär der Zuckerindustrie. Immerhin werden die Zuckerrübenanbauer in letzter Zeit von den Landwirtschaftsämtern in dieser Hinsicht besser beraten. Die Zuckerfabrik selbst ermittelt laufend den Nährstoffgehalt der Rübenanbauflächen mit der EUF-Methode (= Elektro-Ultra-Filtration) und gibt den Landwirten Düngeempfehlungen. Dadurch hat der Düngereinsatz erheblich gesenkt werden können.

Behandlung der Thematik im Erdkundeunterricht an bayerischen Gymnasien

6. Jahrgangsstufe:

Leitthema Landwirtschaft:
Lernziele: 6.3.1 Bewußtsein für die Bedeutung der Landwirtschaft (Fallbeispiel)
6.3.4 Interesse für die Probleme der Landwirtschaft

Mögliches Thema:

Der niederbayerische Gäuboden als landwirtschaftliches Gunstgebiet ("Weizen und Zuckerrüben aus dem Gäu")

Einstieg: Frage nach der Herkunft des Zuckers

Unterrichtsablauf:

--- Verbreitung des Zuckerrübenanbaus in Bayern (Erarbeitung der natürlichen Voraussetzungen)
--- Zunahme des Zuckerrübenanbaus im Einzugsbereich der Südzucker AG Plattling (Erstellen eines Kurven diagramms)
--- Wirtschaftliche Bedeutung des Zuckerrübenanbaus für den einzelnen Landwirt
--- Bedeutung des Fruchtwechsels beim Zuckerrübenanbau

11. Jahrgangsstufe:

Landwirtschaft im Bereich des niederbayerischen Gäubodens

Lernziele: 11.1.2 Kenntnis der naturräumlichen Gegebenheiten im Untersuchungsgebiet; Einblick in ökologische Regelkreise
11.1.3 Überblick über raumwirksame menschliche Aktivitäten im Untersuchungsgebiet
11.1.4 Einsicht, daß die Raumstruktur Wandlungen unterworfen ist

Mögliches Thema:

Die Zunahme des Zuckerrübenanbaus im Untersuchungsgebiet seit 1960. Chancen für den Landwirt und ökologische Probleme

Einstieg: -- im Rahmen einer Überblicksexkursion wird auf den Zuckerrübenanbau eingegangen.
-- Erkundung eines landwirtschaftlichen Betriebs
-- Verwendung von Bildmaterial über den Zuckerrübenanbau

Unterrichtsablauf:

-- Die Technik des Zuckerrübenanbaus und seine naturräumlichen Voraussetzungen (kleinklimatische Unter schiede: Auswirkungen auf Qualität und Quantität
-- Die wirtschaftliche Bedeutung des Rübenanbaus für den einzelnen Betrieb (Betriebserkundung oder Nach vollziehen der Statistik über die Deckungsbeiträge)

-- Die Veränderung der Agrarstruktur im Gäuboden seit Errichtung der Zuckerfabrik in Plattling
-- Ökologische Probleme des Zuckerrübenanbaus im Gäuboden

12. Jahrgangsstufe (Leistungskurs)

Ausbildungsabschnitt 12/2: "Landwirtschaft ... Deutschland"

Lernziele: 2.3 Kenntnis des Strukturwandels und seiner räumlichen Ausprägung in Landwirtschaft und Industrie in Deutschland
2.5 Bewußtsein von der Begrenztheit der Ressourcen und von wesentlichen landschaftsökologischen Zusammenhängen
2.6 Verständnis von der Notwendigkeit eines landschaftsökologischen Gleichgewichts

Mögliches Thema:

Landwirtschaft im Zwiespalt: "Boden nützen und/oder schützen?" Die Zuckerrübe als lohnende Marktfrucht. Wirtschaftliche und ökologische Auswirkungen des Rübenanbaus

Einstieg: -- Schülerreferate über die Technik des Zuckerrübenanbaus und die wirtschaftliche Bedeutung des Rübenanbaus für den einzelnen landwirtschaftlichen Betrieb

Unterrichtsablauf:

-- Die marktpolitischen Regelungen beim Zuckerrübenanbau in der EG und der Bundesrepublik Deutschland
-- Einladung eines Mitarbeiters aus dem zuständigen Amt für Landwirtschaft und Bodenkultur: Diskussion über die Problematik
-- Erkundung eines landwirtschaftlichen Betriebs mit Zuckerrübenanbau
-- Unterrichtsgespräch über die gegenwärtige Situation der bundesdeutschen Landwirtschaft am Beispiel des Zuckerrübenanbaus:
Konkurrenzsituation innerhalb der Bundesrepublik und in der EG, Notwendigkeit der Mechanisierung und industriellen Produktionsweise in der Landwirtschaft, Schwierigkeiten der Kleinbetriebe
-- Ökologische Probleme, die bei einer intensiven Bewirtschaftung im Zuckerrübenanbau auftreten können (Düngung, Spritzung); steigender Rohstoff- und Energieverbrauch bei der Erzeugung, Weiterverarbeitung und Vermarktung landwirtschaftlicher Produkte
-- Kritische Diskussion über das eigene Verhalten als Verbraucher beim Kauf landwirtschaftlicher Produkte (Preis, Aussehen; ökologisches Bewußtsein; Ziele der Landwirtschaftspolitik)

Literatur

ECKERT, U. u.a. (Hrsg.) (1986): Geographie für Bayern. Band 6. - Stuttgart, S. 39.

LOIBL, H. (1980): Innovation und Spezialisierung in der Landwirtschaft Niederbayerns, dargestellt am Beispiel des Zuckerrüben- und Gemüseanbaus und der bäuerlichen Selbsthilfeeinrichtungen. In: Pietrusky, U. (Hrsg.): Niederbayern. Zur Bevölkerungs- und Wirtschaftsgeographie eines unbekannten Raumes.- Passau, S. 114-145.

Ulrich Eckert, Studiendirektor
Comenius-Gymnasium
Jahnstraße 8, 8360 Deggendorf

Klaus Rother

Südeuropäer im Bewässerungsfeldbau Australiens

Dem anscheinend abseitigen Thema über die Italiener im Bewässerungsfeldbau des fünften Erdteils muß einschränkend vorausgeschickt werden, daß die zugrundeliegenden Forschungen in Australien naturgemäß nicht auf das Rahmenthema der Kontaktstudiumstagung ausgerichtet waren, sondern andere Ziele verfolgten. In erster Linie ging es um die Frage, welche Rolle europäische Auswanderergruppen in der Agrarlandschaft der Neuen Welt spielen. Daß dabei auch innovative Prozesse mitwirken, war zwar zu erwarten, aber von vornherein nicht sicher.

Um den untersuchten Problemkreis besser verstehen zu können, muß etwas ausgeholt werden[1]. Vorangestellt wird ein Abriß der Einwanderung und Verbreitung der Südeuropäer in Australien, es folgt ein zweiter Teil über die Bedeutung der Südeuropäer im ländlichen Raum, im dritten und vierten Abschnitt werden an einem Beispiel die strukturellen und physiognomischen Merkmale der von den Südeuropäern getragenen australischen Landwirtschaft erörtert. Das zentrale Untersuchungsgebiet während des von der DFG unterstützten Forschungsaufenthaltes 1987 sind die Bewässerungskolonien an Murray und Murrumbidgee im Steppenklima der Riverina (Südost-Australien) gewesen. 1982 waren Beobachtungen in Westaustralien, in der engeren und weiteren Umgebung von Perth - einer Region mit Mittelmeerklima -, vorausgegangen.

1. Einwanderung und Verbreitung

Schon seit der Jahrhundertwende kamen im Rahmen der *white Australia policy* zahlreiche Südeuropäer bzw. Italiener ins Land, die hauptsächlich außerhalb der Großstädte lebten. Sie gehörten bei der Volkszählung 1933 mit 44.000 bzw. 27.000 Menschen erstmals zur größten nicht-britischen Immigrantengruppe und sind es bis heute geblieben (Abb. 1).

Durch die Lockerung der australischen Einwanderungsbestimmungen nach dem letzten Krieg schwoll die Zahl südeuropäischer Immigranten beträchtlich an und steuerte zwischen 1961 und 1971 dem Höhepunkt zu, als jährlich bis zu 60.000 von ihnen Einlaß begehrten. Mit der Liberalisierung der Einwanderungspolitik (1972) flaute diese Welle ab und machte dem wachsenden (Flüchtlings-) Zustrom aus Süd- und Südostasien (z.B. Vietnam), zeitweise auch aus Vorderasien (Libanon, Zypern), Platz.

Unter dem Einschluß der britischen Einwanderer, deren Anteil - bei großen absoluten Wachstumsraten - seit 1947 rasch abnahm, stellte Südeuropa 1981 mit rund 660.000 Menschen immerhin rund 22 %, Italien allein mit 280.000 Menschen 9,3% der 3 Millionen in Übersee geborenen Einwohner Australiens.

Der Wanderungsverlauf entspricht bis zur Gegenwart der wirtschaftlich motivierten *chain migration*, der Kettenwanderung, die für die Südeuropäer-Auswanderung in die Vereinigten Staaten von Amerika seit langem bekannt ist: Die von der (Groß-)Familie/Sippe oder Dorfgemeinschaft ins Auge gefaßte Auswanderung einzelner Männer wird im Zielgebiet von den bereits Ausgewanderten finanziell getragen/unterstützt, so daß weitere Familienmitglieder (Frauen und Kinder bzw. weitere männliche Verwandte) und/oder Bekannte/Freunde gleichsam in einer ununterbrochenen Kette nachwandern können. Die große Mehrheit der Emigranten stammt somit aus kleinen Agrargemeinden des Mittelmeerraums (PRICE 1963; CONWAY 1980).

Seit der Nachkriegszeit drängen die südeuropäischen Emigranten überwiegend in die Metropolen und Industriestädte des Südostens. In den ländlichen Raum wendet sich demgegenüber nur ein kleiner Teil der Ein-

J.-B. Haversath, K. Rother (Hrsg.): Innovationsprozesse in der Landwirtschaft
Passau 1989 (Passauer Kontaktstudium Erdkunde)

Abb. 1: Die in Übersee geborene Bevölkerung Australiens 1901-1986 (Hauptgruppen)

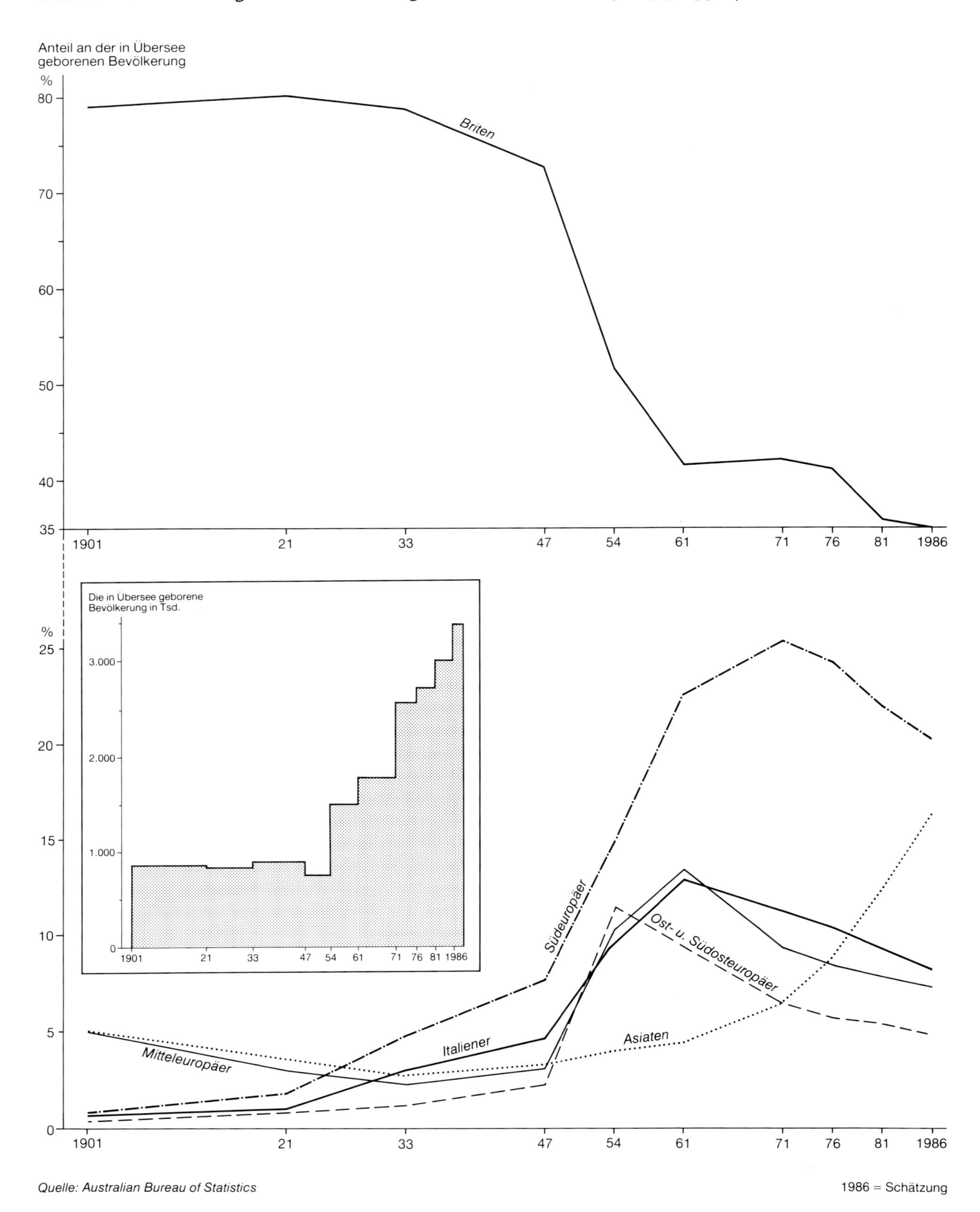

Quelle: Australian Bureau of Statistics

1986 = Schätzung

Abb. 2: Die südeuropäischen Sprachgruppen am Murray 1986

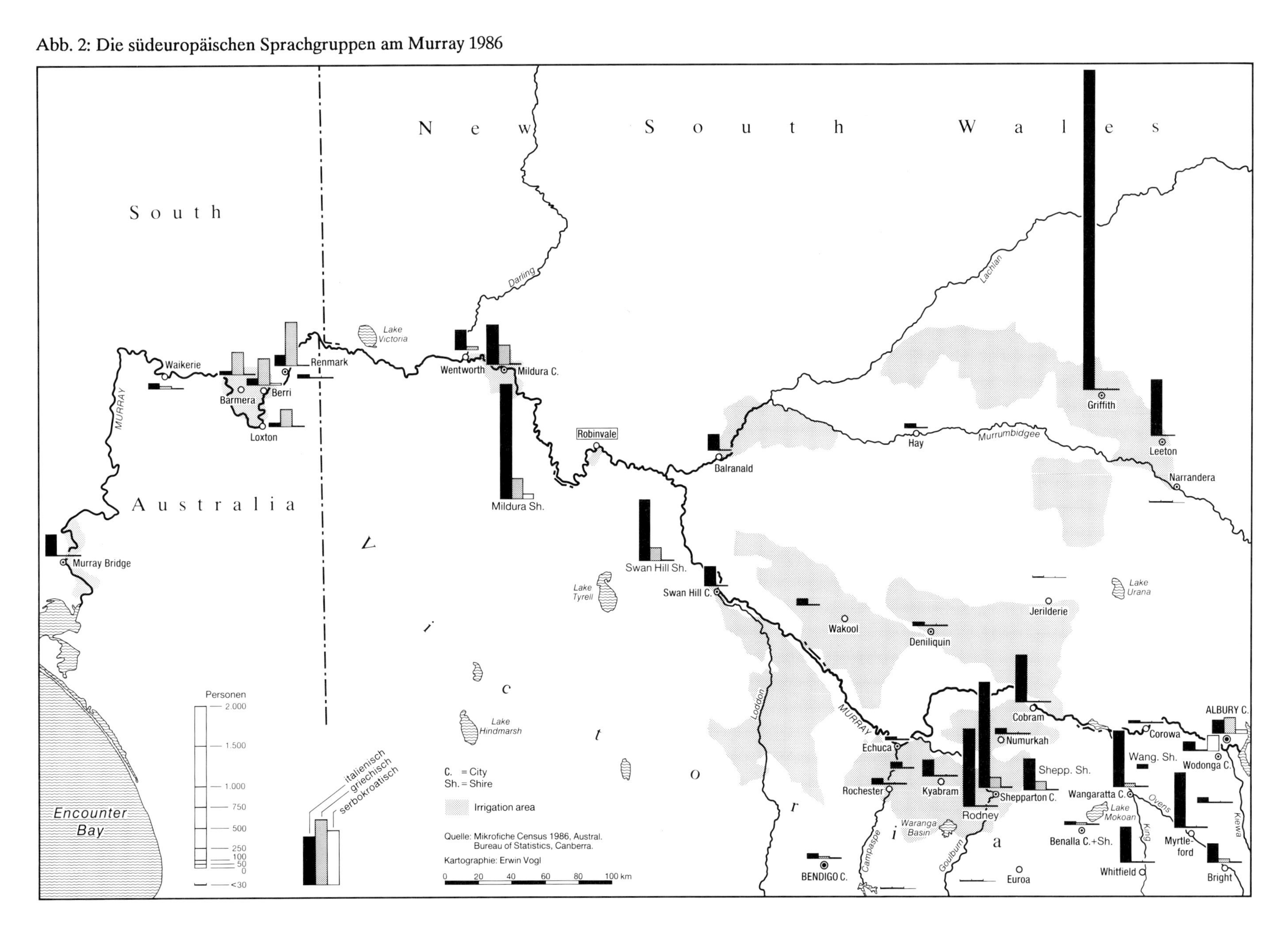

Bild 1:
Eine italienische Erdbeerfarm in Monbulk bei Melbourne (15.4.87)

Bild 2:
Kroatische Familie bei der Zwiebelernte in Spearwood bei Perth (26.3.82)

wanderer, für den präzise Zahlenangaben fehlen. Das bekannteste Zielgebiet ist wohl Queensland. Hier haben die Italiener infolge der gegen die Farbigen gerichteten Einwanderungspolitik seit der Jahrhundertwende die polynesischen Kontraktarbeiter in den Zuckerrohr-Farmgebieten der tropischen Küstenebenen innerhalb kurzer Zeit abgelöst und bauen heute neben dem Exportgewächs - nicht selten auf Eigenland - auch Obst, Gemüse und Tabak an (BORRIE 1954; FAUTZ 1984).

Weniger vertraut sind uns die im wesentlichen nach 1950 entstandenen Südeuropäer-Ansiedlungen der Bewässerungsgebiete an Murray und Murrumbidgee[2)] (Abb. 2). In den untersuchten Obst-, Gemüse- und Weinbaugebieten von Shepparton-Cobram, Swan Hill und Mildura-Robinvale am Murray liegt der Anteil der Südeuropäer an der in Übersee, geborenen Bevölkerung 1986 durchwegs bei über 50 %, ihr Anteil an der gesamten Wohnbevölkerung im allgemeinen jedoch unter 15%. Die stärkste Südeuropäer-Gruppe Victorias bilden stets die Italiener. Mit Griffith (1986: 3944 Personen) besitzt allerdings Neusüdwales die größte Italiener-Niederlassung im ländlichen Australien. In Südaustralien (Renmark u.a.) überwiegt die griechische Herkunft (vgl. z.B. HUBER 1974; HUGO 1975).

Abb. 3: Die Herkunft der Mitglieder der Market Gardener Association, Perth, Westaustralien, 1981

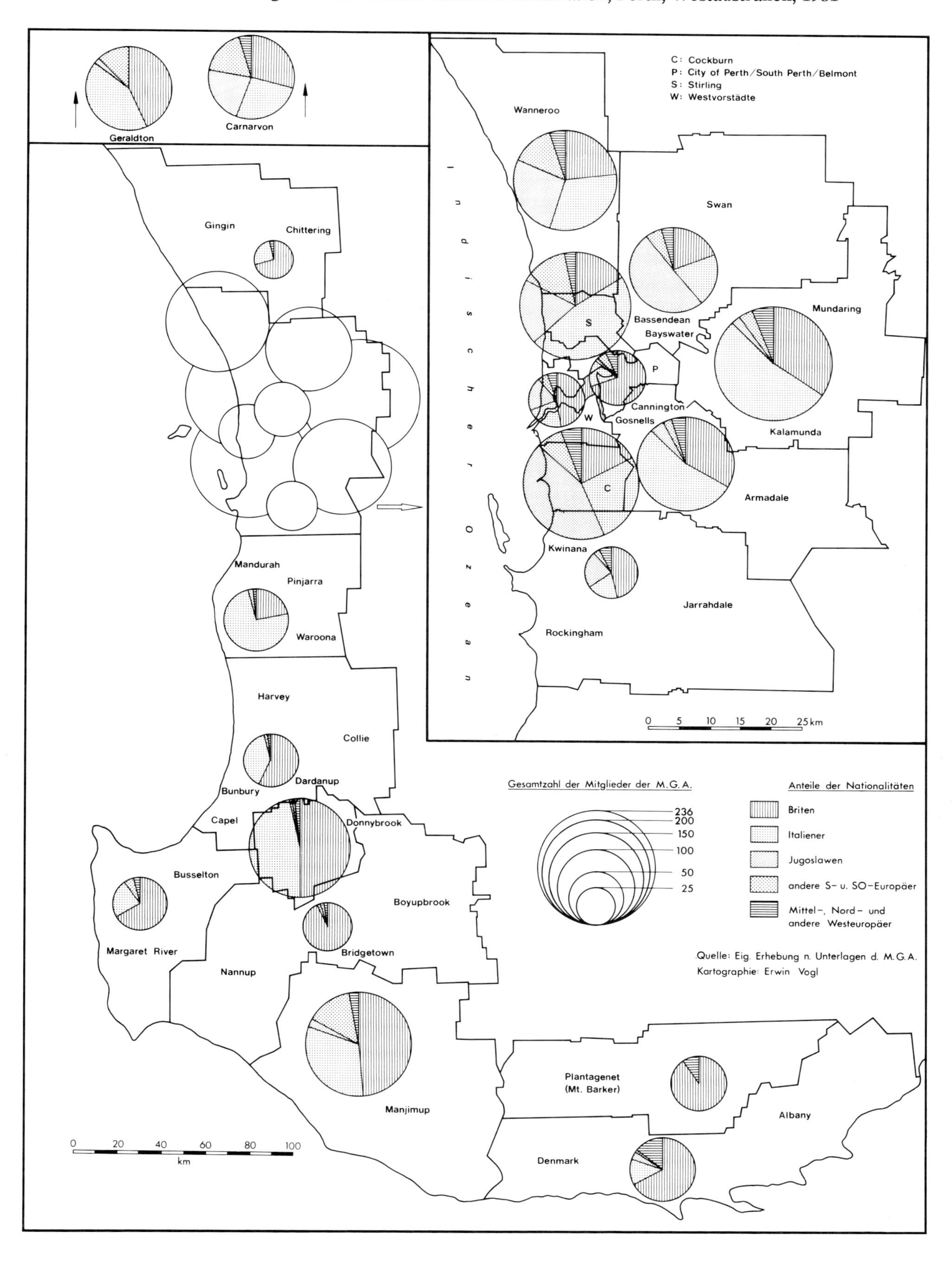

2. Bedeutung im ländlichen Raum

Die Bindung der Südeuropäer an den Marktgartenbau der großen australischen Städte und an den Bewässerungsfeldbau abseits von ihnen kennt man seit langem (LYNG 1927; PRICE 1963). BORRIE (1954, S. 128 f.) stellte ein gewiß unvollkommenes Verbreitungsmodell auf, nach dem die Italiener in den Städten Café- und Barbesitzer, in den Vorstädten Gemüse- und Obstverkäufer, in der städtischen Peripherie Marktgärtner und im ländlichen Raum Kleinfarmer und Obstbauern seien (Bilder 1, 2). Doch weiß man im allgemeinen wenig darüber, wie ihre tatsächliche Stärke heute ist und ob die Bevorzugung solcher Berufe noch zutrifft.

Die eigenen Erhebungen belegen, daß die Südeuropäer - in Relation zu ihrem numerischen Bevölkerungsanteil - in den genannten Agrarzweigen tatsächlich nicht nur überrepräsentiert sind, sondern eine tragende Säule bilden, und zwar dann, wenn das Betriebsgefüge vom Kleineigentum geprägt wird.

Für den Marktgartenbau im Weichbild von Perth, West-Australien, hatten unsere Auswertungen für 1981 ergeben (Abb. 3), daß in den Stadtrandgemeinden Cockburn-Spearwood und Stirling 77 bzw. 81 % der insgesamt 446 Gemüsebauern Südeuropäer, vornehmlich Italiener und Jugoslawen waren (ROTHER 1984, S. 51). Ein vergleichbares Übergewicht haben die Südeuropäer auch im kleinbetrieblichen Sonderkulturbau fernab der Metropolen. In Südwest-Australien genießen sie, voran die Italiener, mit einem Anteil von 58 % der 2.235 Obst-, Gemüse- und Weinbaufarmer eine führende Stellung (Tab. 1). Ähnliches gilt z.B. für die ethnische Zusammensetzung der Industrietomaten-Erzeuger Victorias (1985/86). Mit 55 % dominieren hier die Italiener (Abb. 4). Im Gegensatz dazu werden die Agrarzweige auf großbetrieblicher Basis, vor allem bei der Vieh- und Getreidewirtschaft, von den britischen Australiern beherrscht. Ein "Negativtest" erweist, daß im Milchviehgebiet des Goulburn-Bewässerungsdistrikts um Shepparton 1987 nur 4 % von 1100 Farmern einen südeuropäischen Namen haben. Ähnliches trifft freilich auch für den großbetrieblichen Obst-, Gemüse- und Weinbau zu.

Tab. 1: Die Mitglieder der *Market Gardener Association*, Perth, nach der Herkunft der Familiennamen, 1981

Herkunftsland	Zahl	v. H.
Britische Inseln	856	38,3
Italien	811	36,3
Jugoslawien	313	14,0
Andere süd-und südosteuropäische Länder (insbesondere Bulgarien, Griechenland)	153	6,8
Übrige europäische Länder (insbesondere Deutschland, Nordische Länder)	55	2,5
Unbekannte Herkunft	47	2,1
Summe	2.235*)	100,0

*) In dieser Zahl sind die 131 Mitglieder der außerhalb des sommertrockenen Südwestens gelegenen Bewässerungsoase Carnarvon nicht enthalten.

Quelle: Eigene Erhebung nach Unterlagen der Market Gardener Association, Perth

Abb. 4: Die Industrietomaten-Erzeuger in Victoria 1985/86

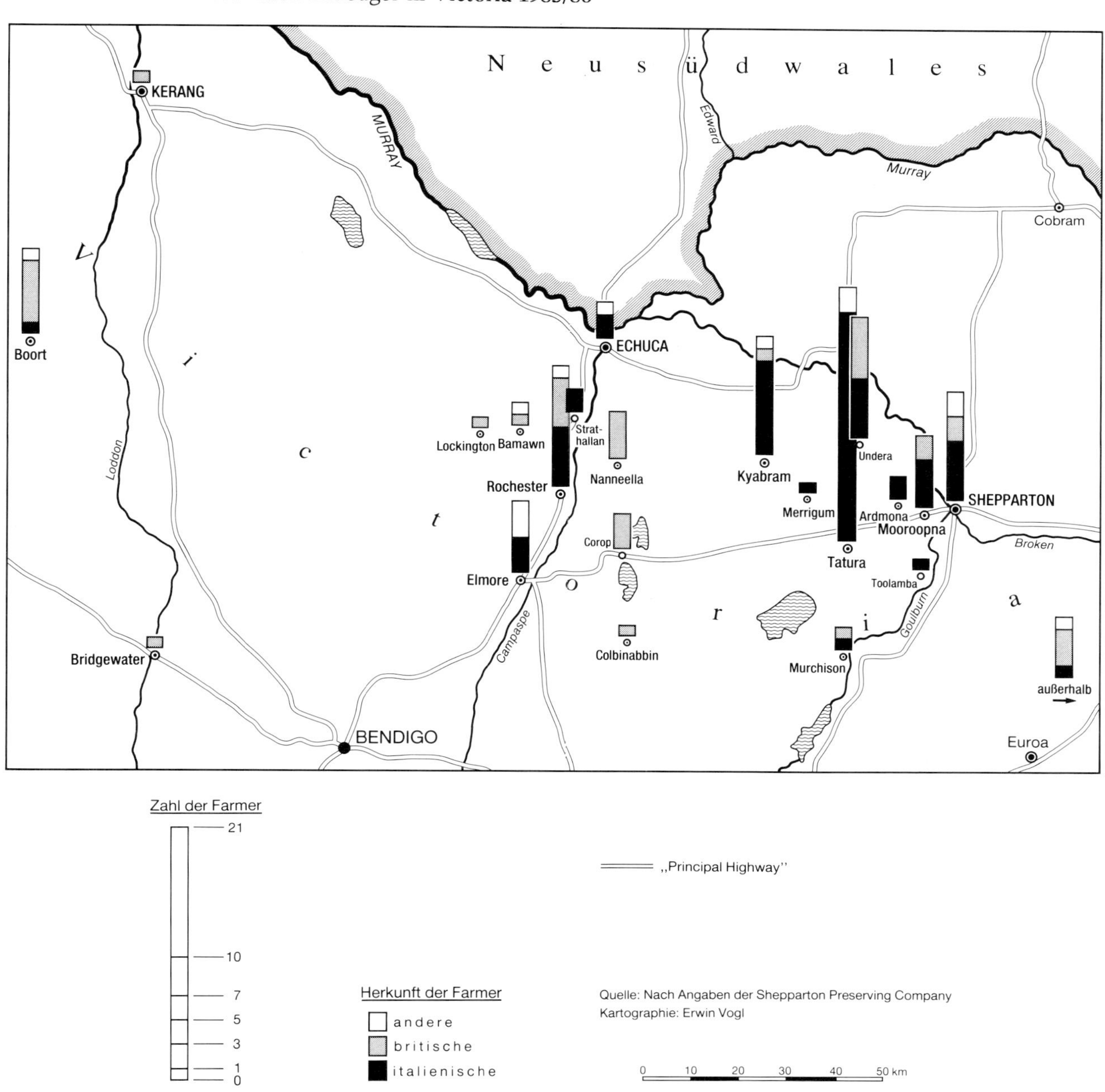

In den Sonderkulturbaugebieten am Murray schwankt der südeuropäische Anteil deshalb von Kolonie zu Kolonie (Abb. 5). Im kleinparzellierten Land zeigt er aber immer die besondere Rolle mediterraner Gruppen an, die nicht selten mehr als die Hälfte aller Farmen führen. So stehen im Goulburn- Bewässerungsdistrikt rein "britische" Obstbau-Gebiete (z.B. Invergordon) solchen mit südeuropäischer (z.B. Shepparton, Kyabram) oder italienischer Mehrheit (z.B. Cobram) gegenüber.

3. Strukturelle Merkmale der Bewässerungskolonien

Wie sich die Südeuropäer in den Kolonien verteilen, wie der Bodenerwerb geschieht und welchen Einfluß sie auf die Bewässerungslandwirtschaft ausüben, d.h. auch, ob sie die australische Agrarlandschaft in besonderer Weise, etwa innovativ, umgestalten, soll im folgenden an einem Beispiel erörtert werden, das nach unserer Kenntnis für die Mehrzahl der untersuchten Südeuropäer-Ansiedlungen am Murray repräsentativ ist (Abb. 6).

Abb. 5: Die Obstfarmer im Goulburn-Bewässerungsdistrikt 1985

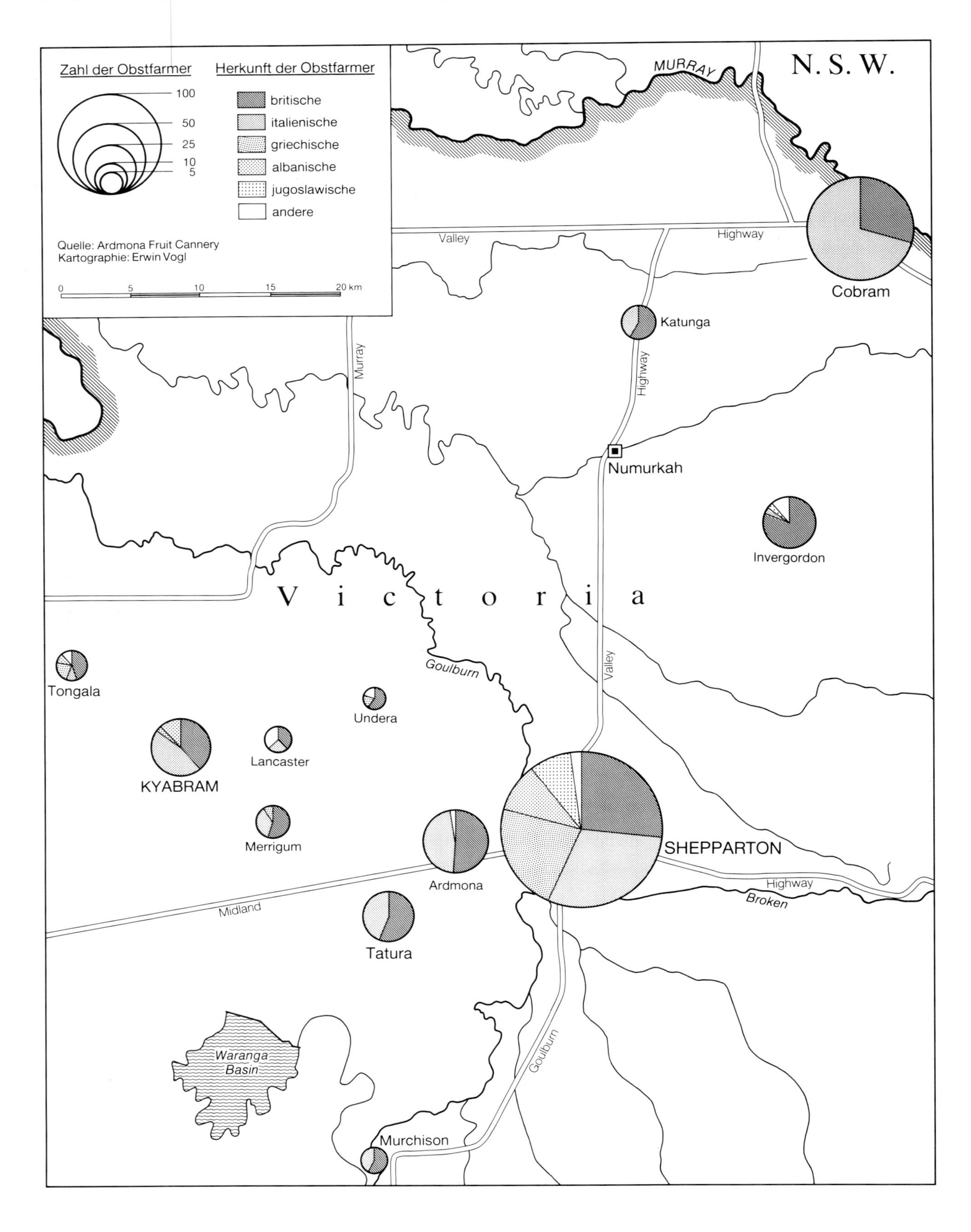

Abb. 6: Die Bewässerungskolonie Robinvale, Victoria

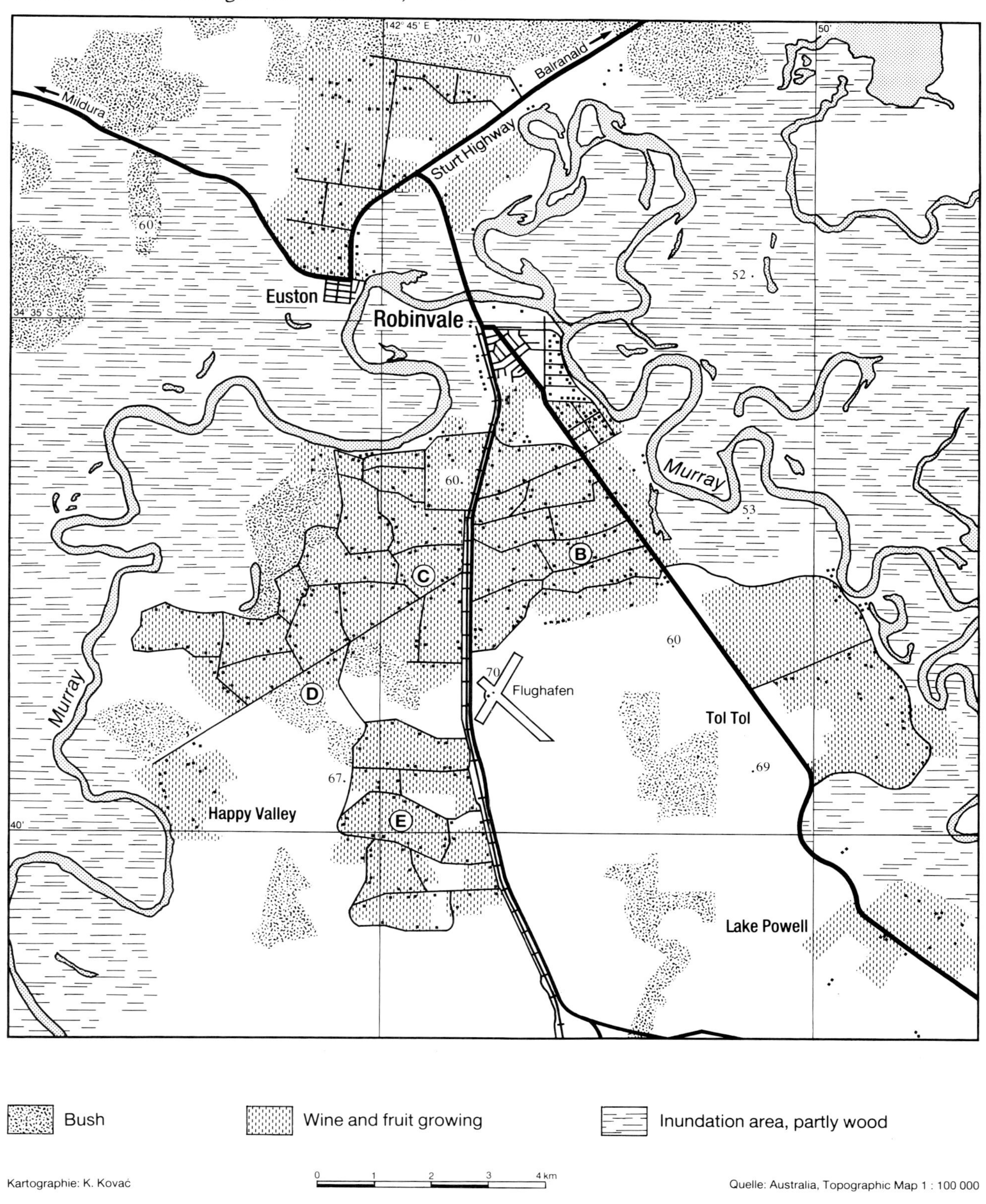

Die Bewässerungskolonie Robinvale im mittleren Stromabschnitt gehört zusammen mit dem größeren Mildura zum *Sunraysia - District*, dem bedeutendsten Erzeugungsgebiet Australiens für Trockenfrüchte, Tafeltrauben und Agrumen. Das dem Mallee abgerungene Kulturland liegt wie alle Obst- und Weinbauflächen der Riverina in den flußnahen Teilen einer Aufschüttungsterrasse mit sandigen, gut durchlüfteten Böden über der Überschwemmungsaue des Stroms, der das mit moderner Technik genutzte Bewässerungswasser bereitstellt.

Abb. 7: Robinvale, Soldier settlement, Herkunft der Farmer, 1987

Die Geschichte dieser heute 4000 Einwohner zählenden Kolonie begann mit der Gründung des *Township* auf dem Boden einer ehemaligen Viehfarm im Jahre 1927 relativ spät. Wichtiger für unseren Zusammenhang ist die Schaffung einer Soldatenkolonie (*Soldier settlement*) seit 1947 im Anschluß an den Siedlungskern, in der Trockenbeeren (Sultaninen, Rosinen) und Zitrusfrüchte erzeugt werden sollten. Durch die Schaffung des Kriegssiedlerwerkes versuchte der australische Staat hier wie anderswo die Erschließung der Steppe voranzutreiben, indem er die Urbarmachung des Landes mit der Ansiedlung verdienter Kriegsteilnehmer verband. Bis Ende der fünfziger Jahre war die Kolonisation Robinvales abgeschlossen, die Kolonie besiedelt.

Dieser untersuchte Flurausschnitt mit durchschnittlichen Betriebsgrößen von 10 ha ist heute stark von Südeuropäern durchsetzt und ihre Grundstücke vermengen sich mit jenen der britischen Australier regellos (Abb. 7).

Stellenweise gibt es inzwischen italienische Schwerpunkte. Bei näherer Durchsicht der Familiennamen tritt dabei die Rolle der *chains* zu Tage, wenn etwa der gleiche Name zwei- und mehrfach, zudem in benachbarter Lage, vorkommt. Die Italiener, die in der Mehrzahl aus wenigen kleinen Dörfern in der Umgebung von Reggio/Calabria stammen, bilden mit 32 % die größte nicht-britische Gruppe, gefolgt von den Griechen (12 %) und Jugoslawen (2 %).

Die Eigentumsentwicklung von 1978 bis 1987 verdeutlicht, daß die ehemaligen *Soldiers* durch Grundstücksverkäufe Schritt für Schritt von den Südeuropäern abgelöst werden. Bei den 58 registrierten Transaktionen kauften Südeuropäer 21 mal Land von britischen Australiern, während von Südeuropäern an britische Australier nur ausnahmsweise (2 mal) Grundstücke verkauft wurden.

Das langsame Einsickern der Südeuropäer in das Kleineigentum wird vom Verhalten der ehemaligen *Soldiers* gefördert. Wegen hoher Arbeitskraftkosten, Absatzschwankungen, der Überalterung der Kulturen und geringer Erfahrung im Umgang mit den ihnen fremden Anbaugewächsen, aber auch aus Altersgründen und Interesselosigkeit sind sie nur allzu leicht bereit, ihren Besitz aufzugeben. Anders ist die Ausgangslage für die Südeuropäer, die durch ihre Herkunft mit der ländlichen Welt vertraut sind. Den Belastungen des Klimas sind sie von vornherein angepaßt. Sie kultivieren zudem die ihnen aus der Heimat bekannten mediterranen Feldfrüchte (die sie allerdings selbst nicht eingeführt haben, sondern die von den ersten britischen Kolonisten aus der Kapkolonie mitgebracht worden sind). Mit ihren mehr oder weniger großen Familien nehmen sie lange tägliche Arbeitszeiten - vielfach in Handarbeit und möglichst ohne fremde Arbeitskräfte - auf sich und begnügen sich mit kleinen Verdienstspannen.

Dieser Wandlungsprozeß ist noch nicht abgeschlossen. Der Erwerb einer kleinen Farm gilt für viele Südeuropäer als Ziel der Emigration und kann in harter Arbeit, durch Entbehrungen und Sparsamkeit, d.h. infolge eines niedrigen Anspruchsniveaus in absehbarer Zeit erreicht werden. Meist läuft er über verschiedene Rangstufen landwirtschaftlicher Tätigkeit ab. Die typische Abfolge geht vom Erntearbeiter über den Kleinpächter zur Kleineigentümer-Gemeinschaft (mit Verwandten und/oder Freunden) und schließlich bis zum selbständigen Klein-Farmer.

Unser Beispiel zeigt, daß die Südeuropäer schon erschlossene Kleinfarmgebiete im Bewässerungsland bevorzugen, dort je nach dem zufälligen Grundstücksangebot seßhaft geworden sind und sich in den Kolonien weiter ausbreiten. Im Gegensatz zur Landerschließung des 19. Jahrhunderts, wie z.B. durch deutsche Einwanderer im Barossa Valley, Südaustralien (ERDMANN 1984), sind sie von Ausnahmen abgesehen, nicht die Träger der Kolonisation gewesen. Eine solche Ausnahme ist etwa die auf dem Boden von Neusüdwales, Robinvale gegenüberliegende Siedlung Euston (Abb. 8).

Bild 3:
Wohngebäude einer griechischen Obstfarm in Shepparton, Victoria (27.4.87)

Abb. 8: Die Bewässerungskolonie Euston, Neusüdwales, 1987

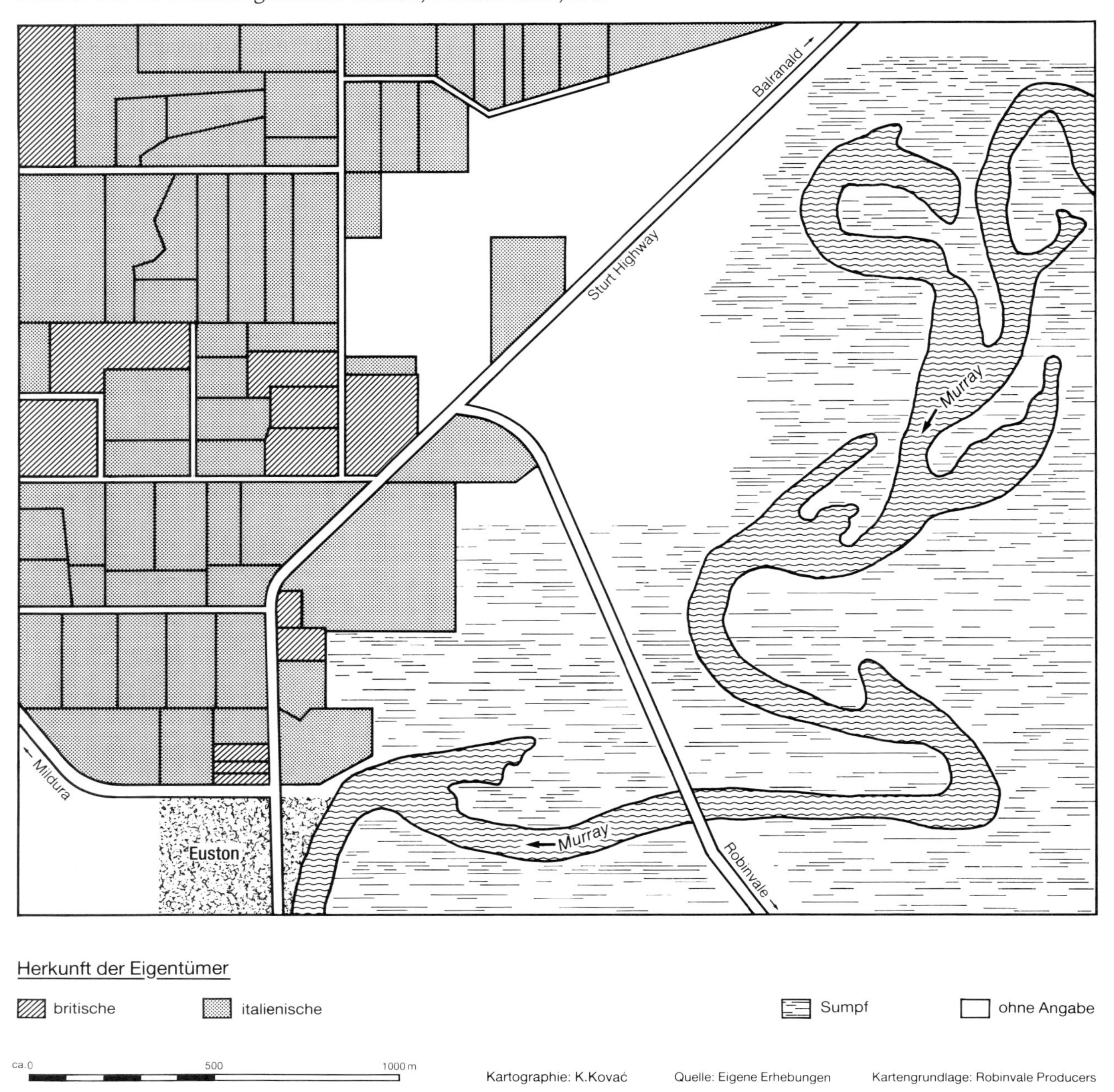

4. Agrarlandschaftliche Merkmale der Bewässerungskolonien

Obwohl durch die Übernahme "britischer" Betriebe von vornherein spezifische Siedlungs-, Flur- und Landnutzungsformen ausscheiden, gibt die Bestandsaufnahme einiger physiognomischer Merkmale der Agrarlandschaft weiteren Aufschluß über die Rolle der Südeuropäer in den Bewässerungskolonien. In den Kolonien mit Südeuropäern fallen vor allem verschiedene Eigentümlichkeiten auf, wie neue Wohnhäuser mit besonderem Zierat, verspielte Gartenzäune, Nutzgärten mit mittelmeerischen Kulturpflanzen, Eßkastanien-Alleen als Feldbegrenzungen, Mais-Parzellen, die seltene Großviehhaltung u.ä., die den "britischen" Farmen zu fehlen scheinen und die von uns auch in West-Australien beobachtet worden sind (vgl. FAUTZ 1984, S. 174, für Queensland; Bild 3).

Bei Ausschnittskartierungen in verschiedenen Bewässerungskolonien und beim systematischen Vergleich aller Betriebe der Soldatenkolonie Robinvale stellt sich aber heraus, daß Unterschiede zwischen den Betrieben von

Bild 4:
Wohnhaus eines britischen Weinbauern in Robinvale (7.5.87)

Bild 5:
Kühlhaus und Ernteverladung einer italienischen Tafeltrauben-Farm in Euston, Neusüdwales (7.5.87)

britischen Australiern und Südeuropäern nicht so sehr durch die Merkmale mediterraner Herkunft bestehen; denn es finden sich z.B. neue Wohnhäuser mit Loggien, Balustraden, Freitreppen, Säulen und anderem Schmuckwerk infolge standardisierter Fertigbauweise oder mittelmeerische Gartengewächse hin und wieder auch bei "britischen" Farmen.

Die Unterschiede sind von anderer Qualität und betreffen den wirtschaftlichen Zustand der Betriebe. Als aussagekräftige Indizien werden deshalb "konservative" und "progressive" Elemente der Betriebsgebäude und Nutzflächen herangezogen. "Konservativ" sind ein ortsübliches gepflegtes oder ungepflegtes Holz-Wohnhaus - meist aus der Gründungszeit der Kolonie und häufig in einem verwilderten Ziergarten gelegen -, einfache Holzgestelle für die Traubentrocknung und die Mischung von Reb- und Zitrusfrüchten auf der dazugehörigen Parzelle, die das Festhalten am herkömmlichen Betriebsziel der Soldatenkolonie ausdrücken. Als "progressiv" wurden ein gemauertes Wohnhaus jungen Datums, das Vorhandensein moderner Kühlhallen und anderer technischer Infrastruktur sowie die Spezialisierung auf den Tafeltrauben-Anbau eingestuft, weil sie die Anpassung des Farmers an eine gewandelte Marktlage widerspiegeln (Bilder 3 - 5).

Das Ergebnis der statistischen Auswertung in Robinvale spricht für sich (Tab. 2). Die Italiener sind bei den "progressiven" Merkmalen eindeutig überrepräsentiert, während für die britischen Australier das Umgekehrte gilt. Die später zugewanderten Griechen lassen bislang allerdings keine klare Tendenz erkennen, und die Zahl der Jugoslawen ist für Schlußfolgerungen zu klein.

Tab. 2: Robinvale 1987, *Soldier settlement*, Agrarlandschaftliche Merkmale (v.H.)

	Briten	Italiener	Griechen	Jugoslawen	Summe der Merkmale
"Konservativ"					
Alte Wohngebäude aus Holz, gepflegt	**58**	26	13	3	164
dgl. ungepflegt mit verwildertem Ziergarten	56	22	**20**	2	50
Traubentrocknung	**60**	21	**17**	2	109
Gemischter Anbau	**79**	18	3	-	34
"Progressiv"					
Neue Wohngebäude aus Stein	11	**85**	4	-	47
Tafeltrauben-Anbau und Kühlhallen etc.	26	**56**	14	4	93
Anteile der ethnischen Gruppen	52	32	12	2	

58 = deutlich überrepräsentiert

Quelle: Eigene Erhebungen nach Unterlagen der Robinvale Producers, Robinvale

Ohne Zweifel haben die italienischen Zuwanderer die Bewässerungskolonie durch den (Export-) Tafeltrauben-Anbau aufgewertet. Indem sie die Anregungen und Beratungshilfen des Landwirtschaftsamtes begierig aufgegriffen haben, sind sie zu wirtschaftlichem Erfolg gelangt, inzwischen die Marktführer der Kolonie geworden und haben heute z.B. durch eigene Transportunternehmen die besten Handelsbeziehungen. Mit ihrem Verhalten, das ihnen auch künftig einen höheren Lebensstandard verspricht, bekunden sie in jedem Fall die Aufgeschlossenheit für Neuerungen und eine postive Einstellung zur (Hand-)Arbeit, die unter den britischen Nachbarn nicht auf solche Weise entwickelt sind.

5. Ergebnisse

Die Südeuropäer sind der wichtigste Träger des kleinbetrieblichen Sonderkulturbaus in Australien. Sie ordnen sich in die bestehenden Anbaugebiete ein und verändern sie in ihrer räumlichen Konfiguration nicht. In den Bewässerungsgebieten an Murray und Murrumbidgee wirtschaften heute britische und südeuropäische Farmer in einem bunten Raummosaik nebeneinander, wie es das jeweilige Kaufangebot an Grundstücken ergeben hat. Auch künftig wird sich das Eigentumsgefüge der Kleinfarmen mit Sonderkulturbau noch zugunsten der Südeuropäer verschieben, die selbst nur ausnahmsweise kolonisatorische Leistungen vollbracht haben. Andererseits ragen die Italiener durch eine besondere Wirtschaftsgesinnung heraus. Jeder Innovation aufgeschlossen, haben sie sich durch ihr geschicktes Verhalten beträchtliche Einkommensvorteile verschafft.

Wenn die Südeuropäer somit großräumige Unterschiede in der australischen Agrarlandschaft nicht hervorrufen und eine agrargeographische Gliederung nach Ethnien keinen Sinn hat, so verursachen sie doch eine beachtenswerte kleinräumige wirtschaftliche Differenzierung. Anders als in ihren (meist süditalienischen) Herkunftsgebieten haben vor allem die Italiener mannigfache Initiativen ergriffen und den Niedergang der *Soldier settlements* aufgehalten, so daß der staatlichen Binnenkolonisation durch sie letztlich ein Erfolg beschieden ist. Sie sind die Innovationsträger im kleinbetrieblichen Sonderkulturbau Australiens.

Anmerkungen

1) Die Thematik wird hier verkürzt.dargestellt. Eine ausführliche Behandlung findet sich bei ROTHER 1984; 1988.

2) Zur Einführung in den Gesamtraum empfehlen sich FRENZEL (1956), COCHRANE (1960), LANGFORD-SMITH/RUTHERFORD (1960) und LAMPING (1982).

Literatur

BORRIE, W.D. (1954): Italians and Germans in Australia. A Study of Assimilation. - Melbourne.

COCHRANE, G.R. (1960): Intensive Land Use in South Australia's Upper Murray. - The Australian Geographer, 8, S. 25-41.

CONWAY, D. (1980): Step-Wise Migration: Toward a Clarification of the Mechanism. - International Migration Review, 14, S. 3-14.

ERDMANN, C. (1984): Deutsche Siedlungen in Südaustralien. - Erdkunde, 38, S. 302-314.

FAUTZ, B. (1984): Agrarlandschaften in Queensland. - Wiesbaden (Erdkundliches Wissen, Geogr. Zeitschrift, Beihefte, 65).

FRENZEL, K. (1956): Über das Murray-Tal. - Die Erde, 8, S. 1-16.

HUBER, R.P. (1974): Land Tenure and Kinship in an Italian Farming Community. - Search, 5, S. 291-295.

HUGO, G.J. (1975): Postwar Settlement of Southern Europeans in Australian Rural Areas: The Case of Renmark, South Australia. - Australian Geogr. Studies, 13, S. 169-181.

LANGFORD-SMITH, T., RUTHERFORD, J. (1966): Water and Land. Two Case Studies in Irrigation. - Canberra.

LAMPING, H. (1982): Bewässerungsprojekte und Raumerschließung in Australien. - In: Bewässerungswirtschaft und Binnenkolonisation in ariden und semi-ariden Räumen. - Frankfurt/Main, S. 108-148 (Frankfurter Wirtschafts- und Sozialgeogr. Schriften, 42).

LYNG, J. (1927): Non-Britishers in Australia. - Melbourne.

PRICE, C.A. (1963): Southern Europeans in Australia. - Melbourne.

ROTHER, K. (1984): Der Sonderkulturbau in Südwest-Australien und seine südeuropäische Trägerschaft. - Erdkunde, 38, S. 45-54.

ROTHER, K. (1988): Die Italiener am Murray (Australien). - Die Erde, 119, S. 113-131.

Prof. Dr. Klaus Rother
Lehrstuhl I für Geographie der Universität Passau
Schustergasse 21, 8390 Passau

Armin Ratusny

Oasen im Großen Norden Chiles
Aspekte ihrer kulturräumlichen Entwicklung

1. Einleitung

Die wirtschaftlichen Aktivitäten des Menschen in den Trockenräumen der Alten und Neuen Welt unterliegen auch heute noch in besonderer Weise naturraumbedingten Einflüssen. Bei globaler Betrachtung zeigt die Siedlungsentwicklung gegenwärtig das Bild sehr unterschiedlicher Tendenzen, die sogar auf regionaler Ebene wenig einheitlich ausfallen. Veränderung, Strukturwandel, Umbruch - das sind wenige, aber häufig gebrauchte Schlagworte, die nur annäherungsweise die Situation bezeichnen können, in der sich die Oasen in Trockengebieten befinden. Die Verflechtungen der modernen Weltwirtschaft lassen kaum eine von ihnen unberührt, und verschiedenen Innovationen kommt dabei ein besonderes Gewicht zu: technische Neuerungen, um hydrologisches Nutzungspotential intensiver auszuschöpfen, neue Anbaufrüchte und neue Lebensformen der Bevölkerung seien hier nur als wenige Beispiele von vielen genannt, die jeweils für sich oder miteinander verknüpft ihren Platz in der gegenwärtigen Entwicklungsphase haben.

Solche raschen Wandlungen verstellen jedoch oft den Blick auf vergangene Strukturänderungen, die in den - häufig klischeehaft als Rückzugsgebiete überkommener Wirtschafts- und Lebensformen geltenden - Oasen von nicht geringer Bedeutung gewesen sind. Sicher trägt die schwierige methodische Faßbarkeit sozialhistorischer Vorgänge dazu bei. Die Wandlungen technischer, wirtschaftlicher und sozialer Art gewinnen nicht nur an Interesse bei dem Versuch, die kulturlandschaftliche Genese von Oasen zu verstehen, sondern sie sind letztlich auch Teile des Fundamentes, auf dem sich der gegenwärtige Strukturwandel abspielt. Zudem sind mit dem Wissen um Herkunft und Geschichte kultureller und sozioökonomischer Eigenheiten treffendere Zukunftsprognosen möglich.

Auch für die Oasen im Großen Norden Chiles ist der historisch-genetische Aspekt berechtigt: auf eine lange vorkolumbianische Zeitspanne zurückgehend, ist ihre Geschichte seit dem Beginn der spanischen Conquista im 16. Jahrhundert eng mit der Bevölkerungs- und Wirtschaftsentwicklung Lateinamerikas verwoben. Dieser zeitliche Werdegang präsentiert sich im kulturlandschaftlichen Erscheinungsbild der Oasen als das Ergebnis einer Hierarchie von Einflußmechanismen. Sie wiederum dokumentieren die zunehmende weltwirtschaftliche Verknüpfung seit der Frühen Neuzeit. In einem globalen Beziehungsgeflecht werden selbst noch Räume erreicht, die zu den ökonomischen Zentren in dreifacher Weise peripher liegen: zum ersten in Chile, dem *ultimo rincon del mundo* (hintersten Winkel der Erde), zum zweiten innerhalb Chiles im abgelegenen Großen Norden und zum dritten - das gilt nur für einen Teil der Oasen - innerhalb des Großen Nordens am Rand der westlichen Hochkordillere und damit weitab von der Küste oder der panamerikanischen Fernstraße.

2. Eine "Landschaft der Extreme" - Naturräumliche Grundlagen

Der Große Norden Chiles umfaßt - nach der landesüblichen Gliederung, wie sie auch in die vegetationsgeographische Zonierung SCHMITHÜSENS (1956) eingegangen ist - die Voll- und Halbwüstengebiete Chiles von der peruanischen Grenze (18° s.Br.) bis zur Wasserscheide nördlich des Huasco-Tales (28° s.Br.) zwischen dem Pazifischen Ozean und den Grenzen zu Bolivien und Argentinien (s. Abb. 1). Teile dieses Raumes, zumal die westlichen, gehören zu den extremen Wüstengebieten der Erde. Klimageographisch überlagern sich im mittleren Teil der südamerikanischen Trockendiagonale (vgl. *Diercke Weltatlas* 1988, S.208, III) zwei genetische

Abb. 1: Übersichtskarte von Nord-Chile (Entwurf: Ratusny)

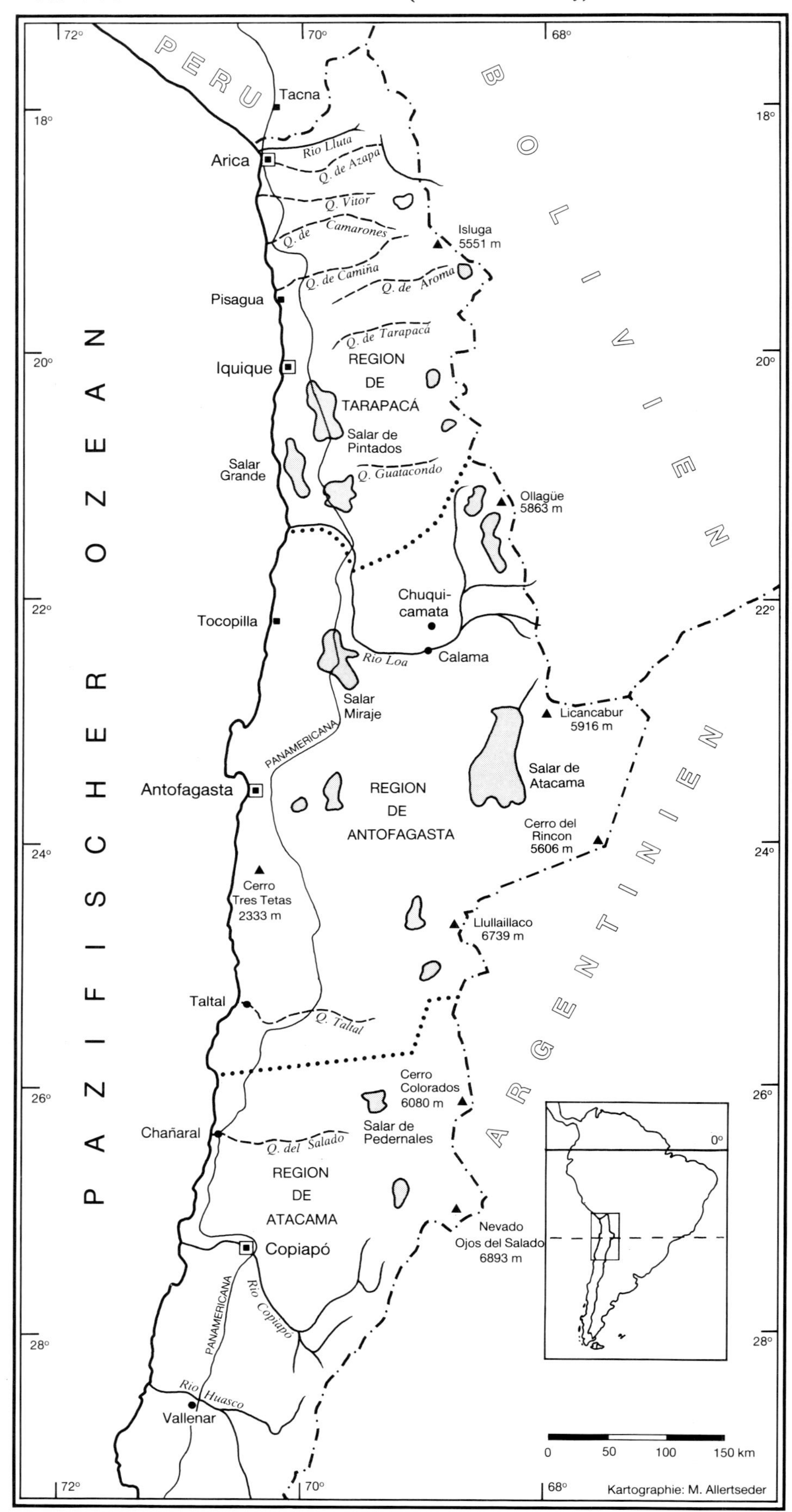

Wüstentypen. Die Wirkung der relativ beständigen südostpazifischen Antizyklone mit ihrem Zentrum vor der Westküste des mittleren Südamerika wird durch die kalten Auftriebswässer des Humboldt-Stromes an einem schmalen Küstensaum zusätzlich verschärft (vgl. WEISCHET 1966). Von Osten her macht sich der Einfluß der innertropischen Konvergenz infolge des steil aufragenden andinen Hochgebirgsblocks nur selten bemerkbar: Konvektionsregen im Verlauf der Südverlagerung der äquatorialen ITC bringen allenfalls der östlichen Hochkordillere (Cordillera Oriental) und - seltener - der Puna Niederschläge.

ABELE (1987) beschreibt die nordchilenisch-peruanische Andenwestabdachung als eine "Landschaft der Extreme". Tatsächlich setzt auch die Orographie nicht weniger dramatische Akzente als das Klima. Geologisch-tektonisch bedingt, findet sich entlang einer Linie, die etwa mit dem südlichen Wendekreis zusammenfällt, die Horizontaldistanz mit der größten Vertikalspanne auf der Erde. Vom Atacama-Graben (ca. 8.000 m u.M.) bis zu den Stratovulkanen der westlichen Hochkordillere (ca. 7.000 m ü.M.) beträgt die Entfernung nicht mehr als 400 km. Der Gebirgsanstieg vom Becken des Pazifischen Ozeans bis zum Zentralandenblock untergliedert sich in meridionale Streifen (vgl. WEISCHET 1970; BÄHR 1979): Gleich einer Mauer, nur von einem - oft unterbrochenen - Saum mariner Terrassen begleitet, steigt das Küstenbergland (Cordillera de la Costa) aus dem Meer auf und wird gegen Osten von der tektonisch angelegten Bruchzone der Pampa del Tamarugal abgelöst. Die Präkordillere mit Höhen bis über 3.000 m ü.M. leitet den weiteren Gebirgsanstieg ein, ist aber vom Altiplano noch durch eine zweite intramontane Bruchzone getrennt. Das letzte Höhenstockwerk nehmen bis fast 7.000 m aufragende Vulkankegel ein (Llullaillaco 6.723 m), deren Kuppen sommers gerade noch firnbedeckt sind; es ist das Gebiet mit der höchsten Lage der Schneegrenze auf der Erde.

3. Bevölkerung und Siedlung im Großen Norden Chiles

Der Große Norden gehört erst seit etwa einhundert Jahren dem chilenischen Staatsgebiet an. Peru und Bolivien mußten Teile ihres Territoriums nach dem für sie verlorenen Pazifischen Krieg (*Guerro Pacifico*, 1879-81) an Chile abtreten. In seiner Folge intensivierte sich die schon vorher vorhandene bergbauliche Erschließung rasch (Guano, Salpeter, Kupfer u.a. Rohstoffe), und mit ihr ging eine sprunghafte Zunahme der Bevölkerung einher. 1982 lebten im Großen Norden (Provinzen Tarapacá, Antofagasta und Atacama) ungefähr 800.000 Menschen, die sich hauptsächlich auf die Küstenstädte Antofagasta (200.000), Iquique (120.000) und Arica (140.000) und auf die großen Minensiedlungen wie z.B. Chuquicamata/Calama (100.000) verteilten (*Instituto Geografico Militar*, 1985). Agrarisch geprägt sind einige wenige, über beinahe 3.800 Höhenmeter verstreute "Kulturlandschaftsinseln" zwischen der Pampa del Tamarugal und der Puna (WEISCHET 1966, S. 44). Sie liegen dort, wo das Vorkommen von Wasser eine landwirtschaftliche Inwertsetzung ermöglicht. Es sind flächenmäßig sehr kleine Areale. Nach WEISCHET (1966, S. 45) umfaßt die anbaufähige Fläche in den Provinzen Tarapacá und Antofagasta gerade 11.000 ha bei einer Gesamtfläche von 18 Mio ha; tatsächlich genutzt werden jedoch nur 8.000 ha. Im Höhenbereich zwischen 3.000 und 4.000 m erlauben andine Steppenweiden die zusätzliche extensive, weidewirtschaftliche Nutzung von etwa 0,7 Mio ha.

4. Oasen im Großen Norden - Innovationen und Strukturwandel im Verlauf ihrer Kulturlandschaftsgeschichte

4.1 Lagebedingungen der Oasen

Vertikalspanne, Reliefgliederung und Untergrund bewirken ein Spektrum unterschiedlicher Lagetypen der Oasen (s. Abb. 2). Auf einer Entfernung von knapp 1.000 km durchbrechen nur wenige ost-west verlaufende Täler die Küstenkordillere, und von diesen führen noch weniger perennierend Wasser, wie der Rio Lluta unmittelbar südlich der Grenze zu Peru, der Rio Loa und schließlich der Rio Copiapó, während in den dazwischen liegenden Quebradas (z.B. Azapa, Vitor, Camarones, Tarapacá) episodisch Wasser abkommt. Entsprechend variiert die Intensität und die Durchgängigkeit der landwirtschaftlichen Nutzung: an den Unterläufen der Valles Lluta und Azapa erscheinen im Hinterland von Arica zusammenhängende Kulturflächen (vgl. DIAZ 1987), das gilt ebenso für den Rio Copiapó. In den Quebradas lösen sie sich talaufwärts zunehmend in perlschnurartig aneinandergereihte Nutzungsinseln auf (WEISCHET 1970, S.488). Es sind Häusergruppen oder einzelstehende Häuser, die an edaphisch günstige Lagen auf Quebradaterrassen gebunden sind. Das Nutzungsgefüge ist noch immer stark auf die Eigenversorgung ausgerichtet (1970): Mais, Kartoffeln, Gemüse und Alfalfa als Viehfutter bilden einen großen Teil der Produktpalette. In der Nähe der Küstenstädte vergrößert sich der Anteil an Baumkulturen. Nach SEPULVEDA (1962, zit. in WEISCHET 1970, S.488) betrug ihr Bestand im Lluta- und Azapatal 25.000 Oliven- und 5.000 Apfelsinenbäume.

Abb. 2: Oasen im Großen Norden Chiles

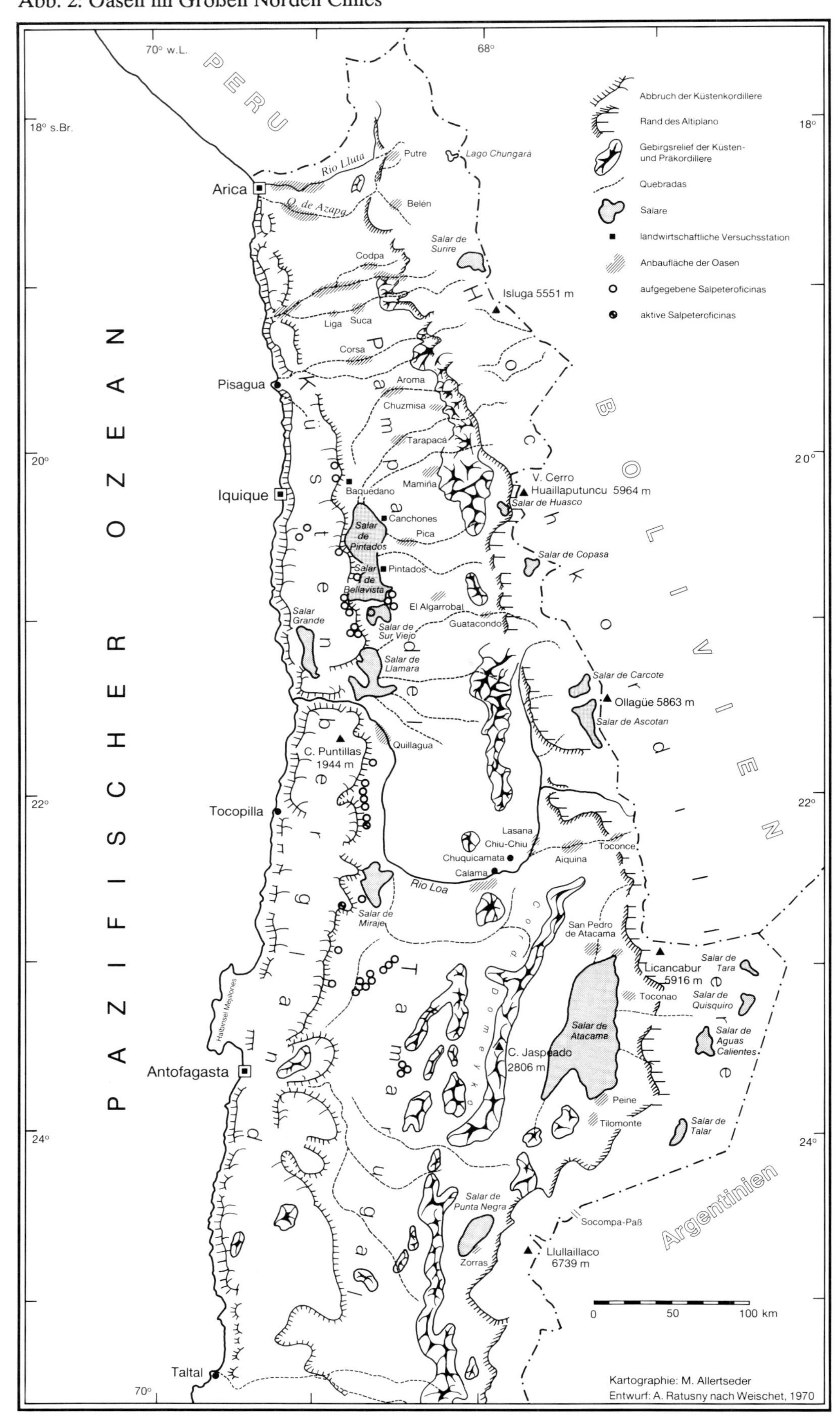

Eine Ausnahme unter den Flußoasen ist Calama, das als Wohnsiedlung der Kupfergroßmine von Chuquicamata mit heute fast 50.000 Einwohnern die sonst üblichen Bevölkerungszahlen weit übertrifft.

Geomorphologisch setzt sich der Übergangsbereich von der Pampa del Tamarugal zur Präkordillere aus einer erosiv zergliederten Aufschüttungsrampe zusammen. Von der Hochkordillere herabziehende Grundwasserströme treten an bestimmten Stellen gebündelt an die Oberfläche und liefern damit die Existenzbedingungen für die Quelloasen am ostwärtigen Rand der Pampasenke, wie Mamiña und Pica (2.760 m, bzw. 1.300 m ü.M.), die sich ostwärts in den tiefeingeschnittenen Tälern der Präkordilleren-Abdachung fortsetzen (Guatacondo; Matilla). In Mamiña (s. Bild 1) z.B. umfaßt die Oase (ca. 2.760 m) ein auf drei Schluchten verteiltes Bewässerungsareal von insgesamt 45 ha. Die Bewässerung erfolgt über einfache Erdgräben, an den Hängen ringsum liegen ausgedehnte, inzwischen verfallene Anbauterrassen (WEISCHET 1970, S. 488). Guatacondo (2.280 m) (s. Bild 3) ist ein vergleichbares Beispiel. Das Nutzungsgefüge weicht nicht grundsätzlich von dem der Quebrada-Oasen ab. Allein Pica (s. Bild 2) fällt aus dem Rahmen: Seine außergewöhnliche kleinklimatische und edaphische Lagegunst auf der Abdachungsfläche erkannten und nutzten bereits die Spanier in der frühen Kolonialzeit und intensivierten sie durch bewässerungstechnische Neuerungen (Qanatbewässerung, s.u.). Die Oase liegt in der warmen Hangzone (geschützt vor Nachtfrösten wie sie durch Kaltluftseen in tieferen Lagen auftreten) und noch nicht in den kühleren Regionen der Präkordillere. Pleistozäner Dünensand als eine sedimentologische Besonderheit sorgt für eine effektive Drainage. WEISCHET (1970, S. 489) gibt eine anschauliche Schilderung: "Pica ... ist in jeder Hinsicht eine Ausnahme unter den Oasen der Nordchilenischen Wüste. Spenden in den anderen nur kleine Baumgruppen Schatten vor der sengenden Sonne am Tage und zeigen die Obstbäume unter ihnen deutlich die Schäden der Ausstrahlungsfröste bei Nacht, in Pica empfängt den Besucher ein dichter, dunkler Wald von kräftigen subtropischen Zitronen- und Orangenbäumen und selbst riesigen tropischen Mangos."

Der Anstieg von der intramontanen Senke der Salare bis zum Altiplano-Rand erhält wenige, zur Bildung einer Hochlandsteppe allerdings ausreichende, Niederschläge. Damit erweitert sich der wirtschaftliche Spielraum von einer flächenmäßig eng begrenzten auf eine extensiv betriebene weidewirtschaftliche Nutzung auf der Grundlage andiner Steppenweiden. Zonal wandelt sich die Zusammensetzung des Viehbestandes: Östlich von Arica - im Bereich der Sierrasiedlungen - herrschen Llamas und Alpacas vor, weiter südlich, dort, wo am Rand der Salare unterhalb der Puna die Schwemmkegeloasen liegen, dominiert die Schafhaltung. Die Siedlungsstrukturen zeigen ein ähnliches Streuungsmuster wie in den Quebradas der Küstenkordillere: zu größeren Ansiedlungen gesellen sich kleinere Häusergruppen, die sich - wie am Salar de Atacama - auf die Schluchten an seinem ostwärtigen Rand verteilen (vgl. RUDOLPH 1955, S. 167). Gegen Nordosten - im Dreiländereck Chile, Peru, Bolivien - schälen sich die traditionellen indianischen Züge der Landeskultur mit zunehmender Deutlichkeit heraus.

4.2 Innovationen und Kulturlandschaftsgenese in den Oasen

Die Rolle historischer Innovationsprozesse und ihr Einfluß auf strukturelle Wandlungen im Bevölkerungs- und Wirtschaftsgefüge der Fluß- und Quelloasen kann nur dann erfaßt und beurteilt werden, wenn entsprechend aussagekräftige Quellen vorhanden sind, die jedoch gerade für das weite Feld agrarischer Innovationen allzu oft fehlen. Umso größere Bedeutung kommt kulturlandschaftlichen Relikten zu, die für sich genommen zwar auch nur begrenzt aussagekräftig sind, aber meist die am ehesten verfügbaren - oft genug auch die einzigen - Informationen zur Problematik liefern. Auf das Erkennen und Freilegen solcher Kulturlandschaftselemente muß ihre Einordnung und Bewertung im Rahmen entsprechender historischer und geographischer Wirkungszusammenhänge erfolgen, wie das NITZ (1984) in einem grundlegenden Aufsatz forderte. Er wies nochmals deutlich darauf hin, daß Siedlungsstrukturen - im Sinn einer historisch-dynamischen Betrachtungsweise - vor dem Hintergrund politischer, gesellschaftlicher und wirtschaftlicher Rahmenbedingungen zu interpretieren sind. Die Gültigkeit dieser Forderung besteht auch für außereuropäische Räume. Gerade am Beispiel der stürmischen Entwicklung auf dem lateinamerikanischen Kontinent seit Beginn seiner Europäisierung im 16. Jahrhundert lassen sich solche überregionalen Zusammenhänge für die Siedlungsprozesse selbst in Peripherräumen aufzeigen (s. Schema, Abb. 6).

Neben der Klärung zeitlich-räumlicher Zusammenhänge müssen in weitergehenden Untersuchungen auch die einzelnen Glieder bestehender Wirkungsketten herausgearbeitet werden, z.B. das Gewicht kulturlandschaftsverändernder Impulse, wie Innovationen.

Bild 1:
Oase Mamiña (2.760 m ü.M.) am Westabfall der Präkordillere (Quelle: WEISCHET 1970 , Bild 1)

Bild 2:
Luftaufnahme von Pica (1.300 m ü.M.) (Quelle: LIGHT/ LIGHT 1946, Fig. 5)

Bild 3:
Oase Guatacondo (2.280 m ü.M.); Nutzungsflächen (im Vordergrund Alfalfa) umgeben von ca. 0,5 m hohen, aus Lockermaterial aufgeschütteten Erdwällen; über Kanäle wird das Wasser zugeleitet (*Melga*-Bewässerung) (Aufn. Ratusny 30.5.1986)

Die naturräumlichen Gegebenheiten unter den klimatischen Bedingungen des Großen Nordens erzwingen für eine Lebensweise auf agrarischer Grundlage die Verfügbarkeit und Verteilungsmöglichkeit von Wasser. Die Frage nach der Entstehung von Bewässerungsanlagen berührt daher zugleich die Frage nach dem Alter der Oasen. Archäologische und paläopedologische Forschungen haben für die Sierra- und Puna-Randsiedlungen Möglichkeiten der zeitlichen Einordnung eröffnet und zugleich Thesen zur Entstehung der Bewässerungsanlagen geliefert. Gustave LEPAIGE konnte den Nachweis einer unerwartet alten indianischen Kultur am Rand des Salar de Atacama liefern, auf die wohl auch die Anlage der Oasen zurückgeht (vermutlich zwischen 500 und 1000 n.Chr.). WRIGHT (1962, 1963) stützte die Ergebnisse LEPAIGES für die Sierrasiedlungen östlich von Arica mit bodenkundlichen Arbeitsweisen. Nach seinen Ergebnissen ist die Anlage der Terrassensysteme (indian.: *andenes*) vermutlich eine Voraussetzung für die feldbauliche Nutzung überhaupt gewesen. Nach WRIGHT entstanden die ältesten Terrassen am Rand der Quebradas vielleicht aus der Erfahrung, daß vor den Steinmauern der *corrales* für Llamas und Alpacas nach Regenfällen Feinmaterial akkumuliert wurde. Zusammen mit Viehdung bildete sich so ein Sediment, dessen lokale Bodenfeuchte länger überdauerte und die Grundlage für einen ersten einfachen Anbau abgab. Nach der Erkenntnis dieses Zusammenhangs seien dann weitere Terrassierungen vorgenommen worden.

Am Innovationscharakter solcher bewässerungs- und anbautechnischer Anlagen kann kein Zweifel bestehen. Innovation und Diffusion liegen jedoch im Dunkel der Frühgeschichte, und sie werden kaum mehr zu rekonstruieren sein. Über Hintergründe und Ursachen ihrer Verbreitung läßt sich ohne weitere Anhaltspunkte nur spekulieren, und auch über Innovationsträger und -mechanismen fehlen uns die Informationen. Sowohl einzelne Bevölkerungsgruppen, wie z.B. politische Eliten, als auch Nachbarschaftseffekte mögen steuernd zu ihrer Verbreitung beigetragen haben.

Bis zur spanischen Conquista, während der erstmals Kunde von den Oasen nach Europa drang, bleibt die Informations- und Quellenlage spärlich. Wohl vorhandene Einflüsse vorinkazeitlicher Reichsbildungen, wie sie vom bolivianischen und peruanischen Hochland ausgingen (z.B. Tiahuanaco-Kultur), wurden von jüngeren Kulturlandschaftselementen überdeckt oder sind nicht mehr eindeutig zu identifizieren. Seit 1350 gerieten die Oasen in den Einflußbereich des Inkareiches: eine wichtige Fernstraße von Cuzco über San Pedro de Atacama zu den Silberminen am Rio Copiapó und weiter nach Mittelchile nutzte sie als Relais- und Raststationen (vgl. RUDOLPH 1927, S. 569). Relikte inkazeitlicher Fluraufteilungen und ihre Bezeichnungen in Quechua stammen aus dieser Zeit.

Vor allem die Siedlungen am Rand der Puna behielten ihre Funktion als Versorgungsstützpunkte, als die Conquistadoren Diego de Almagro und Pedro de Valdivia auf ihren Eroberungszügen vom bolivianischen Altiplano in das Tal des Copiapó und in die chilenische Zentralzone vorstießen (Gründung Santiago de Chiles 1540 durch Valdivia). Mit der Konsolidierung der Kolonialherrschaft bezogen die Spanier sie in die räumliche Verwaltungsgliederung des Vizekönigreiches Peru ein. Oasen wie Codpa, Pica, Matilla und San Pedro de Atacama übernahmen Verwaltungsfunktionen, nachdem die indianische Bevölkerung weitgehend aus ihnen verdrängt worden war. Das spanische Element begann sich nun auch kulturlandschaftlich zu manifestieren: neben den barocken Kirchenbauten (Matilla, San Pedro) veränderten oft ein neuer Siedlungsgrundriß und ein anderes Nutzungsgefüge das äußere Bild der Oasen, und ein Bündel von Neuerungen technischer und agrarwirtschaftlicher Art fand Eingang, wie das Schachbrettmuster (z.B. San Pedro), die Einführung mediterraner Kulturpflanzen (Zitrusfrüchte, Oliven) und altweltliche Bewässerungstechniken. Darunter fällt besonders die Einführung der Qanatbewässerung in Pica und Matilla durch spanische Kolonisten (vgl. TROLL 1963 u. TROLL/BRAUN 1972). Pica erhielt seit dem 17. Jahrhundert zusätzliche Funktionen als Versorgungsstützpunkt der Silbermine von Huantajaya, und zugleich entstand hier ein 'Kurzentrum' für die spanischen Bergbauingenieure der Silberminen von Potosí/Bolivien. Der seitdem hier erzeugte Pica-Wein, als besonders süß und schwer gerühmt, wird noch in einem Reisebericht von 1907 (KRISCHE 1907, S. 388) und in einer der ersten Landeskunden von Chile (MARTIN 1923, S. 576) erwähnt.

Über die Aufgabe der bloßen Eigenversorgung hinaus wurden einige der Oasen in die zentralistisch organisierte Herrschafts- und Wirtschaftsstruktur der spanischen Kolonie einbezogen, während sich andere in ihrer ökonomischen Ausrichtung nicht änderten. Der Versuch einer Analyse dieser Strukturwandlungen müßte zunächst von einer politisch ausgelösten, bzw. politisch oktroyierten Neuerungswelle ausgehen. Über staatliche Initiativen erfolgte die Anlage von Schachbrettgrundrissen und teilweise wohl ebenso die Einführung des *encomienda*-Systems als herrschaftsstabilisierendes Sozial- und Wirtschaftsmuster. Für den Anbau mediterraner Kulturpflanzen sind möglicherweise andere Verbreitungsmechanismen verantwortlich; spanische Kolonisten mit ihren Ernährungsgewohnheiten und Lebensformen kämen als Träger solcher Innovationen in Frage.

Seit dem Ende des 17. Jahrhunderts bestimmte in zunehmendem Maß die bergbauliche Erschließung die wirtschaftliche Dynamik des Großen Nordens: die Bedeutung der Oasen als Versorgungsorte hielt bis in die Zeit des Salpeter-Booms, also bis zum Beginn des 20. Jahrhunderts, an. Nach der Ausbeutung der Guano-Lager entlang der 2.000 km langen Küste und der vorgelagerten Inseln (vgl. FIFER 1964) verschoben sich die bergbaulichen Aktivitäten in den beiden Dekaden 1860 bis 1880 an den Südrand der Wüste zu den Silbervorkommen von Chañarcillo im Tal des Rio Copiapó, bevor von 1900 an bis zum Ende des Ersten Weltkrieges der Abbau des Salpeters am Ostfuß der Küstenkordillere einsetzte. Nach der Weltwirtschaftskrise, die Chile zusammen mit der Entwicklung technischer Möglichkeiten zur Salpetersubstitution (Haber-Bosch-Verfahren 1917) in den europäischen Hauptabnehmerländern umso stärker betroffen hatte, wurden die Großminen des Kupfertagebaus (Chuquicamata, Portrerillos-El Salvador) neue Bergbauzentren. Zugleich löste das Kupfer den Salpeter als tragende Säule des chilenischen Außenhandels ab. In den Städten des Großen Nordens nahm die Bevölkerung durch außergewöhnlich hohe Wanderungsgewinne vehement zu, die bis in die Gegenwart fortdauern: Arica und Calama verdoppelten fast ihre Einwohnerzahl zwischen 1960 und 1970 (vgl. BÄHR 1975, S. 14).

Die Oasensiedlungen sind von dieser jüngsten Phase der wirtschaftlichen Entwicklung nicht unberührt geblieben: In der Folge der ersten bergbaulichen Erschließungsphasen waren sie die "Gemüsegärten der Salpetergebiete" (KRISCHE 1907, S.388); hinter dieser Bezeichnung verbergen sich bereits tiefe strukturelle Wandlungen in ihrem Bevölkerungs- und Wirtschaftsgefüge. Erste Abwanderungswellen standen mit den Arbeitsmöglichkeiten in den Salpeter-Oficinas in Zusammenhang, zu denen nicht nur die direkte Beschäftigung in den Förder- und Verarbeitungsanlagen zählte, sondern auch Erwerbstätigkeiten im Transportwesen als *arrieros* (Säumer) (vgl. WEISCHET 1966, S.53). In den Oasen selbst änderte sich das Nutzungsmuster zum heutigen Zustandsbild (s. Abb. 3). Der Nachschub für die in der Anökumene liegenden Abbaugebiete (Lebensmittel, Futter für Transporttiere, Brennmaterial für die Salpeterröstereien) lief über See zunächst wenig effektiv, und die Mauer der Küstenkordillere mit einer spärlichen Anzahl von Zugängen in die Pampa del Tamarugal schränkte die Zufuhr weiter ein. Die Fleischversorgung der nordchilenischen Minen deckten daher zum überwiegenden Teil die nordwestargentinischen Rinderzuchtgebiete um Salta, aus denen große Herden in mehr-

Abb. 3: Landnutzung im dorfnahen Teil der Oase S. Pedro de Atacama (Quelle: BÄHR 1975, S. 19)

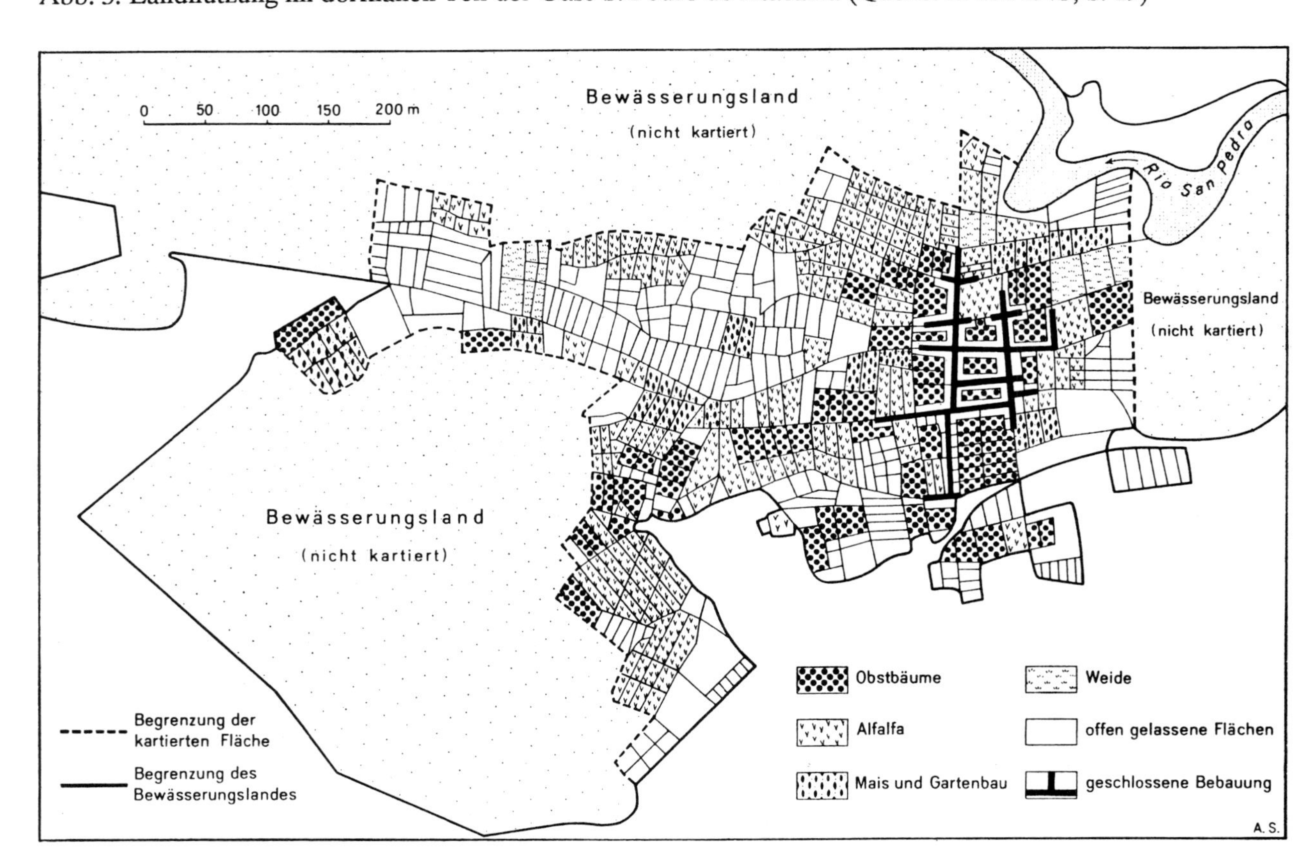

wöchigen Märschen auf *cattle trails* über die Puna nach Westen getrieben wurden (vgl. BOWMAN 1924; BÄHR 1975). Vor der Ankunft in den Minenbezirken fütterte und mästete man das Vieh; den steigenden Futtermittelbedarf deckte man mit dem zunehmenden Anbau von Alfalfa, das in einigen Oasen bald zu einer Monokultur geworden war. Die relativ rasche Diffusion von Alfalfa ist wohl über den Kontraktweg abgelaufen. Welche Mechanismen bei dieser gewinnorientierten Verbreitung noch eine Rolle gespielt haben, bleibt indessen unklar. Erst nachdem die Eisenbahnverbindung über den Socompa-Paß (3.865 m ü.M.) zwischen Chile und Argentinien 1948 fertiggestellt worden war, verringerte sich die Zahl der Viehtrecks über die Oasen, der Anteil von Alfalfa blieb jedoch hoch; noch in den 1970er Jahren stellte die Nutzpflanze flächenmäßig den größten Prozentanteil (z.B. in San Pedro de Atacama, vgl. BÄHR 1975, S. 20). Seit den 30er und 40er Jahren stiegen die Abwanderungszahlen in den Oasen weiter, Ziele der Migranten waren die Küstenstädte, die Minensiedlungen und die Hauptstadt Santiago. Die aufgelassenen Anbauflächen im heutigen Bild der Oasen und die Bevölkerungspyramiden von Putre und Toconao (s. Abb. 4) sprechen für sich (vgl. BÄHR 1972, 1974).

Abb. 4: Bevölkerungspyramiden von Putre und Toconao (Quelle: BÄHR 1972, S. 291 und 1974, S. 145)

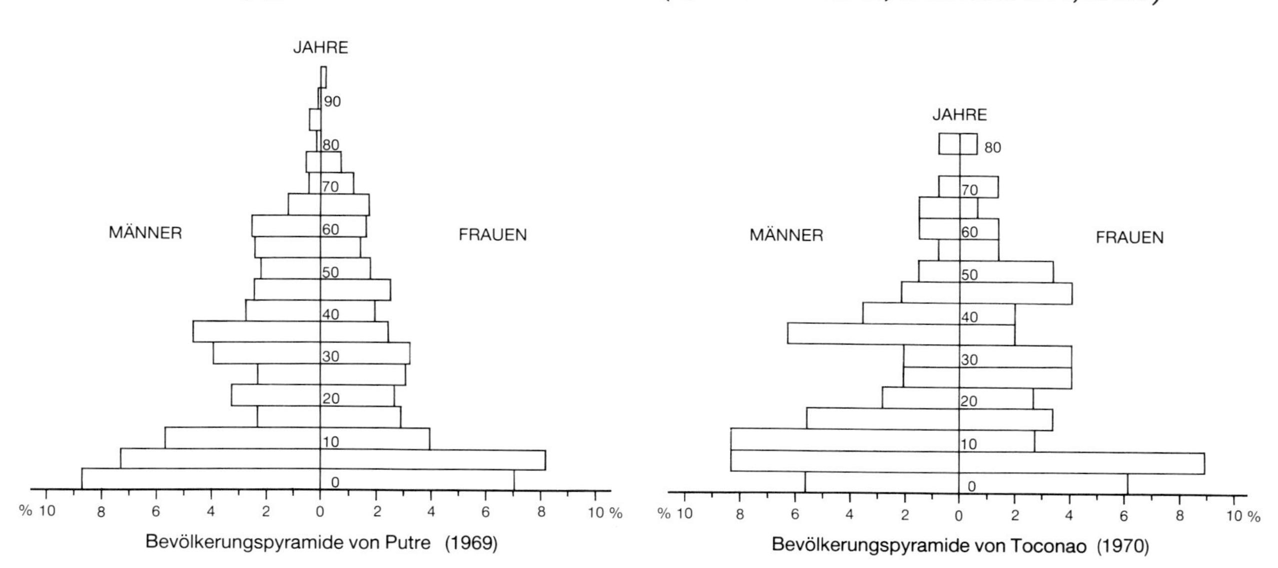

Die Situation der Oasen muß differenziert gesehen werden und läßt sich vor dem Hintergrund dreier Faktorenbündel fassen: naturräumliche Lage und Ausstattung der Oasen; individuelle historische Entwicklung und historische Innovationsprozesse; gegenwärtige wirtschaftliche und soziale Rahmenbedingungen im Großen Norden.

Die konkrete Problematik äußert sich heute in folgenden Punkten (vgl. BÄHR 1974): Technische und rechtliche Aspekte der Wasserverteilung besitzen neben der Qualität des Wassers entscheidenden Einfluß auf die Effektivität der Agrarproduktion. Die Besitzverhältnisse engen diese Produktivität weiter ein, das System der Vermarktung, gerade hinsichtlich einer Orientierung auf die Versorgung der Küsten- und Minenstädte, ist kaum entwickelt.

Die begrenzte Verfügbarkeit des Wassers im nordchilenischen Trockengebiet macht es zu einem Konkurrenzgut, um das sich Küstenstädte, Minensiedlungen und Oasen bemühen, letztere ziehen dabei deutlich den kürzeren. Die Versorgung Antofagastas erfolgt über eine 300 km lange Wasserleitung aus den Schneefeldern der Hochkordillere. Allein der Kupfertagebau von Chuquicamata benötigt 77.000 cbm Wasser pro Tag (BÄHR 1974). Flüsse werden in ihrem Quellbereich abgeleitet und erreichen die Oasen oft nicht mehr. Matilla fiel wüst, nachdem das Wasser der Oase für Iquique verfügbar gemacht wurde, und nur das Azapa-Tal zog aus der Umleitung des Rio Lauca an der bolivianischen Grenze zu Beginn der 60er Jahre Nutzen (vgl. FIFER 1964, S. 516 f.), was heftige Kontroversen mit dem Nachbarstaat auslöste. Neben der eingeschränkten Wassermenge wirkt die schlechte Wasserqualität auf eine effektive Bewässerung ein: der Rio Salado, ein Nebenfluß des Rio Loa, läßt durch seinen hohen Salzgehalt eine andere Nutzung als Alfalfa kaum zu, ähnliches gilt für das borhaltige Flußwasser des Rio Vilama. Bewässerungstechnisch herrschen traditionelle, teils bis in präkolumbianische Zeiten zurückreichende Techniken vor: während die großen Flußoasen an Azapa und Lluta mit dem *Ca-*

racol- und dem *Contreo*-System bewässern (s. Abb. 5), arbeitet man in den Kordillerenoasen mit dem *Melga*-System, das hohen Wasserverbrauch und geringe Pflanzenverträglichkeit aufweist.

Das Wasserrecht spielt in historischer Sicht eine ähnliche Rolle wie in den Oasen der Alten Welt: Es übertrifft den materiellen Wert des Bodens bei weitem. Seine gegenwärtige ungleiche Verteilung innerhalb der Oasen hat sich allmählich durch das privatrechtlich erfolgte Zuordnen unabhängig vom zugehörigen Land herausgebildet. Das von BÄHR (1974) gegebene Beispiel ist bezeichnend: In Calama verbrauchen die beiden größten Landbesitzer 75% des vorhandenen Wassers, die 194 anderen teilen sich den Rest. So werden die Bewässerungsmöglichkeiten von Kleinbetrieben weiter eingeschränkt, sie machen aber den Hauptanteil der bäuerlichen Betriebe in den Oasen aus. Die Schwerfälligkeit in der Veränderung des Nutzungsgefüges im Hinblick auf Luzerne ist bereits angesprochen worden. Sie dient heute hauptsächlich zur Ernährung des eigenen Viehbestandes, der sich in einem qualitätsmäßig sehr schlechten Zustand befindet und beim Verkauf daher auch niedrige Preise erzielt.

Pica bleibt ein Sonderfall hinsichtlich des Vermarktungssystems: Eine gewinnorientierte Produktion versorgt auch fernere Märkte. Die kleinen Pica-Zitronen und Apfelsinen werden in ganz Chile als Spezialität geschätzt. Teils bringen die Oasenbewohner ihre Erzeugnisse selbst auf den Markt, teils werden sie von Großhändlern, die auch über die Transportmittel verfügen, aufgekauft. Sie erzielen bei den ohnehin niedrigen Ankaufspreisen (Aufschläge bis 500 %) hohe Gewinnspannen. Landwirtschaftliche Absatzgenossenschaften gibt es noch kaum, oft sind die größten Landbesitzer zugleich Händler und damit aus eigenem Interesse an Kooperativen wenig interessiert (vgl. BÄHR 1974).

Der Bau der *Panamericana* scheint hier auch keine entscheidende Abhilfe gebracht zu haben: einmal läßt die Anbindung der Oasen an die Fernstraße sehr zu wünschen übrig (nach eigenen Beobachtungen noch 1986), zum anderen tritt die Obstkonkurrenz aus der Zentralzone jetzt verschärfend hinzu. Schließlich ist auch der Transport des Obstes nach Süden untersagt, weil das Einschleppen der Fruchtfliege (*mosca de fruta*) aus den tropischen Ländern Südamerikas befürchtet wird.

5. Gegenwärtige Tendenzen der Agrarlandschaftsentwicklung im Großen Norden Chiles

Während des allgemeinen Niedergangs der Oasen in den dreißiger und vierziger Jahren begannen - zeitlich verzögert - die staatlichen Bemühungen um eine Stabilisierung der agrarwirtschaftlichen Situation. Bereits WEISCHET (1966, S. 48) hatte auf die Existenz landwirtschaftlicher Versuchsstationen (*estaciones experimentales*) im Großen Norden hingewiesen, die von der staatlichen Entwicklungsgesellschaft *CORFO (Corporacion del Fomento de la Produccion)* betrieben wurden. Es handelte sich um die Stationen Baquedano, Canchones, Pintados und Esmeralda (s. Abb. 2). Seit 1962 kam ihnen die Aufgabe einer praktischen Erprobung forst- und landwirtschaftlicher Nutzungsmöglichkeiten in der Pampa del Tamarugal zu, ohne daß sie durchschlagende Erfolge erzielen konnten. Die Wahl der Anbaufrüchte (meist Leguminosen), lokalklimatische, hydrographische und edaphische Faktoren sowie ein nicht ausreichend abgestimmtes Zusammenspiel dieser Komponenten bewirkten schließlich die Aufgabe von Baquedano, Pintados und Esmeralda. Mehr Erfolg versprach die Erprobung einer Kombination aus forst- und viehwirtschaftlichen Nutzweisen auf der Grundlage einer hier natürlich vorkommenden Leguminosenart aus der Familie der Mimosen, den Tamarugen (*Prosopis Tamarugo*) die auch dem Längstal ihren Namen gegeben haben (vgl. BORSDORF 1980). Nach ersten erfolgversprechenden Versuchen mit der Zucht von Schafen in der Station Canchones auf der Basis der Früchte und Blätter des Tamarugenstrauches stellte sich die grundsätzliche Eignung dieser Pflanze als Viehfutter heraus, mehr noch, Fertilität und Wollproduktion zeitigten größere Erfolge als in der mittelchilenischen Zentralzone. Die gleichzeitig betriebene Aufzucht von Tamarugen konnte darüber hinaus gute Ergebnisse vorweisen, die die *CORFO* ab 1965 zu einem Aufforstungsprogramm bewog. Bis 1970 wurde ein Tamarugenbestand von 20.000 ha erreicht, bis 1974 waren es 30.000 ha (s. Bild 4). Zusätzlich stellten sich positive ökologische Folgen für Boden und Kleinklima ein (vgl. BORSDORF 1980, S. 205).

Sicher kann trotz dieser ermutigenden Ergebnisse keine Rede von einer flächenhaften Inwertsetzung der Atacama sein, weil die für die Existenz der Tamarugen notwendigen ökologischen Bedingungen (z.B. geringe Tiefe des Grundwasserspiegels) nicht die entsprechende räumliche Verbreitung besitzen. Aber eine sinnvoll "dosierte" Kleinviehhaltung auf der Grundlage einer angepaßten forstwirtschaftlichen Nutzung scheint erfolgversprechender zu sein als ein flächenhafter Anbau von Garten- und Feldbauprodukten, wie er von den inzwischen aufgegebenen Stationen mit wenig Erfolg erprobt wurde.

Abb. 5: Bewässerungssysteme im Großen Norden Chiles (Quelle: verändert nach BÄHR 1974, S. 135/136)

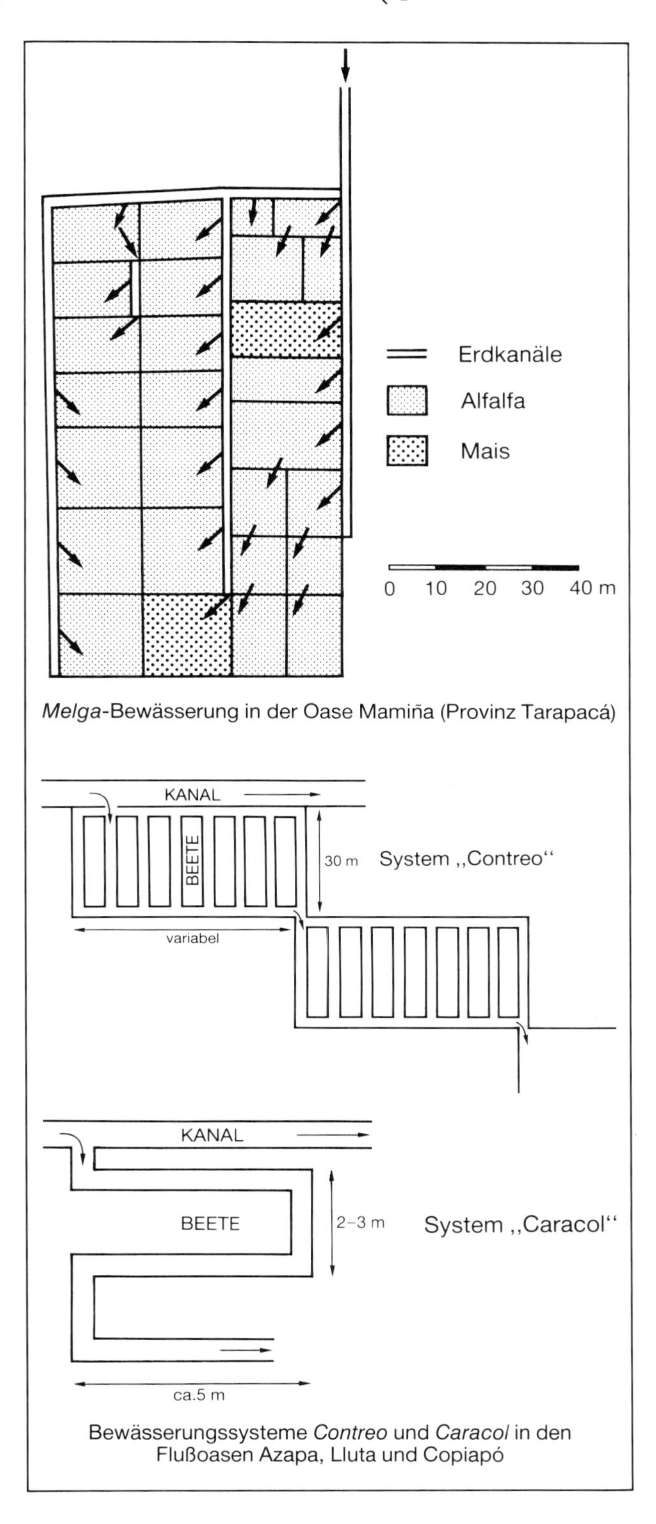

Melga-Bewässerung in der Oase Mamiña (Provinz Tarapacá)

Bewässerungssysteme *Contreo* und *Caracol* in den Flußoasen Azapa, Lluta und Copiapó

Bild 4:
Tamarugen-'Wald' in der Pampa del Tamarugal, nördlich von Huara an der *Panamericana* (ca. 20° s.Br.)
(Aufn. Ratusny 11.4.1986)

Trotz des scheinbar einheitlichen Niedergangs der Oasenwirtschaft in Nordchile lassen sich neben den staatlichen Bemühungen auch Initiativen von unten feststellen. DIAZ (1987) beschreibt von PLATT (1974) beobachtete Wanderungen indianischer Bauern (*Andean campesinos*) aus fünf Siedlungen in der Präkordillere und aus dem Altiplano in das mittlere Azapa-Tal zur Pampa Algodonal. Ohne Veranlassung durch staatliche Stellen, aber offensichtlich mit nachträglicher administrativer Billigung, konstituierte sich hier ein "neuer" Landbau, der stark auf traditionelle indianische Methoden ausgerichtet war. Als wirtschaftliche Grundlage brachten die Bauern zunächst ihren Viehbestand mit. "Today, a decade later (1977, d. Verf.), this is a garden spot, inhabited by a strong and stable nucleus of Andean inhabitants who have demonstrated not only the vitality of the lands which they have sought to make produce, but more importantly, the enormous cohesion and solidarity of their social and economic structures, which made possible the agricultural take-off in this zone" (DIAZ 1987, S. 231). Unter der Bezeichnung *Associacion Campesina Andina (A.C.A.)* erprobten die Bauern ihnen bekannte Anbau- und Bewässerungstechniken unter den spezifischen naturräumlichen Bedingungen ihrer neuen Heimat im mittleren Azapa-Tal.

6. Schlußbemerkung

Vorliegender Beitrag versucht, über längere Zeiträume hinweg Phänomene des Strukturwandels in den nordchilenischen Oasen zu beschreiben und zu erklären. Neben den spezifischen naturräumlichen Eigenheiten des Trockenraumes, die für unterschiedliche Lagebedingungen der Oasen verantwortlich sind, konnten die politisch-historischen und wirtschaftsgeschichtlichen Hintergründe ihrer heutigen Situation aufgezeigt werden (s. Abb. 6).

Sie stehen vor allem mit der Einbeziehung Südamerikas in das sich seit der spanischen Conquista entwickelnde frühneuzeitliche Weltwirtschaftssystem im Kontext. Zusammen mit dem vorkolumbianischen Kulturlandschaftserbe ergaben sich ganz bestimmte Entwicklungsmuster, in die sich die kulturlandschaftsprägenden Innovationen nach ihren spezifischen Rahmenbedingungen einordnen lassen. Im 16. und 17. Jahrhundert waren die Oasen in die politische Raumorganisation des spanischen Herrschaftssystems im Süden des Vizekönigreiches Peru und in die verkehrsgeographische Situation entlang der Wege nach Mittelchile eingebunden. In dieser Zeit ist den baulichen Umgestaltungen des Siedlungsgrundrisses, den Änderungen im Nutzungsgefüge und den Neuerungen in der Bewässerungstechnik (Qanate) wohl im engeren Sinn ein innovativer Charakter zuzusprechen. Die Ausbeutung der nordchilenischen Erze - nicht zuletzt als Fernwirkung der europäischen Industrialisierung - leitete einen zweiten Schub struktureller Änderungen ein: die ersten marktorientierten Verlagerungen im Anbauspektrum ('Gemüsegärten der Salpetergebiete') mündeten bald in großflächige Nutzungsänderungen (vor allem Alfalfa). Gleichzeitig setzten erste Bevölkerungsabwanderungen ein, die sich im Lauf des 19. Jahrhunderts, verknüpft mit dem Wachstum der Küstenstädte und Minensiedlungen, verstärkten. Nutzungsmuster, Bewässerungs- und Anbautechniken verharrten dagegen in ihren traditionellen Formen. Erst die staatliche Politik einer agrarischen Inwertsetzung der Pampa del Tamarugal brachte in Form landwirtschaftlicher Erpro-

Abb. 6: Historische und aktuelle Perspektiven des Strukturwandels in den nordchilenischen Oasen im universal- und regionalgeschichtlichen Zusammenhang - Prozesse und Ereignisse

Zeit	universalgeschichtliche Dimension	Südamerika	Oasen in Nord-Chile
2. Hälfte des 1. Jtsds. n.Chr.		frühgeschichtliche Bewässerungskulturen im westlichen Südamerika	Entstehung der ersten Terrassenanlagen
		altamerikanische Kulturen und Reichsbildungen (z.B. Tiahuanaco und Inka)	indianische Anbau- und Bewässerungstechniken, Nutzpflanzen, Sozialstrukturen
ab 16. Jhdt.	Europäische Expansion (Kolonialzeitalter)	Spanische Conquista	Einführung der Qanatbewässerung und mediterraner Kulturpflanzen, in einigen Oasen Änderungen in der Herrschafts- und Besitzstruktur
19. Jhdt.	Industrialisierung in Europa, Rohstoffbedarf der europäischen Nationalstaaten	bergbauliche Exploitation in Nord-Chile	Oasen als Versorgungsstandorte für Minensiedlungen (z.B. Gemüseanbau) und als Relaisstationen (Alfalfa-Anbau)
20. Jhdt.	Urbanisierung	Landflucht Städtewachstum	Abwanderung aus den Oasen
	Verknappung der Ressourcen	staatliche Maßnahmen der Agrarerschließung in bisher nicht inwertgesetzten Räumen	landwirtschaftliche Erprobungsstationen in der Pampa del Tamarugal; Flußumleitung des Oberlaufs des Rio Lauca
		Phänomene ethnischer Segregation	Migration indianischer Bauern von der Präkordillere in naturräumlich begünstigtere Gebiete im Bereich der Flußoasen

Entwurf: Ratusny

bungsstationen neue Impulse in diesen Raum; allein einem räumlich begrenzten Aufforstungsprogramm und einer darauf abgestimmten Kleinviehhaltung war ein begrenzter Erfolg beschieden. Eine Sonderrolle spielen Land-Land-Wanderungen indianischer Bauern von höhergelegenen, naturräumlich weniger begünstigten Räumen in der Präkordillere und am Rand der Puna talabwärts zu den Unterläufen der nördlichen Flußoasen. Diese Standortverlagerung eines Spektrums traditioneller Anbautechniken birgt dort möglicherweise den Keim zu künftigen innovativen Prozessen in sich.

Literatur

ABELE, G. (1987): Die nordchilenisch-peruanische Andenwestabdachung. Eine Landschaft der Extreme. - Geographische Rundschau, 39, S. 98-106.

BÄHR, J. (1972): Bevölkerungsgeographische Untersuchungen im Großen Norden Chiles. - Erdkunde, 26, S. 283-294.

BÄHR, J. (1974): Probleme der Oasenlandwirtschaft in Nordchile. Zeitschrift für ausländische Landwirtschaft, 13, H. 2, S. 132-148.

BÄHR, J. (1975): Migration im Großen Norden Chiles. - Bonn (Bonner Geographische Abhandlungen, 50).

BÄHR, J. (1979): Chile. - Stuttgart (Länderprofile - Geographische Strukturen, Daten, Entwicklungen) Stuttgart.

BORSDORF, A. (1980): Wälder in der Wüste. Zur Aufforstung in der Pampa del Tamarugal, Nordchile. In: Trockengebiete. Festschrift für H. Blume. - Tübingen, S. 195-209 (Tübinger Geographische Studien, 80).

BOWMAN, J. (1924): Desert Trails of Atacama. - New York (American Geographical Society, Special Publication N° 5).

DIAZ, M. A. R. (1987): Land Use Patterns in the Azapa Valley, Northern Chile. In: BROWNMAN, D. L. (Hrsg.): Arid Land Use Strategies and Risk Management in the Andes. A Regional Anthropological Perspective. - Boulder and London, S. 225-250.

Diercke Weltatlas (1988) - Braunschweig.

FIFER, J. V. (1964): Arica: A Desert Frontier in Transition. - Geographical Journal, 130, S. 507-518.

Instituto Geografico Militar (Hrsg.) (1985): Atlas Geografico de Chile Para la Educacion. Santiago de Chile.

KRISCHE, P. (1907): Oasenkultur in der chilenischen Wüste Atacama. Nach einem Reisebericht von Dr. Simon, Santiago. - Der Tropenpflanzer, 11, S. 387-392.

LEPAIGE, G. (1958): Antiguas Culturas Atacameñas en la Cordillera Chilena. - Teil 1: Revista de la Universidad Católica, 43, S. 138-165. Teil 2: Anales de la Universidad Católica de Valparaiso, 4 u. 5, S. 4-5 u. S. 15-143.

LIGHT, M., R. LIGHT (1946): Atacama Revisited. "Desert Trails" seen from the Air. - Geographical Review, 36, S. 525-545.

MARTIN, C. (1923): Landeskunde von Chile. - 2. Aufl., Hamburg.

NITZ, H.-J. (1984): Siedlungsgeographie als historisch-gesellschaftswissenschaftliche Prozeßforschung. - Geographische Rundschau, 36, S. 162-169.

PLATT, T. (1975): Experiencia y Experimentacion: Los Asentamientos Andinos en las Cabeceras del Valle Azapa.-Chungará, 5, S. 33-60, Arica.

RUDOLPH, W. E. (1927): The Rio Loa of Northern Chile. - Geographical Review, 17, S. 553-585.

RUDOLPH, W. E. (1955): Licancabur: Mountain of the Atacameños. - Geographical Review, 45, S. 151-121.

SCHMITHÜSEN, J. (1956): Die räumliche Ordnung der chilenischen Vegetation. In: J. SCHMITHÜSEN, E. KLAPP, G. SCHWABE (Hrsg.): Forschungen in Chile. - Bonn, S. 1-89 (Bonner Geographische Abhandlungen, 17).

SEPULVEDA, G. S. (1962): Regiones Geográficas de Chile. In: Geografia Económica de Chile, Bd. 4. - Santiago.

TROLL, C. (1963): Qanat-Bewässerung in der Alten und Neuen Welt. Ein kulturgeographisches und kulturgeschichtliches Problem. - Mitteilungen der Österreichischen Geographischen Gesellschaft, 105, H. 3, S. 313-330.

TROLL, C., C. BRAUN (1972): Die Qanat- oder Karez-Bewässerung in der Alten und Neuen Welt als Problem der Universalgeschichte. In: C. TROLL, C. BRAUN (Hrsg.): Madrid. Die Wasserversorgung der Stadt durch Qanate im Lauf der Geschichte. - Mainz/Wiesbaden, S. 5-29 (Akademie der Wissenschaften und der Literatur Mainz, Abhandlungen der mathematisch-naturwissenschaftlichen Klasse, Nr. 5).

WEISCHET, W. (1966): Zur Kulturgeographie der Nordchilenischen Wüste. - Geographische Zeitschrift, 54, S. 39-71.

WEISCHET, W. (1970): Chile. Seine länderkundliche Individualität und Struktur. - Darmstadt (Wiss. Länderkunden, 2/3).

WRIGHT, Ch. (1962): Some terrace systems of the Western hemisphere and Pacific islands. A pedologist's comment on the origin, nature and distribution of agricultural terracing. - Pacific Viewpoint, 3, S. 97-101.

WRIGHT, Ch. (1963): The Soil Process and the Evolution of Agriculture in Northern Chile. - Pacific Viewpoint, 4, S. 65-74.

Armin Ratusny, Wiss. Mitarbeiter
Lehrstuhl I für Geographie der Universität Passau
Schustergasse 21, 8390 Passau

Herbert Popp

Saharische Oasenwirtschaft im Wandel

Wir Mitteleuropäer verbinden mit dem Begriff Oase, speziell wenn er sich auf saharische Gebiete bezieht, zwei, alle anderen Aspekte dominierende Assoziationen:
-- Zum ersten denken wir an ehemals bedeutende Etappenstandorte im Fernhandelsverkehr durch die Wüste. Ghadamès, Ouargla, Sijilmassa oder Tamdoult sind bis auf den heutigen Tag wohlklingende Namen von Vegetationsinseln in vollarider Umgebung (vgl. Bild 1), deren frühere Bedeutung mit Produkten wie Salz, Sklaven, Indigo, aber auch Gold, Silber und Kupfer verknüpft ist, die mittels Kamelkarawanen an- bzw. abtransportiert wurden.
-- Zum zweiten denken wir an üppige Palmengärten, malerische Landschaft, aber ebenso auch an traditionelle Wirtschafts- und Sozialstrukturen, Isolation, ja Rückständigkeit.

So sehr Oasen aufgrund ihrer Exotik immer ein reizvolles Thema sind, mag es doch zunächst überraschend erscheinen, sie in einem Band berücksichtigt zu finden, der sich mit "Innovationsprozessen in der Landwirtschaft" befaßt. Dieser vermeintliche Widerspruch löst sich jedoch sehr schnell auf. Das eingangs skizzierte Oasen-Image des "Durchschnitts-Mitteleuropäers" ist nämlich höchst einseitig, ja falsch. Es bedarf einer nachhaltigen Relativierung und Ergänzung. Die meisten Schulbücher (sofern sie die Oasenwirtschaft in Nordafrika überhaupt thematisieren) reproduzieren bislang noch die Vorstellung, es handle sich um Inseln der Tradition und des Immobilismus[1]. Neuere Forschungen verschiedener Wissenschaftler in den letzten Jahren ermöglichen es dagegen, ein weit differenzierteres Bild zu entwerfen.

Das Leitmotiv der folgenden Ausführungen ist somit eine Antwort auf die Fragen: Sind Oasen tatsächlich landwirtschaftliche Reliktgebiete? Handelt es sich um archaische, statische Produktionsweisen, die in unserer modernen Zeit zum Untergang verurteilt sind -- und allenfalls noch als museale Survivals ein gewisses touristisches Interesse beanspruchen können? Führt die räumliche und funktionale Isolierung der Oasensiedlungen zu einer Konservierung altüberkommener Elemente der Stagnation? Oder gibt es vielleicht doch ganz grundlegende Wandlungsprozesse, Neuerungen -- somit Innovationen --, von denen wir bisher nur nicht genügend Kenntnis genommen haben?

1. Basisinformationen zur traditionellen Oasenwirtschaft

Bevor im folgenden auf einzelne Innovationsprozesse in der saharischen Oasenwirtschaft eingegangen wird, sind noch einige Vorbemerkungen zu der Vorgehensweise in diesem Beitrag vonnöten:

1. Zunächst soll mit dem Oasenbegriff begonnen werden, um eine Argumentationsbasis zu schaffen.

2. Danach sollen in einer Art Typologie die im nordsaharischen Bereich vorkommenden unterschiedlichen Wassergrundlagen und -fördermethoden beschreibend vorgestellt werden. Dabei werden auch exemplarisch traditionelle Wasserrechte und -verteilungsprinzipien ausgeführt.

3. Das Hauptanliegen, die Behandlung von Innovationsprozessen in der Oasenwirtschaft des nordsaharischen Raumes, wird an vier Fallstudien eingelöst, die auch je einen unterschiedlichen Innovationstyp verkörpern sollen:

J.-B. Haversath, K. Rother (Hrsg.): Innovationsprozesse in der Landwirtschaft
Passau 1989 (Passauer Kontaktstudium Erdkunde)

Bild 1 : Libysche Oase Djaufra (alter Kupferstich) (Quelle: ROHLFS 1881)

-- die Oasen des Gourara (insbesondere Timimoun),
-- die Oasen des M'zab (vor allem Ghardaïa und Beni Isguen)
-- die Todhra-Oase am Südrand des Hohen Atlas und schließlich
-- die Oase Figuig an der marokkanisch-algerischen Grenze.

a. Der Oasenbegriff

In der geographischen Literatur wird der Oasenbegriff nicht einheitlich verwendet, so daß eine strenge Definition wenig hilfreich wäre (vgl. SCHIFFERS 1970, MÜLLER-HOHENSTEIN 1979, SCHLIEPHAKE 1982). Es gibt aber einen gewissen Kanon von Merkmalen, die unumstritten sind:

1. Inselhafte Lage eines landwirtschaftlich auf der Basis von Bewässerung genutzten Gebietes inmitten ackerbaulich ungenutzten Areals in semi- bis vollariden Steppen- und Wüstengebieten.

2. Hohe Anbauintensität, die in der Regel in mehreren, nämlich drei Anbaustockwerken ihren Niederschlag findet: oberstes Stockwerk der Dattelpalmen, mittleres Stockwerk der Fruchtbäume (z.B. Granatäpfel, Mandeln, Agrumen, Ölbäume), unteres Stockwerk der Bodenkulturen.

3. Auch wenn dies bei vielen Autoren nicht gefordert wird, spielt die Vorstellung von einer Dominanz der Dattelpalme als Anbaukultur und eine Verbreitung im islamischen Orient (d.h. zwischen Südmarokko und Sinkiang) eine große Rolle (vgl. SCHIFFERS 1970). Doch sind beide Merkmale nicht mit Ausschließlichkeitsanspruch zu sehen: In hochgelegenen saharischen Oasen (z.B. oberes Dadèstal oder Hoggarmassiv) sind infolge zu hoher Frostgefährdung keine Dattelpalmen zu finden; daß ein weit gefaßter Oasen-Begriff mit guten Gründen auch in der Neuen Welt verwendet werden kann, zeigt der Beitrag von A. RATUSNY in diesem Band.

Im Gebiet der nördlichen Sahara sind die drei geforderten Merkmalsgruppen in der Regel erfüllt. Die wichtigsten Oasen sind von Osten nach Westen fortschreitend:
-- die Nilstromoase in Ägypten,
-- die libyschen Oasen Kufra, Murzuq, Sebhah und Ghadamès,
-- die algerischen Oasen des Souf, des Oued Rhir, des M'zab, des Gourara, des Tademaït und des Tidikelt, des

Touat und des Saouratales,
-- die marokkanischen Oasen Tafilalet, Todhra und Drâa.

b. Typisierung der Oasen

Als Typisierungsmerkmale für Oasen bieten sich in allererster Linie die Herkunft des verfügbaren Wassers und die Art der Wassergewinnung an. Generell kann man dabei drei Haupttypen unterscheiden:
-- Oasen auf der Basis von Flüssen (Oberflächenwasser)
-- Oasen auf der Basis einer Grundwasserförderung
-- Oasen auf der Basis von Quellaustritten.

Großräumig gesehen sind diese Haupttypen in ganz unterschiedlicher Verteilung vertreten. Es dominieren
-- in Ägypten die Flußoase des Nils
-- in Libyen die Grundwasseroasen (z.B. Kufra oder Sebbah)
-- in Tunesien die Quelloasen (z.B. Tozeur)
-- in Algerien die Grundwasseroasen (z.B. Souf, M'zab, Gourara)
-- in Marokko wiederum die Flußoasen (z.B. Drâatal, Tafilalet).

Damit zeigt sich bereits, daß ein weites Spektrum von natürlichen Grundlagen für die Wassergewinnung in den Oasen des nordsaharischen Raumes existiert. Und sicherlich ist die Frage möglicher innovativer Prozesse nicht ganz unabhängig von der Art der Wassergewinnung zu sehen.

Die wichtigsten Wasserfördertechniken der traditionellen Oasen sind zuweilen recht ausgeklügelt. Eine besonders weit verbreitete, auf der Gewinnung von Oberflächenwasser (Flußläufen oder Quellen) basierende Technik ist die *Séguia*-Bewässerung. Hierbei handelt es sich um die Ablenkung eines Wasserlaufes durch eine kleine Staumauer aus Felsmaterial im Flußbett in einen offenen Erdkanal (vgl. Abb. 1a). Dieser Kanal hat ein etwas geringeres Gefälle als der Flußlauf, und dadurch gewinnt man im Talverlauf nach einer gewissen Strecke gegenüber dem Talboden an Höhe. Aus dem Kanal erfolgt die weitere Verteilung des Wassers bis auf das einzelne Feld.

Verglichen mit der *Séguia*-Bewässerung sind die Fördertechniken, die auf der Gewinnung von Grundwasser basieren, zwar meist weniger ergiebig; sie verdienen aber aufgrund ihrer bemerkenswerten technischen Fördereinrichtungen und ihrer weiten Verbreitung unser Interesse.

Das technologisch wohl eindrucksvollste System zur Grundwasserförderung ist das auf der Basis von Galeriestollen funktionierende System, das man als *Khanat*, in Persien auch *Karez*, in Algerien als *Foggara* und in Marokko als *Khettara* bezeichnet. Hierbei wird ein Stollen gegraben, der einen Grundwasserkörper anschneidet und von diesem unterirdisch Wasser ableitet. Am Austritt des *Foggara*-Stollen an die Oberfläche steht dann Wasser zur Verfügung, das oft noch in Speicherbecken zwischengelagert wird, bis es auf das einzelne Feld gelangt. Im Gelände sind vor allem die Auswurftrichter der Luftschächte ein typisches Erkennungsmerkmal der *Foggaguir*; in einer perlschnurartigen Abfolge treten sie -- abhängig von der Härte des Gesteins -- in Abständen von meist 10-50 m auf (vgl. Abb. 1c).

Die bekanntesten *Foggara*-Oasen in Nordafrika sind die algerischen Gourara-, Touat- und Tidikelt-Oasen, aber auch das Haouz von Marrakech. In unserem Jahrhundert geht die Bedeutung der *Foggara*-Bewässerung ständig zurück. Viele unterirdische Stollen sind bereits trockengefallen und werden nicht mehr instandgehalten. Die gefährliche und schwierige Arbeit des Aushubs von Gesteinsmaterial (sowohl bei der Neuanlage als auch bei laufenden Reparaturen) wurde früher vorwiegend von Negersklaven (*Harratin*) durchgeführt, die es mittlerweile nicht mehr gibt. Oft hat auch durch externe Einflüsse die Grundwasserführung nachgelassen; daneben ist der zu investierende Arbeitsaufwand selbst bei den üblichen niedrigen Löhnen zu hoch.

Sehr weit verbreitet sind die traditionellen Ziehbrunnen, die mit Hilfe eines Leder- oder Gummisacks, der mit zwei Seilen über eine Rolle geführt wird und durch ein Zugtier Wasser an die Oberfläche fördert, betrieben werden: die *Delou*-Brunnen, in Südmarokko auch *Arhrour*-Brunnen genannt (vgl. Abb 1d). In den Brunnenschächten wird Wasser aus einer Tiefe von meist 10-30 m Tiefe, vereinzelt auch bis zu 50 m Tiefe gefördert. Die *Delou* gibt es in mehreren saharischen Teilregionen; beispielhaft seien nur Ghadamès, die M'zab-Oasen und die marokkanische Chtouka-Ebene genannt.

Abb. 1 : Wasserfördertechniken in der traditionellen Bewässerungslandwirtschaft der Maghrebländer (Quelle: eigener Entwurf)

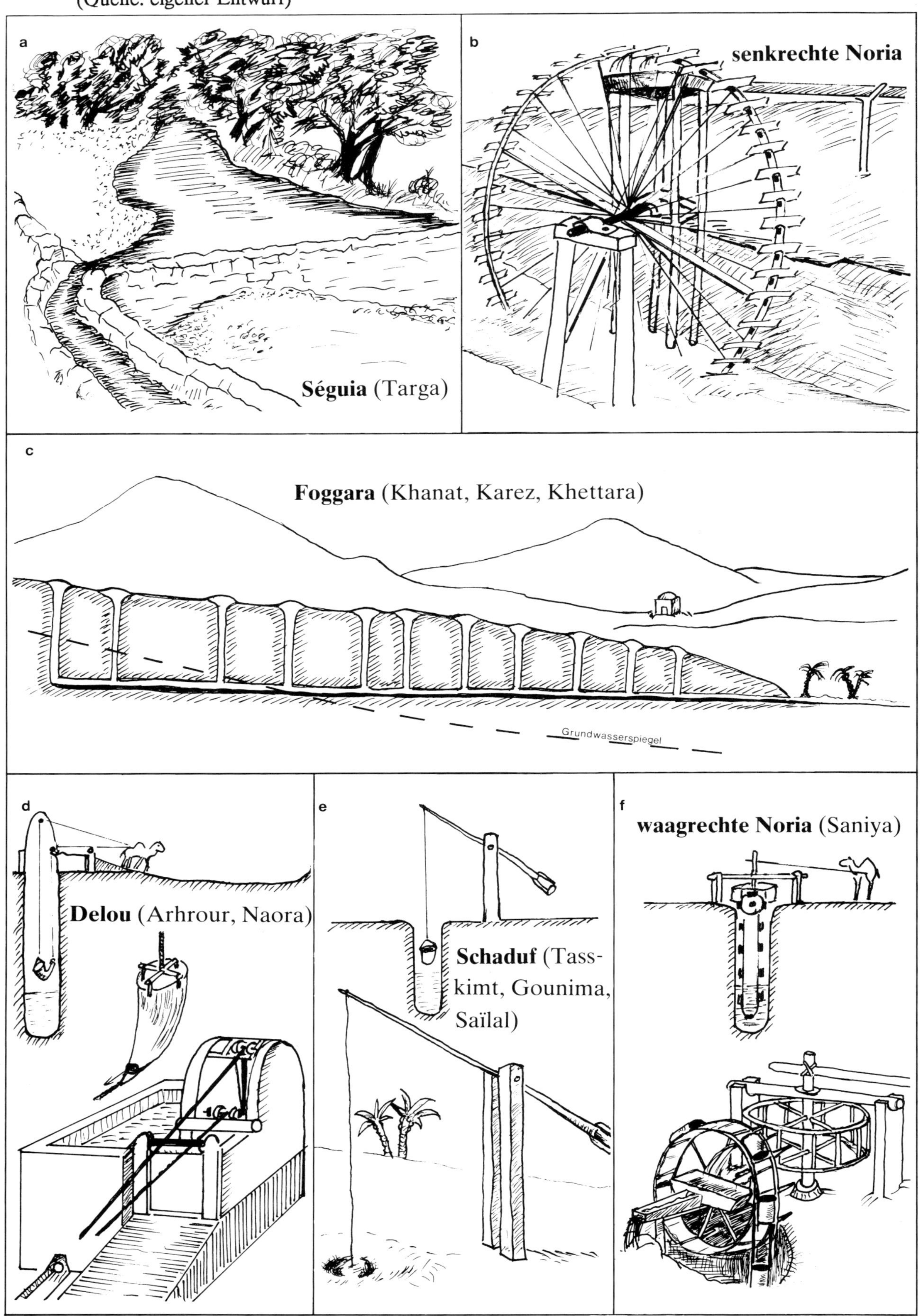

Schließlich muß noch die *Schaduf*-Bewässerung erwähnt werden, die in Algerien auch *Gounima* oder *Tasskimt*, in Marokko *Saïlal* genannt wird. Sie hat ihre wichtigste Verbreitung außer am Nil vor allem am Rand der großen algerischen und libyschen *Ergs* (Sandwüsten), so z.B in Kerzaz (vgl. Bild 2) oder Bardaï. Hier wird mit Hilfe eines Hebelarmes, an dessen einem Ende ein Seil und ein Wassersack, an dessen anderem Ende ein Gegengewicht befestigt ist, durch bloße Kippbewegung Grundwasser aus zumeist nicht mehr als 5 m Tiefe gefördert (vgl. Abb. 1e).

Norias, sei es als Göpelwerk oder als senkrecht stehendes Wasserrad (vgl. Abb. 1b und 1f), oder die archimedische Schraube, die am Nil Verwendung findet, sind zwar der Vollständigkeit halber als Techniken zu erwähnen. Aber sie spielen keine nennenswerte Rolle in der traditionellen Oasenwirtschaft.

Bild 2 : Schadufbrunnen (Gounima, Tasskimt) in Kerzaz, am Ostrand des Grand Erg Occidental (19.10.1983)

c. Traditionelle Formen der Sozialorganisation in den Oasen

Lediglich in geraffter Form soll im folgenden noch auf wenige Aspekte der Sozialorganisation von Oasen eingegangen werden. Dabei werden Fragen der Wasserrechte und der Wasserverteilung deshalb in den Vordergrund gestellt, weil diese zum Verständnis der jungen Wandlungen wichtig sind. Als Beispiel dient uns die marokkanische Drâa-Oase (vgl. MÜLLER-HOHENSTEIN/POPP 1990).

Im Falle dieser Flußoase zweigt ein Hauptkanal, eine *Séguia* (bzw. berberisch eine *Targa*) vom *Oued* ab, um für einige Dörfer die Bewässerung zu sichern: hier die Targa von Tamnougalte. Am Südrand der Abb. 2 verläuft eine weitere *Séguia*, die Targa Tounfella. Sie fließt zwar durch das von unserer *Séguia* bewässerte Gebiet, dient jedoch zur Wasserversorgung eines weiter flußabwärts anschließenden Areals.

Das Wasser gelangt, lediglich der Schwerkraft folgend, vom Hauptkanal (*Séguia*, *Targa*) in Sekundärkanäle (*Mesref*, *Aghlane*), um dann schließlich auf dem einzelnen Feld (*Gammoun*) eingestaut zu werden. Die Wasserverteilung erfolgt nach einem Modus, der zwischen allen beteiligten Dörfern -- hier sieben Oasendörfern, darunter auch Tamnougalte, Asselim N'Izder und Zaouit Souk -- genau bekannt ist. Meist bestehen die Verteilungsrechte und -modalitäten im Prinzip bereits seit Jahrhunderten, was kleinere Modifizierungen seither nicht ausschließt.

Zum Zweck der Wasserverteilung unter den Dörfern wird eine genau definierte Zeitperiode für den einmaligen Wasserumlauf unter allen Berechtigten zugrundegelegt, die *Nouba*, die in unserem Fall 13 Tage beträgt. An der Targa Tamnougalte haben nun am Gesamtumlauf von 13 Tagen die Dörfer in Abb. 2 folgende Anteile: Tamnougalte 4 Tage, Zaouit Souk 1 Tag -- d.h. Tamnougalte ist relativ reichlich mit Wasser versorgt, wohingegen Zaouit Souk unter Wasserknappheit leidet.

Abb. 2 : Traditionelle Séguia-Bewässerung in der Flußoase des Oued Drâa im Bereich der Targa von Tamnougalte (Quelle: OUHAJOU 1982)

Zuständig für die korrekte Befolgung der Wasserverteilung gemäß den Wasserrechten ist jeweils ein Wächter, *Amazzal* oder *Sraïfi* genannt. Er wird jährlich von der Versammlung der Nutzungsberechtigten gewählt und gilt als ausgesprochene Vertrauensperson. Die eigentliche Wasserverteilung innerhalb der Sekundärkanäle folgt im wesentlichen einem der drei nachfolgend genannten Prinzipien:

-- *Allam*: Vom Oberlieger zum Unterlieger fortschreitend werden die Felder nacheinander mit Wasser überstaut, bis sie schließlich alle versorgt sind. Sollte im Rahmen eines Umlaufes ein Teil der Felder kein Wasser mehr erhalten, wird das Prinzip beim nächsten Mal an der Stelle fortgesetzt, wo das letzte Mal aufgehört wurde.

-- *Tiremt*: Auf der Basis der agnatischen Gliederung, d.h. der Sippenstruktur, wird die verfügbare Zeit untergliedert. Jede Sippe verfügt über ein festes Zeitintervall, und sie einigt sich intern über die Detailregelung.

-- *Hbel*: Die Wasservergabe erfolgt proportional zur Fläche der Felder, wobei die Fläche mit einem Seil (*Hbel*) gemessen wird. Der Zeitanteil für die Bewässerung pro Feld ergibt sich als Quotient aus der Fläche des einzelnen Feldes zur Gesamtfläche der Felder, bezogen auf eine *Nouba*.

Der *Ksar*, die befestigte Dorfgruppe von Tamnougalte, gliedert sich baulich und sozial in die folgenden vier Viertel:
-- Tighremt (außerhalb der Abb. 2 gelegen) mit den sozial hochstehenden Familien, die ihre Genealogie auf den Propheten zurückführen können;
-- Asselim N'Oufella als sozial heterogenes Viertel;
-- Zaouit Sidi Mouloud, von freien Berberfamilien (*Imazighen*) bewohnt, ist der ehemalige Sitz des *Kaïd*-Palastes von Tamnougalte;
-- Asselim N'Izder, das auch baulich separierte Viertel, wird von negroider, ehemaliger Sklavenbevölkerung (*Harratin*) bewohnt, die sozial in der Rangordnung am tiefsten einzuordnen ist.

Diese bauliche und soziale Gliederung wird nun voll auf die Bewässerungsflur projiziert: auch sie ist in vier Zonen unterteilt, und jedes Flurviertel (*Anmouter*) weist den Namen des dazugehörigen Viertels auf. Jedes der vier Viertel hat am Gesamtwasseranteil pro *Nouba* von 4 Tagen für Tamnougalte einen Tag zu seiner Verfügung. Derart spiegelt sich die Sozialhierarchie in der Wasserverfügbarkeit wider: Der *Harratin-Ksar* von Asselim N'Izder besitzt für eine Fläche von 41 ha lediglich die gleichen Wasserrechte wie der *Kaïd-Ksar* von Zaouit Sidi Mouloud mit lediglich 17 ha.

Wir wollen an dieser Stelle abbrechen. Es war notwendig, in komprimierter Form einen gewissen Kenntnisstand über die traditionelle Oasenwirtschaft zu vermitteln, um die Innovationsprozesse verstehen zu können, die auf derartigen Ausgangsstrukturen basieren.

2. Innovationsprozesse in ausgewählten saharischen Oasen

Die Innovationen, über die im folgenden berichtet wird, sind natürlich nicht als Neuerungen in dem Sinn aufzufassen, daß hier Anbautechniken, Anbaufrüchte, Organisationsformen u.ä. auftauchen, die außerhalb der angesprochenen Oasen noch überhaupt nicht existieren. Eine derartige Einschränkung fordert der Innovationsbegriff auch gar nicht: Was in der einen Region eine Innovation darstellt, kann in einer anderen Region bereits längst zum Bestand an Sachgütern und Verhaltensweisen gehören oder gar bereits wieder verschwunden sein.

Die wohl einschneidendsten Innovationen, welche saharische Oasen betroffen haben, hängen mit der Erdölwirtschaft zusammen. Entweder entstanden aus explorationstechnischen Gründen campartige Siedlungen ex nihilo, die mit Grundwasser aus Pumpen versorgt werden und zuweilen als "Oasen" bezeichnet werden, oder es wurden bereits bestehende Oasen durch den Einfluß von außen derart überformt und verändert, daß die ursprüngliche Basis ihres Wirtschaftslebens nicht mehr wiederzuerkennen ist. Die algerischen Oasen Edjeleh oder Hassi Messaoud sind hierzu zu rechnen. Nur mittelbar mit der Erdölwirtschaft hat die Erweiterung der Kufra-Oase in Ostlibyen zu tun, wo auf der Basis einer kostenaufwendigen Grundwasserförderung 10.000 ha Landes über Kreisberegner neu für Bewässerungskulturen erschlossen wurden. Kufra, das ja bereits in unseren Schulatlanten berücksichtigt wird (vgl. DIERCKE Weltatlas 1974, S. 101), ist ein Mißerfolg, sank doch bereits in den beiden ersten Jahren der Wasserförderung der Grundwasserspiegel um 30 m ab[2]. Man hört kaum mehr Neuigkeiten über das sog. Produktions-Projekt; vermutlich gäbe es auch wenig Erfolgsmeldungen zu berichten. Die traditionelle Oasenflur in Kufra wurde durch die Grundwasserabsenkung betroffen: zahlreiche Dattelpalmen starben ab; die Wasserversorgung wurde prekärer (vgl. ALLAN 1984).

Solche soeben vorgestellte Beispiele, verursacht durch externe Einflüsse und lediglich begründet in der Ausbeutung reicher Lagerstätten, sind in unserem Zusammenhang weniger interessant. Es sind ja nicht die Oasenbewohner selbst, die innovative Prozesse eingeleitet haben. Vielmehr trug ein (meist kurzfristiger) Boom -- durchaus vergleichbar den Goldgräbersiedlungen Nordamerikas -- dazu bei, daß einige Oasen völlig überformt wurden. In vielen Fällen hat ein solcher Boom auch nachhaltige Negativfolgen auf die Oasenwirtschaft infolge einer Übernutzung der beschränkt verfügbaren Wasserressourcen: Raubbau von Grundwasser ermöglicht vielleicht einen kurzfristigen wirtschaftlichen Erfolg; dieser schlägt jedoch mittel- und langfristig ins Gegenteil um.

a. Beispieloase Timimoun

Die klassische *Foggara*-Oase Timimoun (vgl. Bild 3) liegt weitab der algerischen Wirtschaftszentren: bis Algier sind es über 1.250 km, bis Ghardaïa 660 km. Bei der letzten Volkszählung 1977 waren 59 % der Erwerbstätigen im Wilaya Adrar, zu dem Timimoun gehört, in der Landwirtschaft tätig. Das ist der höchste Wert des ganzen Landes; er liegt etwa doppelt so hoch wie im Landesmittel (*Résultats préliminaires* 1978, S. 30). Seither dürfte der Prozentanteil etwas zurückgegangen sein, doch dominiert die Landwirtschaft, und das heißt hier die Oasenwirtschaft, noch bei weitem.

Die Gemeinde Timimoun hat von 1966-1977 um etwa 5.500 Personen auf 20.500 Einwohner zugenommen (*Répartition de la population* 1979a, S. 7). Noch überraschender als das Wachstum der Großoase selbst ist die Bevölkerungszunahme in den umliegenden Kleinoasen, die nicht nur als *Foggara*-Oasen, sondern (am Rand des Großen westlichen Erg gelegen) als *Tasskimt*-Oasen oder als *Beurda*-Oasen[3)] bzw. neuerdings als Pumpbewässerungsoasen betrieben werden. In den vergangenen 25 Jahren stieg deren Einwohnerzahl um 14.000 an (BISSON 1983). Neben einem natürlichen Bevölkerungswachstum ist es vor allem der Wanderungsgewinn infolge der Verwaltungsfunktion von Timimoun als Hauptort einer Daïra[4)], die zu dieser Expansion führte.

Mit der Bevölkerungszunahme in Timimoun und Umgebung verbunden ist, daß nunmehr ein wachsender Markt für agrarische Produkte existiert. Der eigentliche Ort Timimoun (nicht die Gemeinde, sondern das Dorf) hat sich von knapp 3.000 Einwohnern in den fünfziger Jahren zu einer Kleinstadt mit über 8.000 Einwohnern entwickelt (vgl. Abb. 3). Viele von diesen Menschen sind in der Verwaltung tätig, betreiben keinen eigenen Gartenbau, bilden aber ein Konsumpotential.

Die *Foggara*-Oase Timimoun, die über keine weiteren Wasserreserven verfügt, war nicht in der Lage, die gewachsene Nachfrage nach landwirtschaftlichen Produkten, insbesondere nach Gemüse, zu befriedigen. Dabei spielt eine wichtige Rolle, daß das Wasser der *Foggaguir* im Rahmen der algerischen "Agrarrevolution" verstaatlicht und die *Khammès* (die rentenkapitalistischen Teilpächter) abgeschafft wurden. Sie suchten verstärkt Arbeit im Bausektor; für eine intensive Oasenwirtschaft stand folglich nicht mehr genügend Arbeitskraft zur Verfügung: ein Extensivierungsprozeß in der Oase Timimoun trat ein.

Dafür produzierten nun in verstärktem Maße die nicht verstaatlichten Kleinoasen der Umgebung, so daß es mittlerweile einen richtiggehenden Gemüsegürtel um Timimoun gibt. Die feststellbaren Innovationsprozesse in diesen Kleinoasen können folgendermaßen charakterisiert werden: Das oberflächennahe Grundwasser wird verstärkt mit Hilfe von Motorpumpen anstelle von *Tasskimt*-Brunnen gefördert. Die wichtigste Anbauorientierung gilt nicht mehr, wie bisher, den Datteln, sondern dem Gemüse (insbesondere den Tomaten). Der Transport von den abseits aller Asphaltstraßen gelegenen Kleinoasen nach Timimoun erfolgt auf unorthodoxe, aber höchst effiziente Weise: mit Eseln über den *Erg*; mit bereiften Karren in jenen Fällen, da die produzierende Kleinoase nahe der Asphaltstraße liegt; auf leeren, geländegängigen Lastwagen, die zur Versorgung

Bild 3 : Blick von Timimoun über die Foggara-Oase und ihren Dattelpalmenbestand zur Sebhka (3.3.1989)

Abb. 3 : Funktionale Gliederung von Timimoun (Quelle: BISSON 1983a)

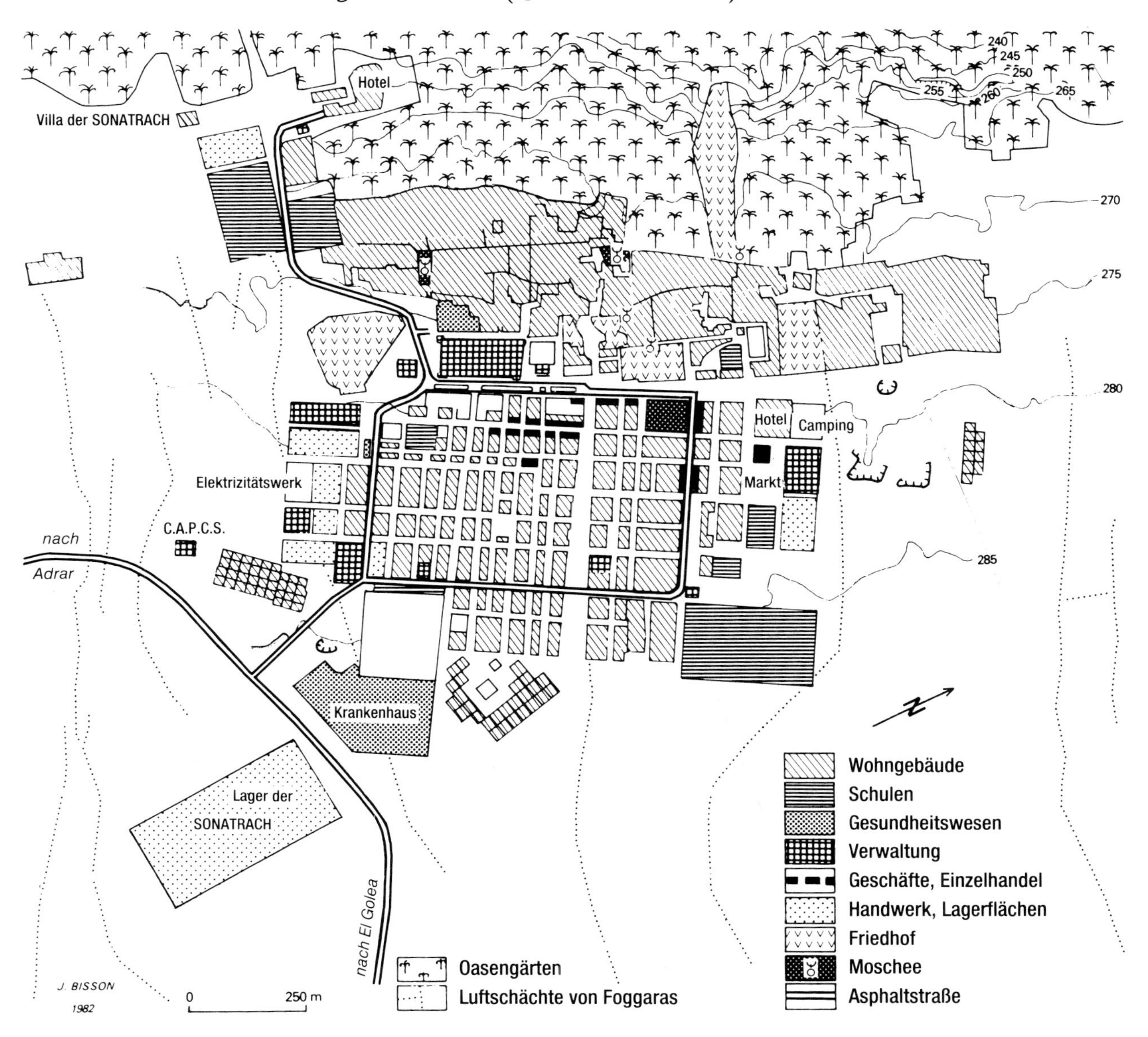

der Schulkantinen in die Kleinoasen kommen und nun nicht leer, sondern mit Gemüse beladen ihre Rückfahrt antreten -- derartige Möglichkeiten sind in einem Raum praktikabel, wo jeder jeden kennt (vgl. BISSON 1983).

BISSON (1983, S. 22 f.) glaubt sogar so etwas wie Thünen'sche Intensitätsringe um Timimoun ausgemacht zu haben (vgl. Abb. 4):

-- In einer besonders nahen Zone um den Hauptort Timimoun, und zwar nur in den an der Asphaltstraße gelegenen Dörfern, dominiert das Berufspendeln in den Verwaltungsmittelpunkt. Dort sind keinerlei landwirtschaftliche Intensivierungstendenzen festzustellen.

-- In weiterer Entfernung entlang der Asphaltstraße oder näher an Timimoun, aber weitab der Asphaltstraße, gibt es eine jüngere Spezialisierung auf Gemüseanbau in den Kleinoasen (in Abb. 4 dargestellt mit den dicken schwarzen Pfeilen).

-- Schließlich gibt es noch einen äußeren Kleinoasengürtel um Timimoun, der dadurch gekennzeichnet ist, daß dort zwar noch eine traditionelle Oasenwirtschaft betrieben wird, jedoch nur im Nebenerwerb. Die Fellachen sind allerdings zum größten Teil nicht in Timimoun in einem außerlandwirtschaftlichen Beruf tätig, sondern in Ghardaïa, Adrar oder Arzew. Meist sind die Oasenbauern nur wenige Monate im Jahr vor Ort. Auch wenn sie die finanziellen Mittel besitzen, um sich eine Motorpumpe zu kaufen (was vereinzelt auch geschieht), hat sich in dem äußersten Intensitätsring wenig bei der Wahl der Anbaukulturen und den angestrebten Produktions-

Abb. 4 : Typen von Oasen, Wanderungsströme und wirtschaftliche Absatzverflechtungen im Gourara um Timimoun (Quelle: BISSON 1983)

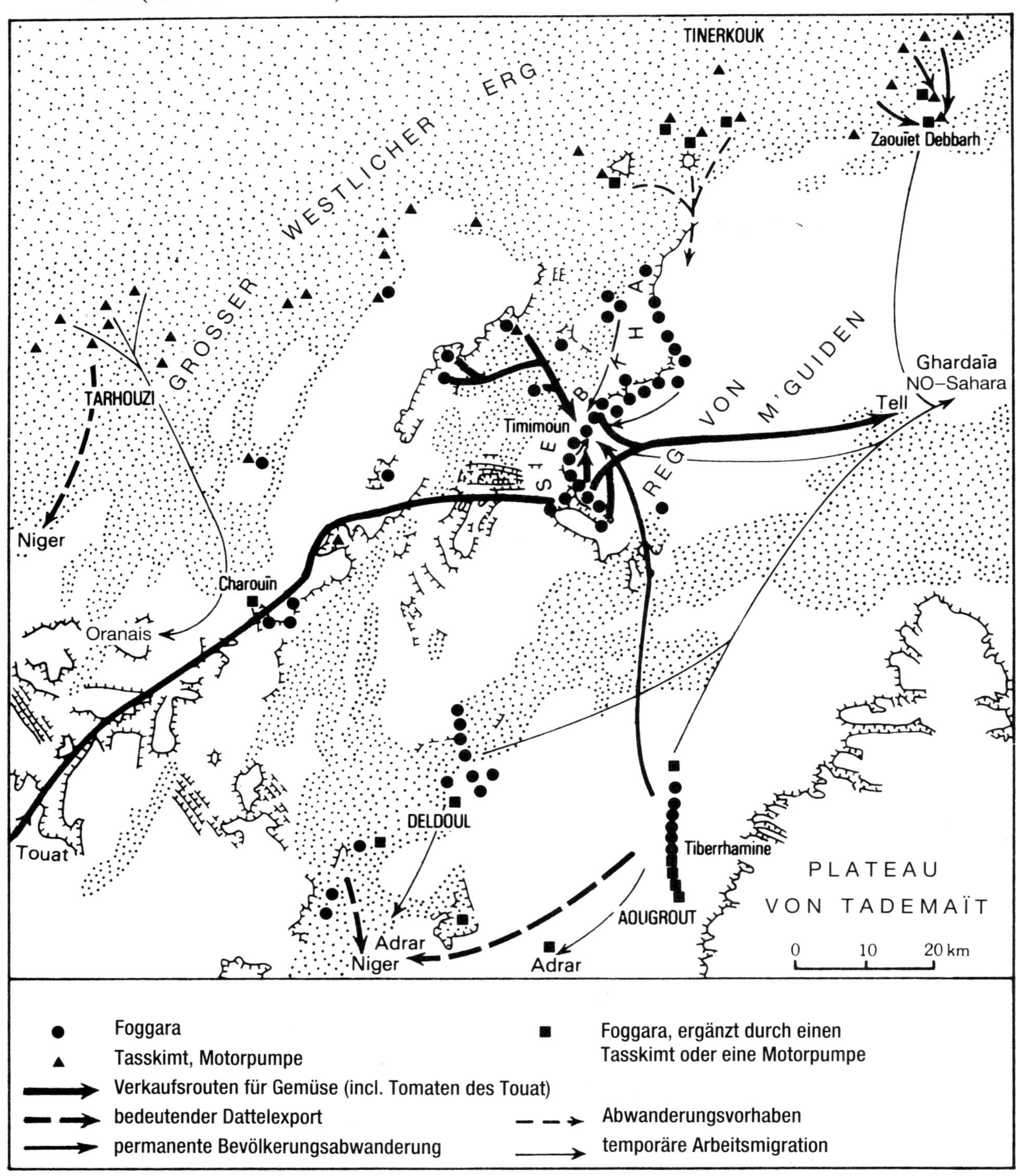

zielen geändert: Weizen, Gerste, Datteln und Gemüse werden angebaut für die Selbstversorgung der Familie. *Tasskimt* und *Beurda* sind noch vorherrschende Techniken zur Wasserversorgung (vgl. Abb. 5).

Es ist evident, daß vor allem der skizzierte "mittlere Gürtel" einen besonders gravierenden Strukturwandel erlebt hat. Dort erfolgte eine Anbauintensivierung, verbunden mit einer Produktionsausrichtung auf den regionalen Markt.

Abb. 5 : Traditionelle Tasskimt- und Beurda-Kleinoase Bahammou im Taghouzi, am Südrand des Grand Erg Occidental (Quelle: BISSON 1984)

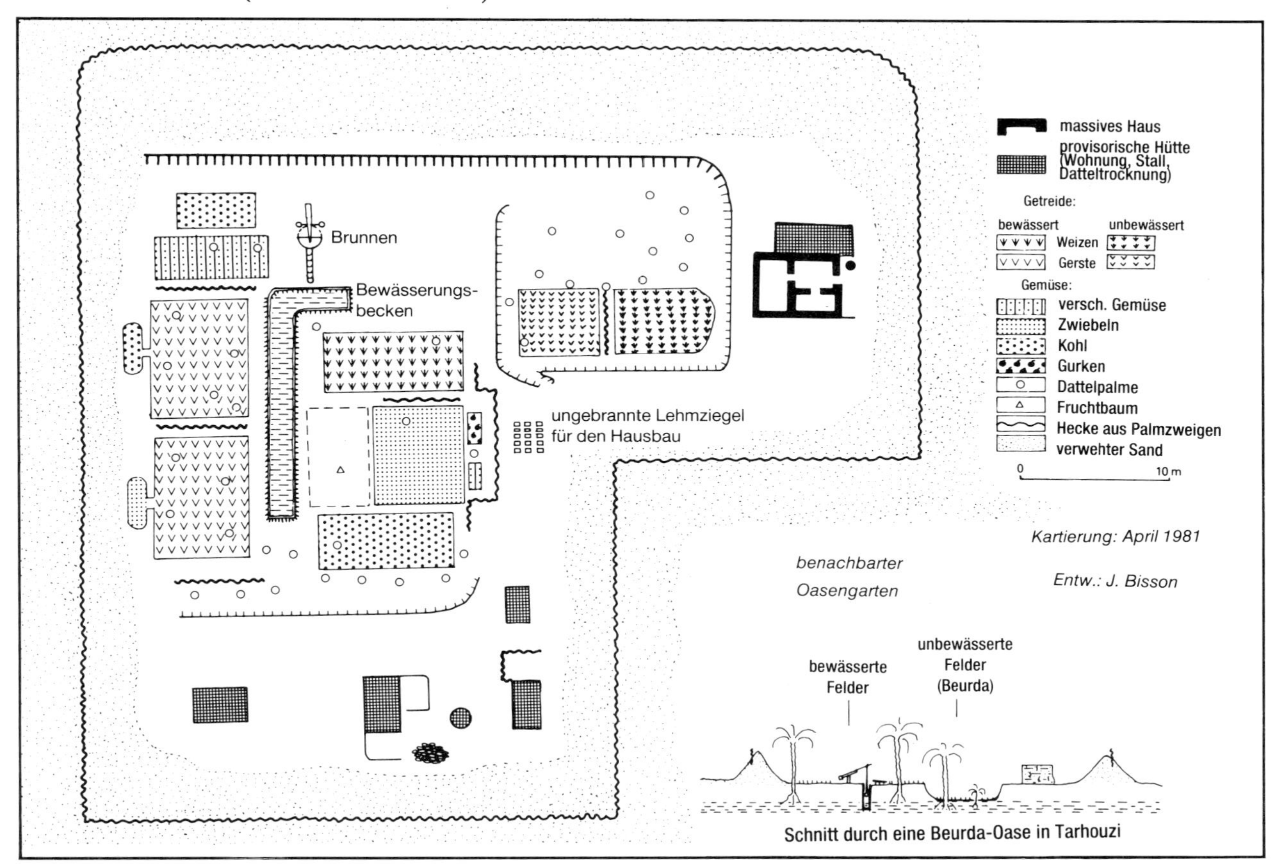

b. Beispieloase M'zab

Die Oasen des M'zab, von der islamischen Sekte der Ibaditen traditionellerweise bewohnt, werden in der Literatur immer wieder als ein Sonderfall herausgestellt, weil eben die Mozabiten ein außergewöhnlich dynamisches Wirtschaftsverhalten zeigten, somit die Bereitschaft zur Aufnahme von Innovationen im wirtschaftlichen Bereich (bei gleichzeitig starker Beharrung in der Sozialorganisation) für diese Minderheit besonders groß sei.

Zwei ganz gravierende externe Einflußgrößen haben ein Reagieren der Mozabiten auf veränderte Rahmenbedingungen -- auch in der Oasenwirtschaft -- erforderlich gemacht:

1. Infolge der Nähe von Ghardaïa, Melika, Beni Isguen, Bou Noura und El Ateuf, den fünf *Ksour* des M'zab, zu den Erdgaslagerstätten von Hassi Rmel (126 km) und infolge des Ausbaus Ghardaïas zu einem Verwaltungssitz (Daïra im Wilaya von Laghouat) war nunmehr ein neuer Arbeitsmarkt vorhanden, der dazu führte, daß der größte Teil der ehemals in der Landwirtschaft Tätigen -- vor allem der Landarbeiter, aber auch der Kleineigentümer -- sich außerlandwirtschaftlichen Tätigkeiten zuwandte. Die ökonomische Attraktivität des M'zab wird auch im Bevölkerungs- und Siedlungswachstum deutlich: Gab es 1958 in der heutigen Daïra von Ghardaïa etwa 26.000 Einwohner (BISSON 1983b), so waren es bei den Volkszählungen von 1966 bereits 70.000 und von 1977 110.000 (*Répartition de la population* 1979a, S. 10). Das Siedlungsflächenwachstum von 1952 bis 1979 war, vor allem im Tal des Oued M'zab zwischen Ghardaïa und Beni Isguen, ungewöhnlich stark und erfolgte zum Teil auf Kosten von Oasenkulturland (vgl. Bild 4 und Abb. 6).

2. Die unselige algerische Agrarrevolution kam auch im M'zab zur Anwendung, wonach alle Besitzflächen von mehr als 0,5 ha oder mehr als 20 Palmen verstaatlicht wurden (MARTIN 1975).

Abb. 6 : Die Siedlungsentwicklung im M'zab von 1952 bis 1979 (Quelle: BISSON 1983a)

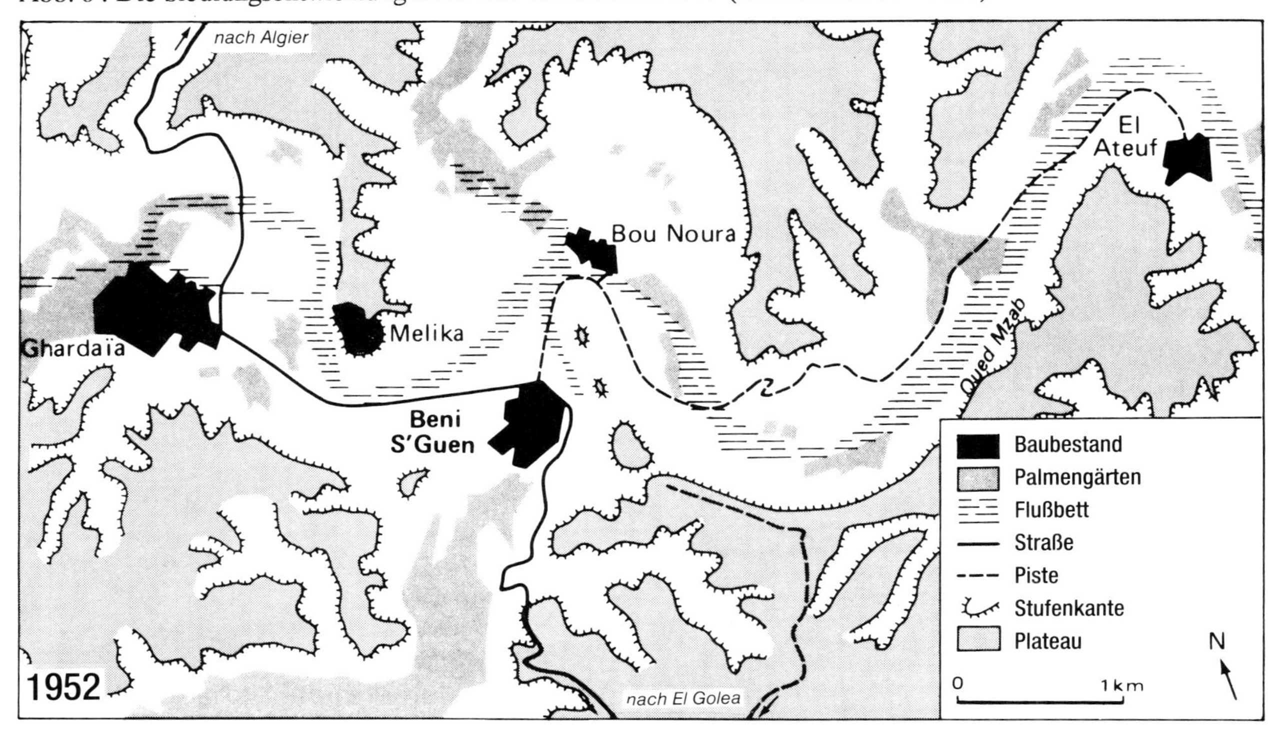

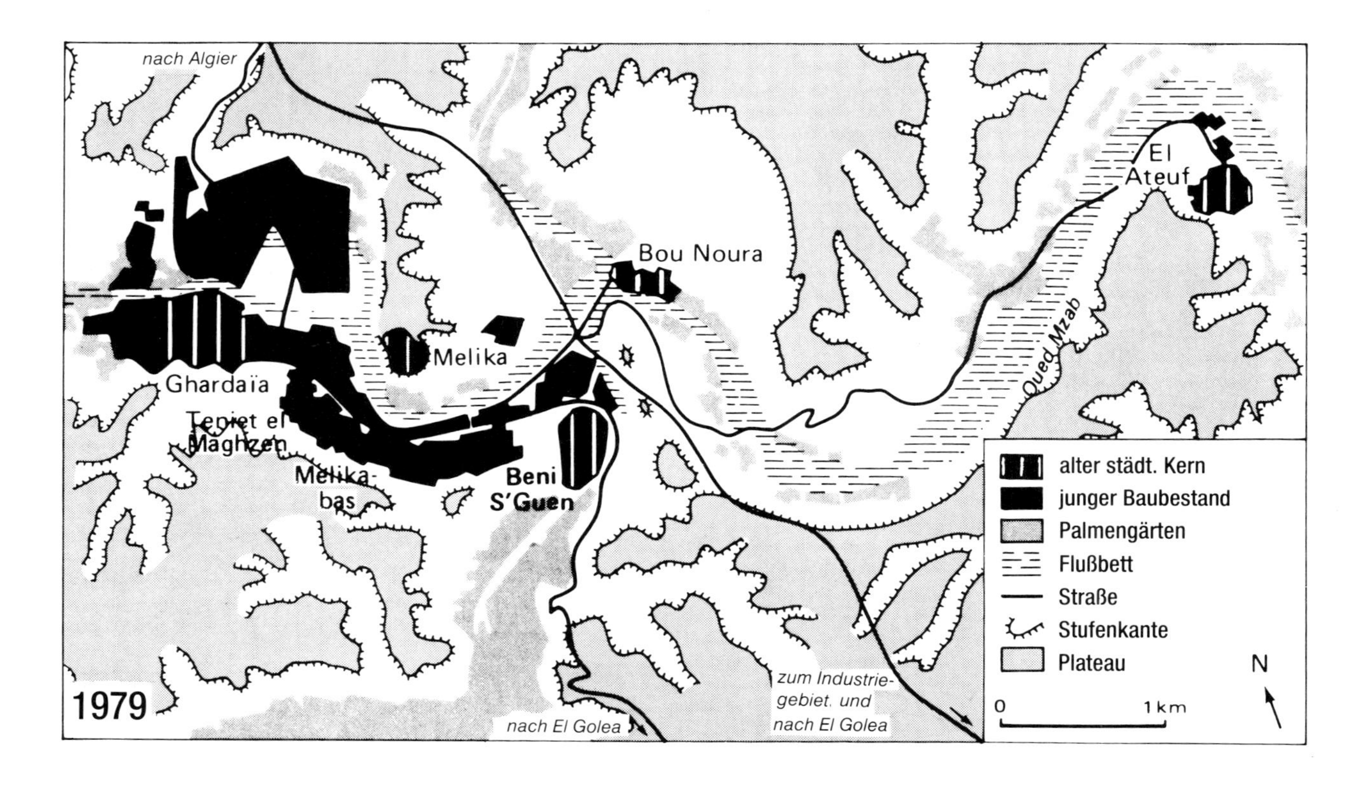

In einer derartigen Situation wäre zu erwarten, daß die Oasenwirtschaft des M'zab vollkommen verschwindet bzw. nur noch ein klägliches Randdasein fristet. Die Reaktion der Mozabiten auf die von außen kommende Herausforderung ist indes anders. Ihr Einkommen wird inzwischen zum allergrößten Teil aus nichtlandwirtschaftlicher Tätigkeit erwirtschaftet: der Groß- und Einzelhandel ist voll in ibaditischer Hand. Ihre emotionale Bindung zum M'zab wird jedoch dadurch deutlich, daß sie weiterhin (entgegen allen wirtschaftlichen Notwen-

Bild 4 : Oasenflur unterhalb des Ksar von Melika im Tal des Oued M'zab. Deutlich erkennbar ist das Vordringen der Siedlungen zuungunsten der Bewässerungsflur (7.3.1989)

digkeiten) Oasenwirtschaft betreiben. Von der Enteignung waren bei den extrem niedrigen Betriebsgrößen ohnehin die wenigsten betroffen; die sehr knapp bemessene Obergrenze an "erlaubten" Dattelpalmen ließ sich dadurch umgehen, daß man auf ganz andere Anbaufrüchte auswich. Wir haben es mittlerweile im M'zab mit einer Art Hobby-Oasenwirtschaft zur Selbstversorgung zu tun.

Da der Staat das Halten von bis zu 25 Schafen pro Betrieb erlaubte -- eine Produktionsorientierung, die vor allem von den ehemaligen *Khammès* betrieben wird --, haben sich viele Oasenbauern zusätzlich auf die Luzerne als Marktfrucht spezialisiert, um dieses Viehfutter an die Schafhalter zu verkaufen. Da die Luzerne als vier- bis fünfjährige Pflanze wenig Arbeit erfordert, ist sie ideal für den derzeit ablaufenden Extensivierungsprozeß in der Oasenwirtschaft des M'zab (vgl. BISSON 1979, S. 13).

Die jüngere Entwicklung der Oasenwirtschaft im M'zab (und ganz ähnlich z.B. auch in der Oase Bou Saâda, vgl. NACIB 1986) ist somit durch Anpassungsstrategien gekennzeichnet, die unter Berücksichtigung externer Einflüsse eine weitere, wenn auch ökonomisch eher zweitrangige Beibehaltung der nunmehr allerdings extensivierten landwirtschaftlichen Nutzung ermöglichen.

c. Beispieloase Todhra

Spielten bei den vorgestellten algerischen Oasen Arbeitskräfte eine wichtige Rolle, die außerhalb der Landwirtschaft und vielleicht auch als temporäre Migranten außerhalb ihrer Herkunftsregion tätig waren, so fehlte doch eine Einflußgröße, die in der marokkanischen Todhra-Oase prägend wirkt: die Gruppe der ehemaligen Gastarbeiter in Frankreich, die nach ihrer Rückkehr ins Heimatdorf ein gewisses Innovationspotential darstellen.

Es ist bekannt, daß die Investitionen von Remigranten ganz generell zu einem erheblichen Teil nicht in die Landwirtschaft fließen. Das gilt auch für die Todhra-Oase, wo der augenfälligste Aspekt eines Strukturwandels

Abb. 7 : Siedlungsentwicklung von Aït Boujjane, einem Dorf in der Todhra-Oase (Quelle: BÜCHNER 1986)

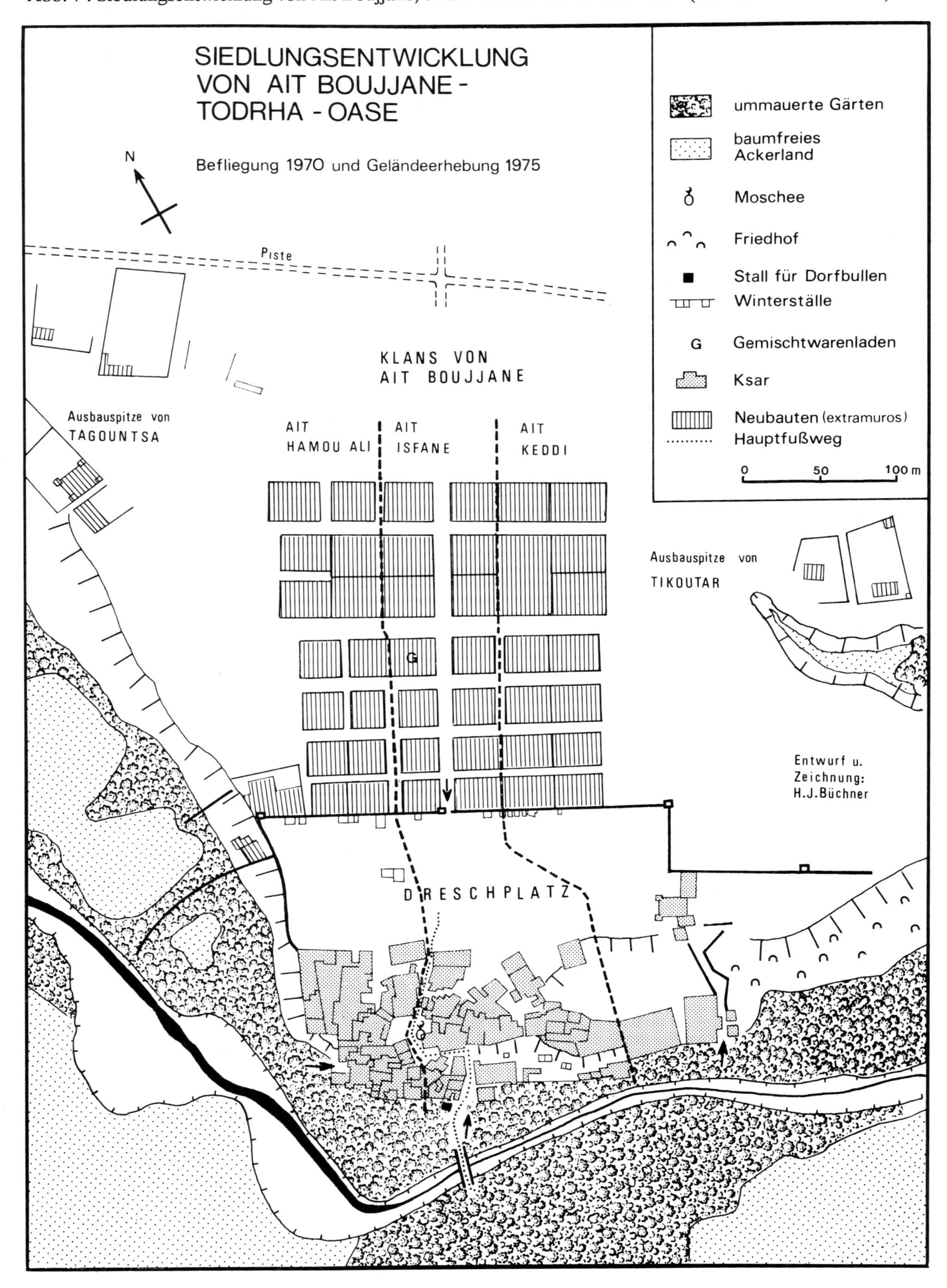

in der Veränderung des Siedlungsbildes zum Ausdruck kommt. Am Beispiel des Dorfes Aït Boujjane, eines segmentär in die drei Klane der Aït Hamou Ali, Aït Isfane und Aït Keddi gegliederten *Ksar*, läßt sich dies beobachten. Bei nur geringem Bevölkerungswachstum erfolgt eine Siedlungsverlagerung aus dem *Ksar* heraus an die Straße, wobei allerdings die Klangliederung erhalten bleibt (vgl. Abb. 7). Der Kontrast von verfallenen, unbewohnten *Ksour* einerseits und benachbarten flächenaufwendigen, modernen Neubauvierteln prägt heute das Siedlungsbild der Flußoase (vgl. Bild 5).

Bild 5 : Ruinen und jüngeres Siedlungswachstum des Ksar Asfalou am Rand der Todhra-Oase (4.4.1988)

Die Flur hat sich durch die Europa-Migranten scheinbar kaum verändert; die eingetretenen Neuerungen sind nämlich nur teilweise physiognomisch wahrnehmbar (vgl. BÜCHNER 1986 und Bild 6):
-- Die Remigranten haben in starkem Maße Bewässerungsland gekauft, was allerdings den generellen Charakterzug kleinstbetrieblicher Organisation nicht veränderte (meist weniger als 0,25 ha).
-- Der Flächenanteil für Luzerne stieg (ganz ähnlich wie im M'zab) erheblich an. Das hängt mit einer stärkeren Konzentration auf die Kleinviehhaltung zusammen. Viehzucht ist leichter kapitalisierbar, d.h. durch Verkauf ist relativ schnell und wirtschaftlich rentabel ein Einkommen zu erzielen. Zudem ist traditionellerweise die Viehversorgung eine Angelegenheit der Frauen, so daß auch bei Abwesenheit der Männer dieser Wirtschaftszweig weiterbetrieben werden kann, ohne daß Lohnarbeiter für ackerbauliche Tätigkeiten beschäftigt werden müssen.

Bild 6 : Flußoase des Oued Todhra, oberhalb von Tineghir (13.6.1987)

-- Der starke Rückgang des Dattelpalmenbestandes hängt nicht nur mit der in der Betriebsorganisation angestrebten Arbeitsersparnis zusammen, sondern auch mit einer Ausbreitung der Gefäßkrankheit *Bayoud*, welche die Dattelerträge drastisch zurückgehen läßt.

Die verstärkte Viehhaltung -- jeder Betrieb hat mittlerweile mindestens eine Kuh sowie mehrere Schafe und Ziegen in Stallhaltung -- zeigt, daß durch die Gastarbeiter eine Erhöhung des Lebensstandards in der Oase Todhra eingetreten ist, sind doch Milch, Butter und Fleisch nunmehr eine Ergänzung der traditionellen Grundnahrung, die aus Datteln, Brot und Wasser bestand. Durch die Gastarbeiter konnte sich eine "verbesserte Selbstversorgung" ausbilden, die durch kleinere technische Hilfsmittel, wie etwa Motorpumpen, erleichtert wurde. Im Fall der Todhra-Oase hat "die Arbeitsmigration nach Westeuropa (...) die Rolle der Landwirtschaft stabilisiert bzw. aufgewertet" (BÜCHNER 1986, S. 204).

d. Beispieloase Figuig

Die marokkanische Oase Figuig liegt sehr isoliert, so daß man in ihr eine Konservierung besonders traditioneller Organisationsformen erwarten könnte. Aber auch in dieser, aus sieben Ksour bestehenden, durch artesische Quellen gespeisten Oase sind überraschenderweise erhebliche Strukturwandlungen zu verzeichnen. Seit Jahrhunderten erfolgt die Wasserversorgung über zahlreiche *Khettara* im Norden der Oase[5)], wobei ganz bestimmte Quellen für die Wasserversorgung jeweils einer Flur fungieren: 9 Quellen für die Flur von Labidate, 3 Quellen für die Flur von Oudaghir, 2 Quellen für die Flur von Zenaga, 3 Quellen für die Flur von Oulad Slimane, 5 Quellen für die Flur von El Maïz, 2 2/5 Quellen für die Flur von Hammam Tahtani und schließlich 3 3/5 Quellen für die Flur von Hammam Foukani (vgl. Abb. 8).

Durch den Einfluß von Gastarbeitern, die in Frankreich oder auch in marokkanischen Städten für gewisse Zeit tätig waren und die fast ausnahmslos nach Figuig zurückgekehrt sind, sind nunmehr ein gewisses Kapital und -- wichtiger -- ein rechenhaftes Denken eingekehrt, welche das Grundmuster der Wasserverteilung und der Wasserrechte verändert haben:

Bild 7 : Eine der zahlreichen "Wasserweichen" (Ikoudass) in der Oase Figuig, hier im Bereich der Flur von Oudaghir (5.4.1987)
(alle Aufnahmen Popp)

Abb. 8 : Die Oase Figuig mit ihren Quellen und Khettaras (Quelle: POPP 1988)

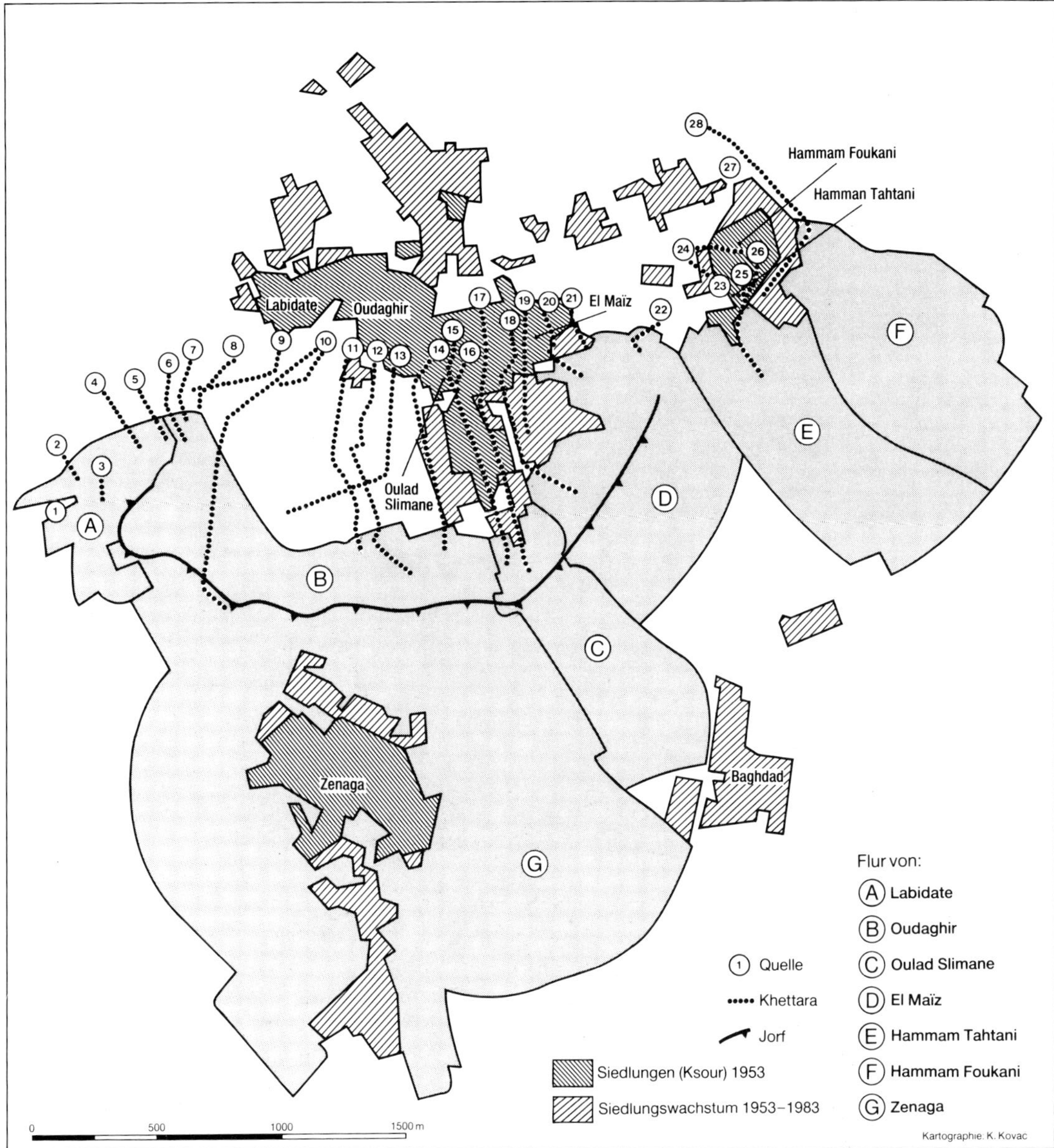

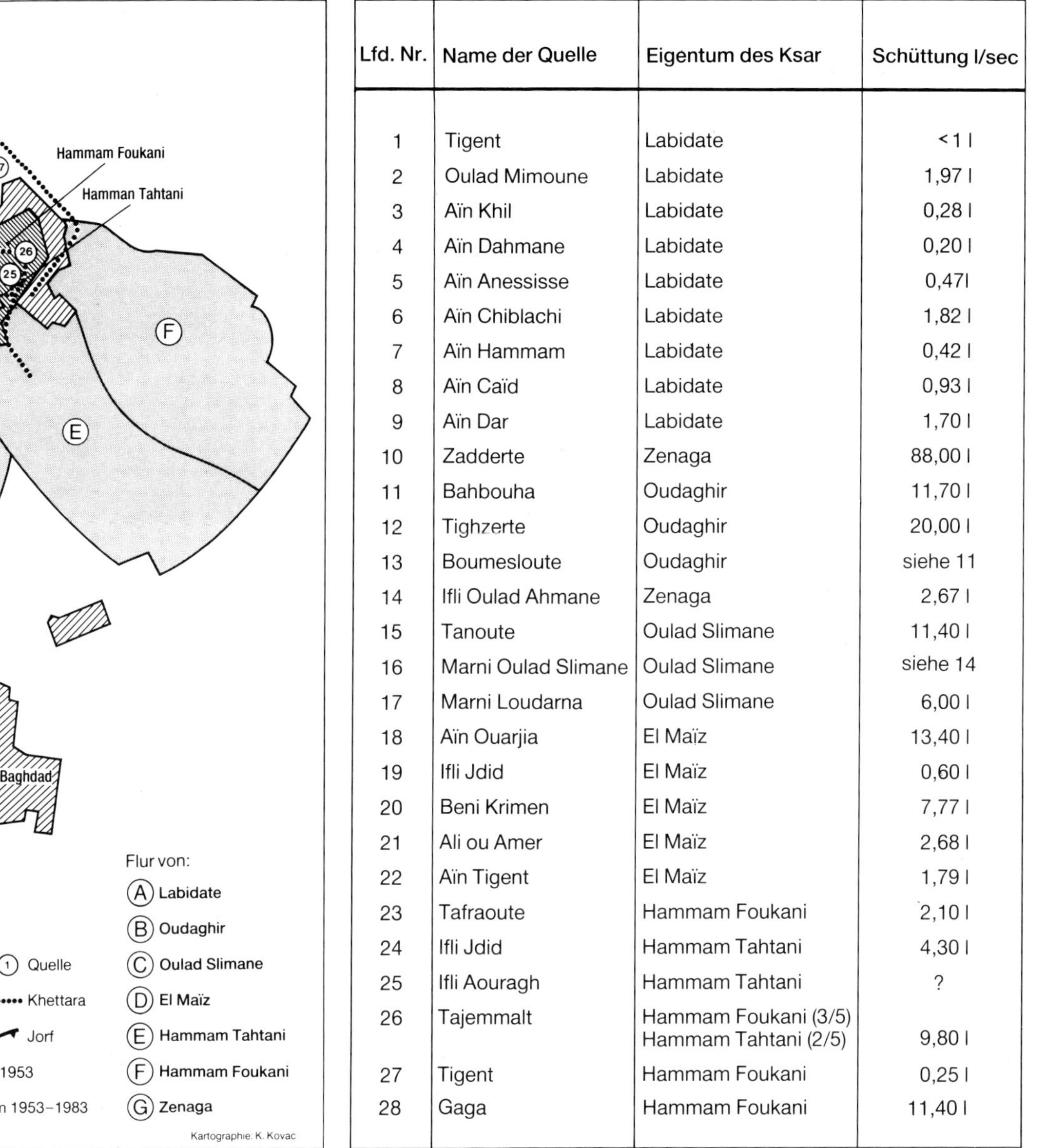

Lfd. Nr.	Name der Quelle	Eigentum des Ksar	Schüttung l/sec
1	Tigent	Labidate	<1 l
2	Oulad Mimoune	Labidate	1,97 l
3	Aïn Khil	Labidate	0,28 l
4	Aïn Dahmane	Labidate	0,20 l
5	Aïn Anessisse	Labidate	0,47l
6	Aïn Chiblachi	Labidate	1,82 l
7	Aïn Hammam	Labidate	0,42 l
8	Aïn Caïd	Labidate	0,93 l
9	Aïn Dar	Labidate	1,70 l
10	Zadderte	Zenaga	88,00 l
11	Bahbouha	Oudaghir	11,70 l
12	Tighzerte	Oudaghir	20,00 l
13	Boumesloute	Oudaghir	siehe 11
14	Ifli Oulad Ahmane	Zenaga	2,67 l
15	Tanoute	Oulad Slimane	11,40 l
16	Marni Oulad Slimane	Oulad Slimane	siehe 14
17	Marni Loudarna	Oulad Slimane	6,00 l
18	Aïn Ouarjia	El Maïz	13,40 l
19	Ifli Jdid	El Maïz	0,60 l
20	Beni Krimen	El Maïz	7,77 l
21	Ali ou Amer	El Maïz	2,68 l
22	Aïn Tigent	El Maïz	1,79 l
23	Tafraoute	Hammam Foukani	2,10 l
24	Ifli Jdid	Hammam Tahtani	4,30 l
25	Ifli Aouragh	Hammam Tahtani	?
26	Tajemmalt	Hammam Foukani (3/5) Hammam Tahtani (2/5)	9,80 l
27	Tigent	Hammam Foukani	0,25 l
28	Gaga	Hammam Foukani	11,40 l

-- Mittlerweile wird das Wasser über die gesamte Oase hinweg gehandelt; man kann sein Wasserrecht verkaufen oder verpachten. Die Käufer leiten nun das Wasser über *Séguias* quer über die Fluren der einzelnen *Ksour* hinweg (vgl. Bild 7). Wasser aus Oudaghir wird vielleicht bis in die Flur von El Maïz transportiert; Wasser aus Labidate kann bis in die Flur von Zenaga geleitet werden. Es gibt mittlerweile eine Vernetzung der *Séguias* untereinander.
-- Die Funktion der *Sraïfis*, der Wasserwächter, hat sich parallel zum Funktionswandel von alteingespielten Wasserrechten zu einem Wassermarkt verändert. Waren sie ursprünglich die dörflichen Vertrauenspersonen, so entwickeln sie inzwischen eher Eigenschaften von Spekulanten: aus Wasserverwaltern sind Wassermakler geworden. Beispielhaft sei hier der *Sraïfi* Brahim aus Zenaga genannt. Er besitzt, wie alle *Sraïfi* in Figuig, ein Wasserspeicherbecken, mit dessen Hilfe er das zur Verteilung gelangende Wasser zwischenspeichert. Sein Interesse geht über die bloße Rolle des Wasserverteilers hinaus, hat er doch neben seinem Becken einen Brunnenschacht graben lassen und eine Motorpumpe installiert, womit er nun zusätzliches Wasser fördert, das er an Nachfrager verkauft (vgl. POPP 1988).
-- Im Südwesten der Oase, im Viertel Berkouks, haben vor allem diejenigen Gastarbeiter, die keine Wasserrechte in der Oase besaßen, ein neues Bewässerungsgebiet auf der Basis von Motorpumpen erschlossen. Trotz dieser technischen Innovation bleiben die Landwirte ihren traditionellen Denk- und Handlungsschemata treu. So wird z.B. das in Speicherbecken geleitete Grundwasser bei der Verteilung in Volumenmengen gehandelt, die den alten Wasserrechten für Zenaga entsprechen. Die Volumenmenge von 34 m^3, die sog. Zadderte-*Kharrouba*, ist auch hier die Maßeinheit, obwohl diese Analogie eigentlich sinnlos ist.

3. Zusammenfassung

Anhand von vier Beispielen sollten jüngere Wandlungsprozesse in saharischen Oasen vorgestellt werden, die belegen, daß die vermeintlich so rückständige und isolierte Oasenwirtschaft heute im Umbruch begriffen ist -- und parallel dazu (häufig extern vermittelte) Innovationsprozesse in der Landwirtschaft aufgetreten sind.

Es handelt sich derzeit nur partiell um ein "Oasensterben", also um einen Rückgang der Oasenwirtschaft bis zur Bedeutungslosigkeit. Vielmehr sind aufgrund der vielfältigen Formen der Wassergewinnung und Wasserverfügbarkeit sowie der ökonomischen Einflußfaktoren von außen zahlreiche, nur schwer auf einen einzigen Nenner zu bringende innovative Prozesse zu erfassen:
- In den Kleinoasen um Timimoun erfolgt eine Produktionsausrichtung auf den regionalen und sogar nationalen Markt. Dort weist die Gemüseproduktion, die teilweise bereits in Gewächshäusern erfolgt, einen zunehmenden Trend auf. Sie spielt angesichts der verfehlten Agrarreformen Algeriens mittlerweile sogar eine nicht zu unterschätzende Funktion für die Gemüseversorgung des Nordens. Hier wurden Oasen in die nationale Volkswirtschaft integriert.
-- In den Oasen des M'zab reagiert die Oasenwirtschaft in der Konkurrenz zu außerlandwirtschaftlichen Erwerbsformen durch Extensivierung, wobei eine Art Freizeit-Oasenwirtschaft entsteht. Die starken emotionalen und sozialen Bindungen zur Landwirtschaft verhindern deren völlige Aufgabe.
-- In der Todhra-Oase hat der Einfluß von Gastarbeitern dazu geführt, daß zwar eine subsistenzorientierte Kleinlandwirtschaft fortbesteht. Doch ist diese nunmehr durch die Kapitalinvestitionen, welche auf nichtlandwirtschaftlichem Erwerb basieren, verbessert worden. Das Gastarbeitertum, so eigenartig es zunächst klingen mag, hat zu einer Stabilisierung der Oasenwirtschaft beigetragen.
-- In der Oase Figuig schließlich erlebt man seit kurzem das Eindringen kapitalistischen Denkens und Handelns (über die Gastarbeiter) in seinen Auswirkungen auf die Wasserverteilung. Wasserrechte sind nunmehr nicht länger unveränderliche Vorgaben eines starren Erbrechts, sondern werden käuflich und damit mobilisiert.

Die Veränderungen, wie sie weiter oben beschrieben worden sind, mögen nicht spektakulär gewesen sein. In der Lebenswelt eines jeden Oasenbauern sind sie aber wohl so grundlegend, daß die Existenzgrundlage und das Wirtschaftsverhalten einem fundamentalen Wandel unterlegen sind.

Anmerkungen

1) Sogar neue Werke, wie z.B. der Band Erdkunde für Gymnasien in Bayern, 7. Schuljahr (1987), vermitteln Informationen über die Oasen als Anbauflächen im Niedergang (S. 44).

2) Leider sind in der Karte des DIERCKE-Atlas die Angaben über die Grundwasserabsenkung unzutreffend. Nicht um maximal 12 m sank dieses nach fünfjähriger Nutzung ab, sondern um 30 m nach zweijähriger Nutzung (vgl. ALLAN 1984).

3) Unter *Beurda* versteht man eine Anbaufläche, bei welcher das Grundwasser derart oberflächennah ansteht, daß keine Bewässerung notwendig ist. Die Pflanzen gelangen mit ihren Wurzeln ohne künstliche Wasserzuführung in den Grundwasserhorizont. Derartige geoökologische Voraussetzungen finden sich zuweilen an den Rändern der *Ergs*.

4) Die Verwaltungseinheit der *Daïra* in Algerien liegt in der Hierarchieabfolge zwischen der Gebietseinheit der *Wilaya* und der Gebietseinheit der Gemeinde (*commune*); sie entspricht damit in etwa unserem Landkreis.

5) Obwohl die Wasserzuführung in Figuig über ein ausgedehntes System von unterirdischen Stollen erfolgt, birgt es doch den Keim eines Mißverständnisses in sich, wenn man diese als *Khettara* bezeichnet. Denn im Unterschied zur eigentlichen *Khettara*-Bewässerung handelt es sich in Figuig um artesische Quellen, die vor langer Zeit oberflächlich ausgetreten sind und lediglich deshalb heute von unterirdischen Wasserstolllen "angezapft" werden, weil im Rahmen eines langwährenden Wasserkrieges in der Oase einzelne *Ksour* hofften, die für sie verfügbare Wassermenge dadurch zu vergrößern. Es wird aber hierbei kein Grundwasserhorizont angeschnitten.

Literatur

ACHENBACH, H. (1983): Agrargeographie - Nordafrika (Tunesien, Algerien) 32°-37°30'N, 6°-12°E. - Berlin, Stuttgart (Afrika-Kartenwerk, Beiheft N 11).

ALLAN, J.A. (1984): Oases. - In: J.L. CLOUDSLEY-THOMPSON (Hrsg.): Sahara desert. - Oxford, S. 325-333.

BISSON, J. (1979): Pays de Ouargla et Mzab. Emploi, urbanisation, régionalisation au Sahara algérien. - Cahiers de l'Aménagement de l'Espace N° 8, S. 1-46.

BISSON, J. (1983): L'industrie, la ville, la palmeraie au désert: un quart de siècle d'évolution au Sahara algérien. - Maghreb-Machrek N° 99, S. 5-29.

BISSON, J. (1983a): Les villes sahariennes: politique voluntariste et particularisme régionaux. - Maghreb-Machrek N° 100, S. 25-41.

BISSON, J. (1984): Tinerkouk et Tarhouzi: déménagement ou désenclavement de l'Erg Occidental. - In: Pierre-Robert BADUEL (Hrsg.): Enjeux sahariens. - Paris, S. 275-292.

BISSON, J. (1985): De la mobilité des terroirs à la stabilisation de l'espace utile. L'exemple du Gourara (Sahara algérien). - In: Pierre-Robert BADUEL (Hrsg.): Etats, territoires et terroirs au Maghreb. - Paris, S. 389-399.

BRUCKER, A. (Hrsg.) (1987): Erdkunde für Gymnasien in Bayern, 7. Schuljahr. - München.

BÜCHNER, H.-J. (1986): Die temporäre Arbeitskräftewanderung nach Westeuropa als bestimmender Faktor für den gegenwärtigen Strukturwandel der Todhra-Oase (Südmarokko). - Mainz (Mainzer Geographische Studien, H. 18).

DIERCKE Weltatlas (1974). - Braunschweig.

GABRIEL, B. (1977): Geographischer Wandel in der Oase Ben Galouf (Südtunesien). - In: Wolfgang MECKELEIN (Hrsg.): Geographische Untersuchungen am Nordrand der tunesischen Sahara. - Stuttgart, S. 167-211 (Stuttgarter Geographische Studien, Bd. 91).

GÖTTLER, G. (Hrsg.) (1987): Die Sahara. Mensch und Natur in der größten Wüste der Erde. 2. Aufl. - Köln (DuMont Kultur-Reiseführer).

MAROUF, N. (1981): Terroirs et villages algériens. - Alger.

MARTIN, M.-C. (1975): Perspectives de développement en Saoura. - Maghreb-Machrek N° 69, S. 51-60.

MENSCHING, H. (1971): Nomadismus und Oasenwirtschaft im Maghreb. Entwicklungstendenzen seit der Kolonialzeit und ihre Bedeutung im Kulturlandschaftswandel der Gegenwart. - In: Siedlungs- und agrargeographische Forschungen in Europa und Afrika. - Wiesbaden, S. 155-166 (Braunschweiger Geographische Studien, H. 3).

MÜLLER-HOHENSTEIN, K. (1990): Die Landschaftsgürtel der Erde. - Stuttgart (Teubner Studienbücher Geographie).

MÜLLER-HOHENSTEIN, K. und H. POPP (1990): Marokko. Ein islamisches Entwicklungsland mit kolonialer Vergangenheit. - Stuttgart (Reihe Länderprofile).

NACIB, Y. (1986): Cultures oasiennes. Essai d'histoire sociale de l'oasis de Bou-Saâda. - Paris.

OUHAJOU, L. (1982): Cadres sociaux de l'irrigation dans la vallée du Dra moyen. Le cas de la Targa Tamnougalte. - Hommes, Terre & Eaux 12 (N° 48), S. 91-103.

PLETSCH, A. (1971): Strukturwandlungen in der Oase Dra. Untersuchungen zur Wirtschafts- und Bevölkerungsentwicklung im Oasengebiet Südmarokkos. - Marburg (Marburger Geographische Schriften, H. 46).

POPP, H. (1988): Traditionelle Bewässerungswirtschaft in der marokkanischen Oase Figuig. - Universität Passau. Nachrichten und Berichte, Nr. 52, S. 24-28.

République Algérienne Démocratique et Populaire, Secrétariat d'Etat au Plan (Hrsg.) (1978): 2e Recensement Général de la Population et de l'Habitat. Résultats préliminaires par commune et dispersion. - Alger.

République Algérienne Démocratique et Populaire, Direction des Statistiques et de la Comptabilité Nationale (Hrsg.) (1979): 2ème Recensement Général de la Population et de l'Habitat. Tableaux récapitulatifs par wilaya. - o.O.

République Algérienne Démocratique et Populaire, Direction des Statistiques et de la Comptabilité Nationale (Hrsg.) (1979a): Répartition de la population par commune et dispersion. Evolution 1966-1977. - o.O.

ROHLFS, G. (1881): Kufra - Reise von Tripolis nach der Oase Kufra. - Leipzig.

SCHIFFERS, H. (1970): Stichwort "Oasen". - In: Westermann Lexikon der Geographie, Bd. 3. - Braunschweig, S. 618-624.

SCHIFFERS, H. (1971): Das Schicksal der Oasen. Vergangenheit und Zukunft einer weltbekannten Siedlungsform in den Wüsten. - Internationales Afrika-Forum 7 (H. 11), S. 641-645.

SCHLIEPHAKE, K. (1982): Die Oasen der Sahara - ökologische und ökonomische Probleme. - Geographische Rundschau 34, S. 282-291.

Prof. Dr. Herbert Popp
Kulturgeographie, Universität Passau
Schustergasse 21, 8390 Passau

Ernst Struck

Gemüseanbau an der türkischen Südküste

Das mediterrane Anbaugebiet der südtürkischen Mittelmeerküste bildet einen schmalen Saum, weil das Taurus-Gebirge fast überall jäh auf große Höhen ansteigt (z.B. Beydağları bei Antalya 2262 m). Allein die Küstenhöfe von Antalya, Silifke und Adana (Çukurova) bieten Platz für größere landwirtschaftliche Nutzflächen. Es ist extrem kleingekammert und liegt im Aufschüttungsbereich kleiner Flüsse oder Bäche, die durch weite Steilküstenabschnitte voneinander isoliert sind (s. Karten bei HÜTTEROTH 1982, Fig. 92 und STRUCK 1986, Fig. 1). Trotz der geringen Ausdehnung gehört dieser Agrarraum wegen seiner Klimagunst zu den wichtigsten Produktionsstandorten der Türkei für Zitrusfrüchte und Gemüse.

Unsere Untersuchung betrifft die Provinzen Antalya und İçel, also den Küstenabschnitt von Kaş im Westen bis Tarsus im Osten (Lage s. Abb. 4).

1. Die Agrarproduktion

Der Küstensaum ist durch ein breites Spektrum intensiver Anbauformen geprägt, die zum größten Teil marktorientiert sind. Die umfangreiche Bewässerung und die lange Vegetationsperiode ermöglichen den ganzjährigen Anbau mit mehreren Ernten im Jahr, teils sind es annuelle Kulturen wie Getreide, Industriepflanzen und Gemüse, teils Dauerkulturen.

Die intensive Landnutzung besitzt jedoch keine lange Tradition; sie entwickelte sich in den 50er Jahren, als mit der Einführung von Motorpumpen zur individuellen Bewässerung und den ersten staatlichen Bewässerungsprojekten vor allem in den östlichen Schwemmlandebenen der Baumwollanbau begann (vgl. HÜTTEROTH 1985). Für nahezu 25 Jahre war die Baumwolle das Hauptprodukt der Südküste, ehe Schädlingsepidemien in den 70er Jahren dem Baumwollboom ein Ende setzten (HÜMMER 1977). Die Notwendigkeit, sich auf andere Anbaufrüchte umzustellen, die Verkehrserschließung auch der abgelegenen Küstenstrecken und die steigende Nachfrage veränderten die Landwirtschaft grundlegend.

Von der Zunahme der Bewässerungsfläche zogen vor allem die Zitruskulturen Nutzen, die sich mit Schwerpunkten im Osten, in der Provinz İçel - um Mersin und Erdemli -, und im äußersten Westen - bei Antalya, Kumluca und Finike - rasch ausbreiteten. Die Zahl der Bäume stieg von 5,87 Mill. 1970 auf 9,15 Mill. 1984 an; damit erreichten beide Provinzen zusammen einen Anteil von 43,5 % des türkischen Zitrusbestandes und 55,7 % der türkischen Zitrusproduktion.

Unter den Feldfrüchten dominierte 1984 mit 321.302 ha das Getreide (69,4 % Weizen), das etwa 65 % des Ackerlandes einnahm. Während der Getreidebau zwischen 1970 und 1984 um 14 % zurückging, vergrößerte sich die Baumwollfläche wieder. Sie umfaßte mit ihren Hauptanbaugebieten in den Ebenen von Tarsus, Serik, Antalya und Manavgat insgesamt 108.850 ha.

Den weitaus größten Zuwachs hatte aber der Gemüsebau; von 1970 bis 1984 expandierte er um 173 % und wird heute auf einer Fläche von 58.225 ha betrieben[1]. Die Bedeutung des Gemüseanbaus in den Provinzen Antalya und İçel ist unterschiedlich (Abb. 1). In Antalya stellt das Gemüse 41,4 %, in der Nachbarprovinz nur 28,1 % der Gesamtproduktion (1984). Die Provinz İçel hat ihren Gemüseanteil seit 1968 zu Gunsten der Zitrusproduktion verringert (-7 %), in Antalya ist er auf Kosten der übrigen Ackerfrüchte ständig gewachsen (+6,3 %). In der Provinz Antalya ist die Hauptanbaufrucht die Wassermelone, die 1984 einen Anteil von 33,4

J.-B. Haversath, K. Rother (Hrsg.): Innovationsprozesse in der Landwirtschaft
Passau 1989 (Passauer Kontaktstudium Erdkunde)

Abb. 1: Die Agrarproduktion der Provinzen Antalya und İçel (1968-1984) (Quelle: *SIS* 1972 ff.)

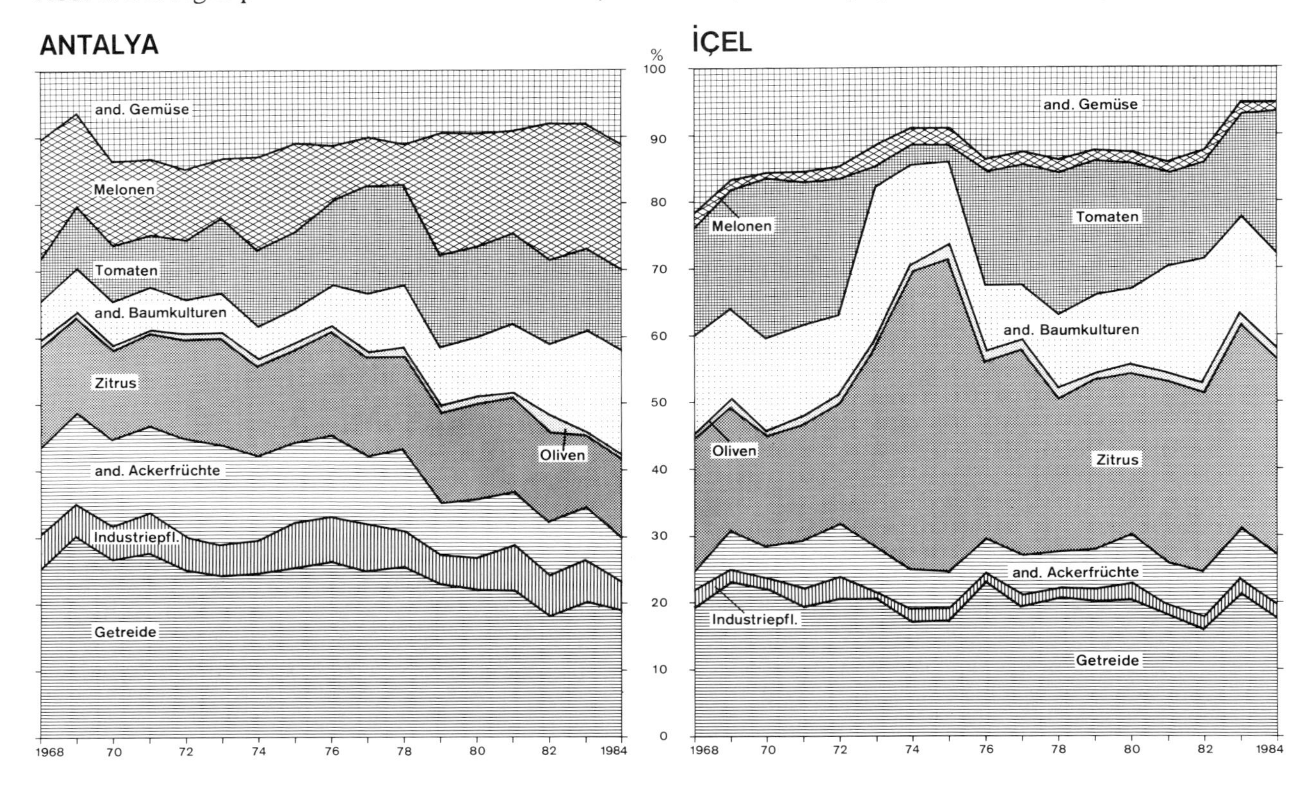

Abb. 2: Die Gemüseproduktion der Provinzen Antalya und İçel (1968-1984) (Quelle: *SIS* 1972 ff.)

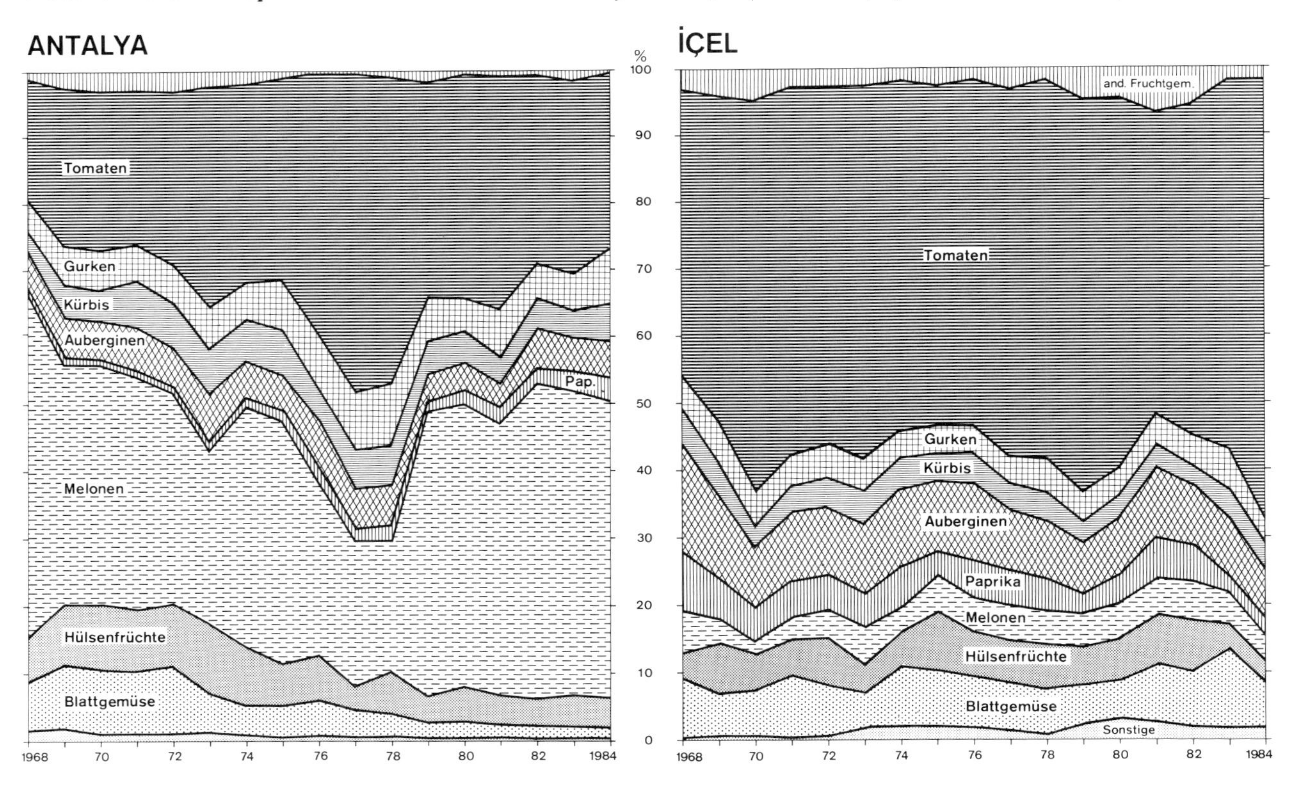

% besitzt; sie wurde nur in den Jahren 1976 bis 1978 von den Tomatenerträgen übertroffen. In der Provinz İçel überwiegt dagegen der Tomatenanbau, der 1984 65,2 % der Gemüseproduktion betrug (Abb. 2).

2. Der Strukturwandel in der Landwirtschaft

Das Spektrum der Anbaufrüchte hat sich an der türkischen Südküste über einen Zeitraum von 16 Jahren kaum verändert. Gemüse- und Agrumenkultur sind neben dem Brotgetreide schon lange die wichtigsten Zweige der Landwirtschaft gewesen. Dennoch haben sich die Produktionsziele gewandelt, was auch in der Agrarlandschaft zum Ausdruck kommt: Große Teile des Ackerlandes liegen heute unter Glas oder sind mit Plastikfolien überdeckt, um Winter- bzw. Frühgemüse zu ziehen. In der Provinz Antalya werden schon 42,3 % des gesamten Gemüses in Treibhäusern angebaut und mit der neuen Anbautechnik werden 72,7 % der Einnahmen im Gemüsebau erwirtschaftet (1983-1984)[2].

Leitfrucht dieser Neuerung ist die Tomate, die aus dem Freiland in die Warmbeete übernommen wird; in der Provinz Antalya wird heute mehr als die Hälfte der Tomatenproduktion in Treibhäusern erzeugt. Die Produktionsmenge hat in der Provinz İçel phasenweise zu- bzw. abgenommen, während sie in der Provinz Antalya kontinuierlich gestiegen ist (Abb. 3). Die Anbaufläche vergrößerte sich dabei kaum, doch wuchs der betriebliche Ertrag durch den Treibhausanbau erheblich: Produzieren die Bauern Freilandtomaten, so liegt ihr jährlicher Bruttoertrag pro Hektar im Durchschnitt bei 0,59 Mill. TL, während sie im Treibhaus 6,54 Mill. TL erwirtschaften. Der Betrieb kann mit dieser Umstellung seinen Flächenertrag um mehr als 1.000 % steigern (Antalya 1984). Bei anderen Gemüsesorten liegt dieser Zuwachs noch höher. In der Provinz İçel haben sich deshalb viele Bauern auf die Wintergurkenproduktion spezialisiert, für die im Offenland 0,43 Mill. TL/ha, im Treibhaus aber 10,23 Mill. TL/ha erzielt werden (+2.279 %; İçel 1984)[3].

Abb. 3: Die Entwicklung der Tomatenproduktion in den Provinzen Antalya und İçel (1968-1984) (Quelle: *SIS* 1972 ff.)

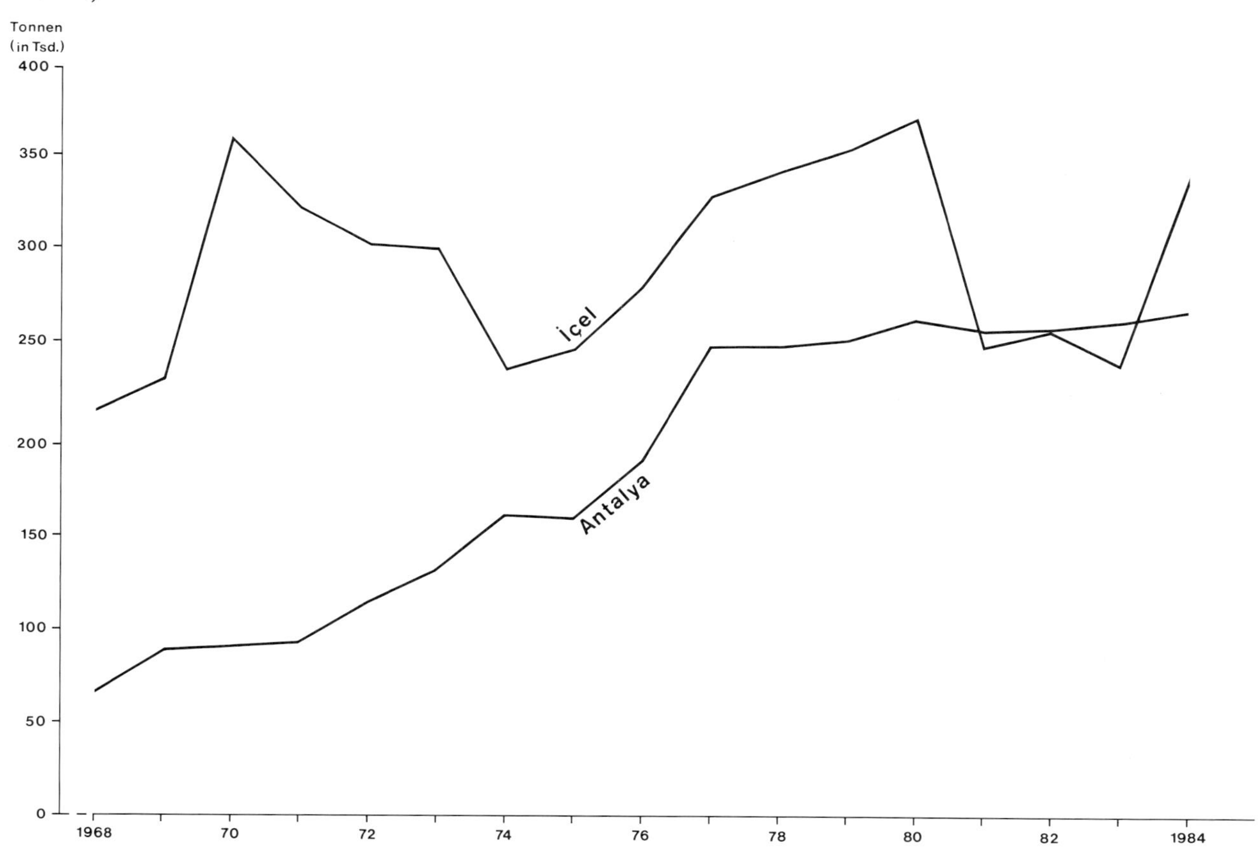

Bild 1:
Glastreibhaus mit Wasserpumpe bei Sipahili im Distrikt Gülnar (9.1984)

Bild 2:
Plastiktreibhäuser und Agrumenkulturen bei Kumluca (7.1985)

Bild 3:
Mobiler Plastiktunnel bei Mersin (8.1985)

Die Einführung des Treibhausanbaus hat in beiden Provinzen besonderes Gewicht, da die Betriebe von Kleinbauern geführt werden. In der Provinz İçel verfügen 85,7 % und in der Provinz Antalya 87,9 % der Landwirte über weniger als 5 Hektar (*Köy Envanter Etüdü 1981*). Trotz geringer Landressourcen kann sich mit dieser Neuerung ihre wirtschaftliche Lage wesentlich verbessern.

So ist in den letzten 25 Jahren an der türkischen Südküste ein hochspezialisierter Produktionsraum für Gemüse entstanden, in dem sich 1984 92 % aller türkischen Glashäuser und 84 % der Plastiktreibhäuser befinden. Heute werden hier etwa 90 % des türkischen Wintergemüses für weit entfernte Märkte erzeugt. Neben den großen Städten der Türkei sind die EG-Staaten - an erster Stelle die Bundesrepublik Deutschland - und die arabischen Länder die Hauptabsatzgebiete (vgl. STRUCK 1986, S.38).

3. Die Treibhaustypen und ihre räumliche Verteilung

Die Ausbreitung des Wintergemüseanbaus an der türkischen Südküste ist an verschiedene Treibhaustechniken gebunden. Es lassen sich drei Treibhaustypen unterscheiden: Glashäuser, Plastikhäuser und Plastiktunnel. Die Glas- und Plastikhäuser sind stationäre Konstruktionen, während die Plastiktunnel, die mit einer Höhe von 1,5 bis 2 m noch zu den Treibhäusern gehören, mobil sind (Bilder 1 bis 3). Dieser bewegliche Frühgemüseanbau wird vor allem von Bauern mit relativ großem Landbesitz und in Betrieben mit einem hohen Ackerlandanteil praktiziert, auf dem die Folientunnel im jährlichen Wechsel über die Ackerparzellen wandern können. Hier entfällt die aufwendige Bodenbearbeitung, wie sie in den stationären Treibhäusern notwendig ist. In sehr unterschiedlichem Umfang und von Jahr zu Jahr stark wechselnd werden für einzelne Gemüsesorten (Kürbisarten, Auberginen u.ä.) auch bewegliche Folienbahnen, die unmittelbar den Boden bedecken oder durch Drahtbögen (30-40 cm hoch) gestützt sind, eingesetzt. Neben dem freistehenden Einzelbau mit einer Grundfläche von 1 - 2.000 qm unterhält man Glas- und Plastiktreibhäuser, die als Blockkonstruktionen größere Parzellen überdachen (Bilder 4 und 5). Sie sind in den Zentren der Wintergemüseproduktion mit höchster Flächenintensität des Anbaus zu finden und erreichen hier eine Größe bis 2 Hektar.

Hat sich der Landwirt zur Produktion von Wintergemüse entschlossen, muß er sich für eine Anbautechnik entscheiden. Er stellt die unterschiedlich hohen Investitionen für Glas- und Plastiktreibhäuser den zu erwartenden Gewinnen gegenüber: So liegen die Flächenerträge im Glashaus um etwa ein Drittel höher als im Plastikhaus. Ferner verursacht das Glashaus geringe Instandhaltungskosten, während die Folienbedeckung der Plastikhäuser je nach Qualität (Foliendicke) jährlich oder im Turnus von ein bis drei Jahren zu erneuern ist. Trotz dieser Vorteile des Unter-Glas-Anbaus sind letztlich die unterschiedlichen Baukosten für die Wahl der Anbautechnik ausschlaggebend. Das notwendige Kapital muß von der großen Mehrzahl der Kleinbauern durch Kredite aufgebracht werden[4]. Die Investitionen für ein Glashaus mit einer Fläche von 1.000 qm (6,2 Mill. TL) sind etwa fünf Mal so hoch wie für ein gleich großes Plastikhaus (1,2 Mill. TL). Nach Modellrechnungen der

Bild 4:
Plastik- und Glastreibhäuser in flächendeckender Blockbauweise bei Kaş (7.1985)

Abb. 4: Die regionalen Neuerungszentren und die Verbreitung der Treibhaustypen (Quelle: Eig. Erhebungen 1985)

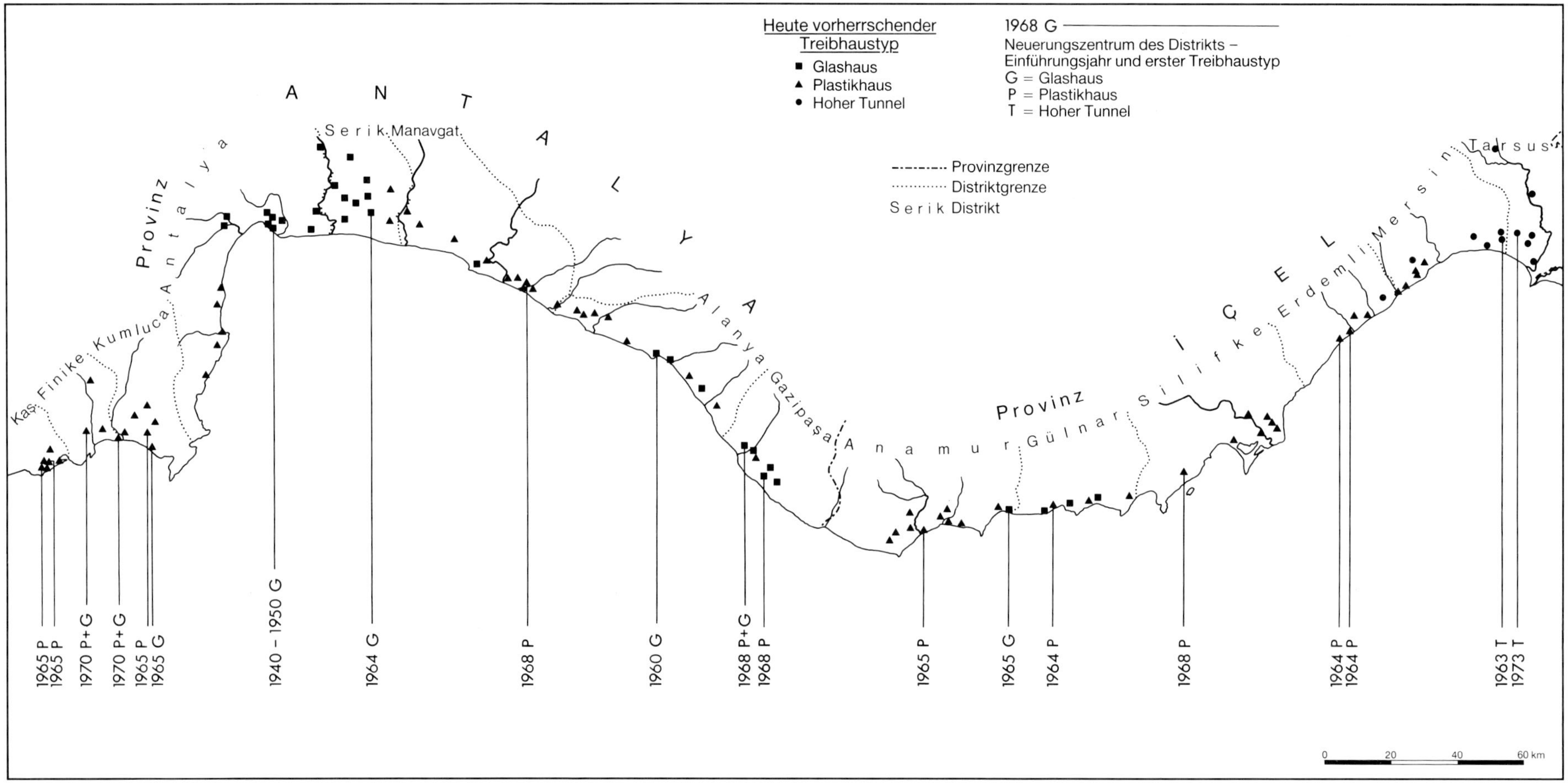

Heute vorherrschender Treibhaustyp
■ Glashaus
▲ Plastikhaus
● Hoher Tunnel

1968 G —— Neuerungszentrum des Distrikts – Einführungsjahr und erster Treibhaustyp
G = Glashaus
P = Plastikhaus
T = Hoher Tunnel

-·-·-·- Provinzgrenze
·········· Distriktgrenze
S e r i k Distrikt

Agrarberatung kann im Tomatenanbau in Glastreibhäusern pro Saison mit einem Reingewinn von durchschnittlich 375.000 TL, in Plastiktreibhäusern von 150.000 TL gerechnet werden; d.h. die Nettobaukosten amortisieren sich bei dieser Anbaufrucht erst nach etwa 16 bzw. 8 Jahren[5]. In der Hoffnung auf bessere Absatzchancen tragen viele Bauern das hohe Risiko dennoch.

Die einzelnen Küstenabschnitte sind jeweils von verschiedenen Treibhaustypen geprägt (vgl. die Symbole in Abb. 4)[6]: Der Küstenhof von Antalya ist das bedeutenste Glashausgebiet mit etwa 50 % aller Glastreibhäuser. Auch in den Dörfer um Alanya, Gazipaşa und im Küstenbereich des Distrikts Gülnar herrscht dieser Typ vor. Hier stehen die Treibhäuser sogar im verkarsteten Gelände oder auf steinigen, steilen Weideflächen, zu denen das Wasser mit Motorpumpen über z.T. große Entfernungen und Höhendifferenzen gefördert werden muß. Für die in der traditionellen Getreide- und Viehwirtschaft verhafteten Betriebe bieten sie den einzigen Weg, die Produktion für den Markt auszuweiten.

Die Plastikhäuser häufen sich an der westlichen Südküste (Kaş, Finike, Kumluca). Mit der Blockbauweise werden höchste Dichtewerte erreicht (Bild 4). Etwa die Hälfte der gesamten Plastiktreibhausfläche liegt hier, dagegen hat die Ebene zwischen Manavgat und Alanya nur einen Anteil von etwa 10 %. Im östlichen Abschnitt überwiegen die Plastikhäuser um Anamur und auf weiten Strecken zwischen Silifke und Mersin; bei Erdemli befindet sich wiederum ein Dichtezentrum.

Östlich Mersin, mit der Öffnung zur weiten Schwemmlandebene der Çukurova, treten die stationären Treibhaustypen fast vollständig zurück, und die hohen Plastiktunnel beherrschen den Gemüseanbau (Bild 5). Die mobilen Systeme haben hier ihre größte Verbreitung: In der Provinz İçel überdecken die Plastiktunnel eine etwa gleichgroße Anbaufläche wie alle anderen Treibhausarten zusammen; darüber hinaus wird die Produktionsfläche für Winter- und Frühgemüse durch die Folienbahnen (flache Tunnel, aufliegende Folien) nochmals verdoppelt.

Die Verbreitungskarte der dominanten Treibhausarten (Abb. 4) zeigt, daß Glas- und Plastikhausregionen an der türkischen Südküste einander abwechseln. Die Analyse des Innovationsprozesses muß erweisen, wie sich diese Raumstrukturen gebildet haben.

4. Die Einführung des Treibhausanbaus

Das Innovationszentrum der Warmbeetkulturen war der stadtnahe Agrarraum von Antalya, wo anfangs der 40er Jahre die ersten Glastreibhäuser errichtet wurden. Die Adoptoren hatten die neue Anbautechnik auf Reisen nach Istanbul beobachtet. In Yalova (nördlich von Bursa), dem Fährort nach Kartal/Istanbul, waren auf dem bereits 1938 gegründeten *Devlet Üretme Ciftliği* - einem staatlichen Mustergut - erste Versuche unternommen worden, Wintergemüse in Glashäusern zu ziehen. Die türkischen Agraringenieure hatten diese Methode in den Niederlanden kennengelernt. Die Landwirte aus Antalya waren kapitalkräftige Grundbesitzer, die die hohen Investitionen aufbringen und die notwendigen Kontakte zum Staatsgut und dem Landwirtschaftsministerium aufrechterhalten konnten. Sie experimentierten mit verschiedenen Beheizungsmethoden, und versuchten das Problem des Hitzestaus in den Treibhäusern zu lösen. Im Umkreis der Stadt Antalya entstanden in den ersten zehn Jahren (bis 1950) etwa 50 Glastreibhäuser, deren Wintergemüse ausschließlich auf dem lokalen städtischen Markt verkauft wurde.

Der Unter-Glas-Anbau war die erste technische Innovation in der Gemüseproduktion. Zwanzig Jahre später wurde im selben Küstenraum eine zweite Neuerung, der Anbau unter Plastikfolien, eingeführt. Das große Potential der Südküste für die Wintergemüseproduktion war vom Landwirtschaftsministerium erkannt worden; es galt, die wachsende Nachfrage der großstädtischen Märkte im Norden zu befriedigen. Die Agrarbehörde gründete bei Antalya ein Gemüseforschungsinstitut (1963), das einfachere und billigere Produktionsweisen erproben und den Bauern beratend zur Seite stehen sollte. Die dort errichteten ersten Holzskelett-Treibhäuser, die mit Plastikfolien überspannt wurden, und die ersten Folientunnel lösten die boomartige Ausbreitung der Warmbeetkulturen aus. Nur mit dieser neuen Technik war es auch den kapitalschwachen Kleinbauern möglich geworden, sich an der Wintergemüseproduktion zu beteiligen.

5. Die Ausbreitung der Warmbeetkulturen

Die räumliche Diffusion der Treibhaustechniken entlang der Südküste gibt die Karte der Neuerungszentren in den einzelnen Distrikten wieder (Abb. 4): Erst zwanzig Jahre nach seiner Einführung bei Antalya erscheint das Glastreibhaus im entfernten Alanya. In den folgenden Jahren setzt sich der Ausbreitungsvorgang auch von diesem Zentrum aus keineswegs kontinuierlich fort: 1964 und 1965 kommen die Glashausstandorte im Westen (Antalya: Distrikt Serik) und im Osten (İçel: Distrikt Anamur) hinzu; allerdings wird die Neuerung in den jeweiligen Nachbardistrikten nicht übernommen.

Das Plastikhaus, obwohl in der Provinz Antalya durch das Gemüseforschungsinstitut eingeführt, wird als erster Treibhaustyp in der fernen Provinz İçel benutzt; 1964 werden in den Distrikten Gülnar und Erdemli gleichzeitig Plastiktreibhäuser errichtet. Erst 1965 übernehmen die dem Innovationszentrum nahegelegenen Agrarregionen der westlichsten Südküste (Distrikte Kumluca und Kaş) die Technik des Unter-Plastik-Anbaus. Trotz der schon sehr frühen Verwendung von Folientunneln im Jahre 1963 in der östlichen Provinz İçel (Distrikt Mersin) folgt das unmittelbar benachbarte Gebiet diesem Vorbild erst zehn Jahre später.

Die Warmbeetkultur wird also an weit voneinander entfernten Standorten angenommen. So gibt es bis 1965, über den gesamten Küstensaum zwischen Antalya und Mersin verteilt, 11 Treibhausgebiete (Abb. 5)[7]. In den

Abb. 5: Die Ausbreitung des Treibhausanbaus (Quelle: Eig. Erhebungen 1985)

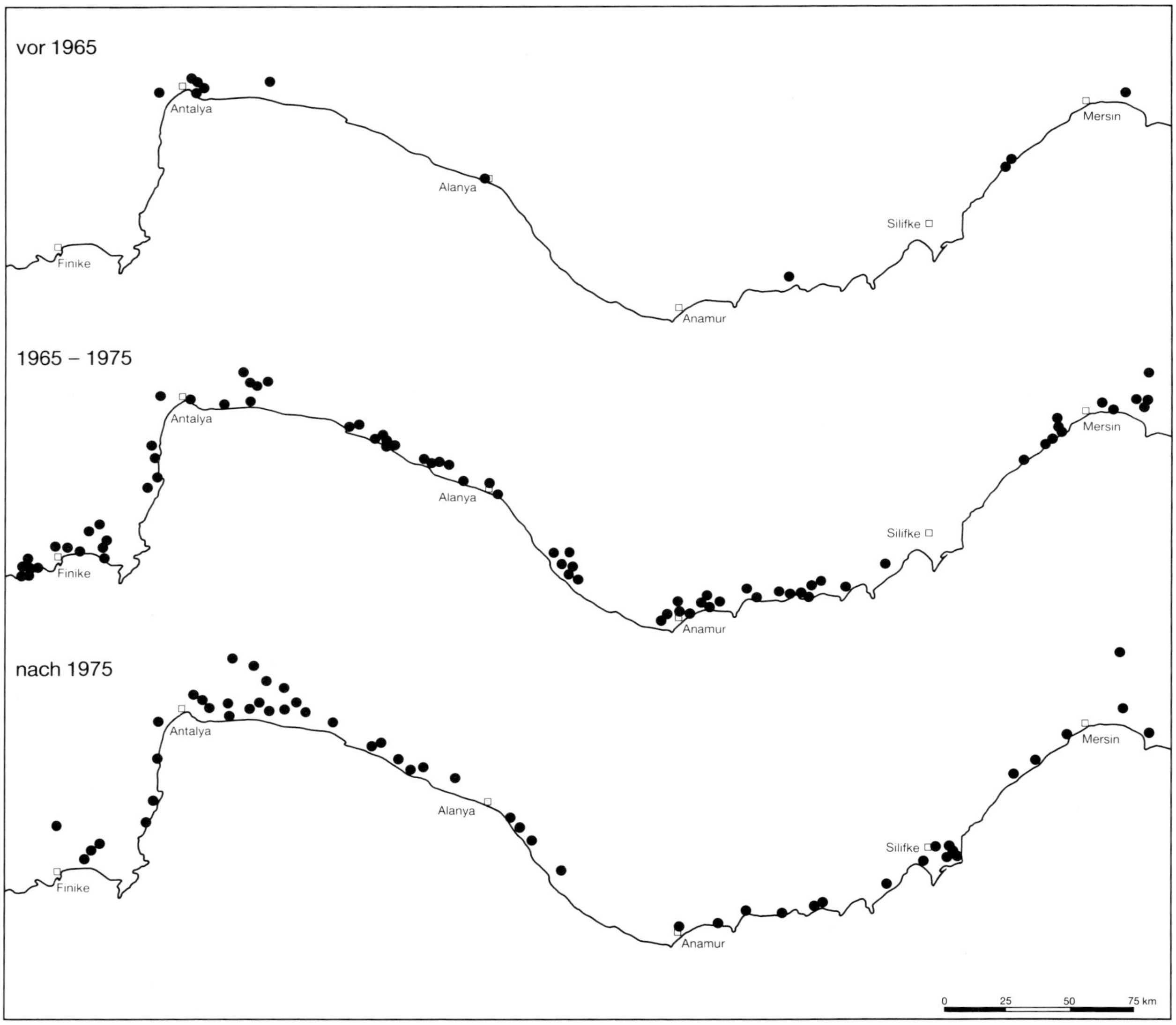

Bild 5:
Mobile Plastiktunnel in Blockbauweise bei Tarsus (8.1985)
(alle Aufnahmen Struck)

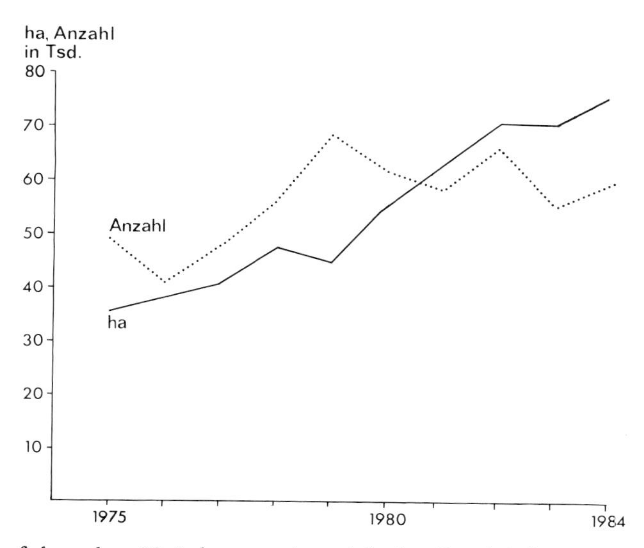

Abb. 6: Die Anzahl der Treibhäuser und ihre Nutzfläche (1975-1984) (Quelle: Unveröff. Angaben des Landwirtschaftsministeriums)

folgenden 10 Jahren weitet sich der Produktionsraum von Antalya nach Westen aus (Kumluca, Finike, Kaş), während gleichzeitig neue Küstenregionen für den Wintergemüseanbau erschlossen werden (bes. Alanya-Manavgat, Gazipaşa, Anamur). Um 1975 haben nur zwei größere Gebiete, der Küstenhof von Silifke und die Ebene von Serik, keine Warmbeetkulturen. Sie finden hier erst um 1980 Eingang.

Damit ist in jeder Ausbreitungsphase nahezu der gesamte Südküstenabschnitt von der spontanen Einführung der Neuerung betroffen, d.h. die Diffusion der Treibhauskultur geschieht als ein breitgestreuter Auffüllungsprozeß, wobei die Lage des Neuerungszentrums keinen Einfluß auf die nachfolgenden Standorte hat. Auf der Mikroebene eines Dorfes nehmen viele Bauern die Innovation an, während die potentiellen Adoptoren der umliegenden Ortschaften die Neuerung nicht nachahmen oder aber eine andere technische Neuerung einführen. Das hieraus resultierende Verbreitungsmuster ist ungewöhnlich, es widerspricht grundlegenden Konzepten der Diffusionsforschung, die von einer distanzabhängigen Ausbreitung der Neuerung auf der Grundlage des Nachbarschaftseffektes ausgehen[8)] (vgl. hierzu ausführlich WINDHORST 1983).

6. Die Entwicklung der Anbauflächen unter Glas und Plastik

Mit der räumlichen Ausbreitung der Warmbeetkulturen ist die Treibhausfläche von 36.056 ha (1975) auf 76.258 ha (1984) angestiegen, wobei die Zuwachsrate der Provinz İçel mit 138 % deutlich höher liegt als die der Provinz Antalya mit 93 %. Der kontinuierlichen Flächenausdehnung steht ein Rückgang der Treibhauszahl gegenüber, weil die Treibhausfläche in zunehmendem Maße nicht durch Einzeltreibhäuser, sondern unter Einsatz der Blockbauweise vergrößert wird (Abb. 6).

Die Plastiktreibhäuser als billigste Anbautechnik bedecken in beiden Provinzen die größte Fläche, sie hat sich zwischen 1975 und 1984 in Antalya um das 3,2 fache und in İçel um das 2,4 fache ausgedehnt, während das Glashausareal jeweils nur unbedeutend gewachsen ist. 1984 steht in der Provinz Antalya der Plastikhausfläche von 2.012 ha ein Glashausareal von 893 ha gegenüber; in İçel sind es 3.506 ha unter Plastik und nur 35 ha unter Glas.

Obwohl die Erdölkrise viele Landwirte zur Aufgabe des Wintergemüseanbaus gezwungen hatte, ist der Boom des Unter-Plastik-Anbaus noch nicht zum Stillstand gekommen. Die Untersuchung einzelner Dörfer macht deutlich, daß viele Bauern bestrebt sind, die einfachen Konstruktionen gegen aufwendigere und dauerhaftere Treibhäuser auszutauschen. Über einen Zeitraum von 10 Jahren ist in der Hälfte aller Distrikte die Zuwachsrate der Glashausfläche größer als die der Plastikhäuser (Tab. 1). In der absoluten Flächenzunahme übertrifft freilich der Unter-Plastik-Anbau die Unter-Glas-Kulturen bei weitem.

Die kostspieligen Glashäuser, deren Zahl trotz der preiswerteren Folientreibhäuser wächst, sind ein Indiz für den wirtschaftlichen Aufschwung. Sie zeigen, daß die Bauern jetzt investieren können. Sicherlich wird der Markt die weitere Entwicklung der neuen Anbautechnik steuern. Ob die kapitalaufwendige Umstellung der Landwirtschaft auf die Wintergemüseproduktion in Glashäusern von Dauer sein wird, bleibt abzuwarten.

Zusammenfassung

Die Untersuchung der Agrarproduktion hat ergeben, daß sich das Anbauspektrum an der türkischen Südküste über einen langen Zeitraum nur wenig verändert hat. Der Gemüsebau ist neben den Agrumen und dem traditionellen Getreidebau bereits seit langem ein wichtiger Betriebszweig der Landwirtschaft. Mit der technische Innovation des Treibhausanbaus haben sich die Bauern auf die Produktion von Wintergemüse verlegt; da sich mit ihr die Einnahmen pro Hektar um mehr als 1.000 % steigern lassen, ist die Tomate die wichtigste Treibhauskultur geworden.

Tab. 1: Die Entwicklung der Treibhaustypen 1975-1985 (Quelle: Eig. Erhebungen 1985)

Untersuchungsdörfer der Distrikte	Zu-/Abnahme der Fläche in Prozent Glashaus	Plastikhaus	Plastiktunnel
Provinz Antalya:			
KAŞ	+ 237	+ 184	--
FİNİKE	+ 1.233	+ 435	--
KUMLUCA	+ 126	+ 287	--
ANTALYA	+ 113	+ 446	--
SERİK	+ 507	+ 152	--
MANAVGAT	+ 440	+ 586	--
ALANYA	+ 249	+ 204	+ 608
GAZİPAŞA	+ 580	- 43	..
Provinz İçel:			
ANAMUR	+ 593	+ 35	..
GÜLNAR	+ 2.100	- 81	..
SİLİFKE	+ 600	+ 641	..
ERDEMLİ	+ 50	+ 673	--
MERSİN	..	+ 415	+ 294
TARSUS	..	+ 7.750	+ 1.351

-- Einführung nach 1975 .. nicht vorhanden

Das Innovationszentrum lag im stadtnahen Agrarraum von Antalya, wo erste Glastreibhäuser um 1940 errichtet wurden. Die Investitionen für den Bau dieses Treibhaustyps waren sehr hoch, so daß die Unter-Glas-Kulturen anfangs nur eine geringe Verbreitung fanden. Erst mit einer zweiten technischen Neuerung, den sehr viel billigeren Plastikhäusern und Plastiktunneln, die ebenfalls bei Antalya (1963) eingeführt wurden, setzte sich die Warmbeetkultur an der gesamten Südküste durch.

Der Agrarraum ist in Gebiete mit überwiegendem Unter-Glas-Anbau und überwiegendem Unter-Plastik-Anbau gegliedert; sie alternieren entlang der Küste. Diese Raumstruktur ist das Ergebnis des Diffusionsprozesses: die verschiedenen Techniken haben sich nicht kontinuierlich ausgebreitet, sondern sie sind jeweils an weit voneinander entfernten Standorten eingeführt worden.

Anmerkungen

1) Alle Angaben über Produktion und Anbauflächen nach der jährlichen Agrarstatistik (*SIS*).
Ein genauer Vergleich des Produktionsareals für Baumkulturen und Ackerfrüchte ist nicht möglich, da die Agrarstatistik keine Flächen für die Baumkulturen ausweist.

2) Nur in der Provinz Antalya liegen Zahlen für die einzelnen Anbautechniken, aufgeschlüsselt nach Gemüsesorten, vor. Die im Folgenden genannten Zahlen für die Provinzen Antalya und İçel sind unveröffentlichte Daten der Provinzbehörden des Landwirtschaftsministeriums.

3) 1984: 1.000 TL = 7,60 DM.

4) Obwohl der größte Teil der Landwirte die Agrarkredite in Anspruch nimmt, sind der Einsatz von Kapital aus der Gastarbeiterwanderung ebensowenig zu unterschätzen wie die Investitionen von städtischen Grundbesitzern; statistische Angaben liegen hierzu nicht vor.

5) Diese theoretische Rechnung legt einen mittleren Verkaufspreis für Tomaten zu Grunde, die Preise auf den Binnen- wie auch auf den Auslandsmärkten schwanken aber extrem. Es wird gleichzeitig von einer optimalen Ernte ausgegangen; die großen Probleme der Anbauer mit Saatgut, Düngung, Pflanzenschutz u.ä. sind nicht berücksichtigt (vgl. die Interviews bei HAVERSATH, STRUCK 1987).

6) Die folgenden Angaben sind das Ergebnis von Feldforschungen im Jahre 1985. In den Provinzen Antalya und İçel wurden von den 279 Dörfern mit Treibhausanbau 113 (= 41 %) untersucht.

7) Die Namen der Anbaugebiete bzw. Distrikte sind in Abb.4 zu finden. Vergl. hierzu auch die Farbkarte in ROTHER (1988, S.38-39).

8) Die Innovation wird danach zuerst in unmittelbarer Nähe des Neuerungszentrums angenommen und breitet sich von hier nach außen unter Herausbildung von Nebenzentren aus (Diffusionswellen). Die Informationsübertragung geschieht über persönliche Kontakte (Nachbarschaft); sie ist distanzabhängig, da der Informationsfluß mit zunehmender Entfernung abnimmt.

Literatur

DURUSOY, Y. Z. (1973): Greenhouse crop may be added to Turkey's future export trade. - Foreign Agriculture, 11, S. 15-16.

HAVERSATH J.-B.; STRUCK, E. (1987): Türkisches Gemüse. Plastiktreibhäuser verändern das Gesicht eines mediterranen Agrarraumes. - Geographie heute, 52, S. 34-38.

HÜMMER, P. (1977): Die Schädlingskatastrophe im Baumwollanbaugebiet der Çukurova/Türkei - Ihre geographischen, sozialen und wirtschaftlichen Konsequenzen. - Zeitschrift für ausländische Landwirtschaft, 16, S.372-381.

HÜMMER, P., KILLISCH, W., SOYSAL, M. (1986): Junge Anbauveränderungen in der Bewässerungslandwirtschaft der Türkei - aufgezeigt am Beispiel der Çukurova. - Die Erde, 117, S. 217-235.

HÜTTEROTH, W.-D. (1982): Türkei. - Darmstadt (Wissenschaftliche Länderkunden, 21).

HÜTTEROTH, W.-D. (1985): Die türkische Mittelmeerküste. In: H. POPP, F. TICHY (Hrsg.): Möglichkeiten, Grenzen und Schäden der Entwicklung in den Küstenräumen des Mittelmeergebietes. - Erlangen, S. 149-161 (Erlanger Geographische Arbeiten, Sonderband 17).

Köy Envanter Etüdü (1981): 07 Antalya. - Ankara.

Köy Envanter Etüdü (1981): 33 İçel. - Ankara.

KORTUM, G. (1981): Landwirtschaft in der Türkei. - Geographische Rundschau, 33, S. 549-555.

ROTHER, K. (1984): Mediterrane Subtropen. - Braunschweig (Geographisches Seminar Zonal).

ROTHER, K. (1988): Agrargeographie. - Geographische Rundschau, 40, S. 36-41.

SIS = State Institute of Statistics (jährlich): Agricultural structure and production. - Ankara.

STRUCK, E. (1986): The innovation of greenhouse crops in the mediterranean area: The Turkish case. - GeoJournal, 13.1, S. 37-45.

TOEPFER, H. (1986): Impulse für die ländlichen Betriebe der Türkei durch Intensivierung der Landwirtschaft. In: Festschrift Helmut Hahn. - Bonn, S. 165-179 (Colloquium Geographicum, 19).

WINDHORST, H.-W. (1983): Geographische Innovations- und Diffusionsforschung. - Darmstadt (Erträge der Forschung 189).

WOJTKOWIAK, G. (1971): Die Zitruskulturen in der küstennahen Agrarlandschaft der Türkei. - Hamburg (Mitteilungen der Geographischen Gesellschaft in Hamburg, 58).

Dr. Ernst Struck, Akad. Rat
Lehrstuhl I für Geographie der Universität Passau
Schustergasse 21, 8390 Passau

Josef Federhofer

Probleme der Milchwirtschaft im südöstlichen Bayerischen Wald
Materialien für eine Exkursion

Einleitung

In der Nachkriegszeit versorgten sich die landwirtschftlichen Betriebe des Bayerischen Waldes selbst. Aus einer umfangreichen Angebotspalette kristallisierte sich aber sehr bald der Bereich der Milcherzeugung heraus. Verarbeitungsbetriebe, vor allem die Ostbayerischen Milchwerke Passau als wichtigster Abnehmer beschleunigten diese Entwicklung. Staatlich garantierte, steigende Auszahlungspreise forcierten den Aufwärtstrend zur Produktion von mehr und besserer Milch. Sowohl Haupt- als auch Nebenerwerbsbetriebe, begleitet von staatlichen Förderprogrammen, setzten ein hohes Investitionsvolumen für Maschinen und Stallbauten ein. Der Ersatz des Produktionsfaktors Arbeit durch Kapital, züchterische Verbesserung und steigendes Ausbildungsniveau ermöglichten eine beachtliche Produktionsausdehnung. Je nach außerlandwirtschaftlicher Arbeitsmarktsituation vollzog sich ein stetiger Strukturwandel. Größere Betriebseinheiten boten die Möglichkeit zu höherem Produktionsumfang, zur Kostendegression und nicht zuletzt zur Sicherung eines ausreichenden, mit anderen Berufsgruppen vergleichbaren Einkommens.

Entwicklung der Milchwirtschaft

Seit 1972/73 stieg der Milchpreis von anfänglich 37 Pfennig rasch. Eine unbegrenzte Abnahmegarantie für Milch ließ die Anlieferung in den Folgejahren weiter anwachsen. So umstritten die sogenannte Förderschwelle auch sein mochte, viele Haupterwerbsbetriebe nutzten die Chance zur weiteren Aufstockung des Milchviehbestandes. Anderen Hofstellen blieben die günstigen Fördermittel jedoch versagt. Eine vorweg durchgeführte detaillierte Betriebsberechnung erbrachte in diesen Fällen nicht das geforderte Mindesteinkommen nach einer Investition, und somit ging hauptsächlich an den Kleinbetrieben im Landkreis Freyung-Grafenau die Entwicklung des nördlichen Landkreises Passau vorüber. Zunehmend vergrößerte sich die Einkommensdisparität: Auf der einen Seite ein kleiner Teil unternehmerisch orientierter Landwirte, auf der anderen Seite Haupterwerbsstellen, die bereits vor der Kontingentierung weit von der durchschnittlichen Einkommensentwicklung abgekoppelt waren. In beiden Gruppen stieg der Fremdkapitalbesatz stark an. Entgegen der landläufigen Meinung gingen Nebenerwerbslandwirte nicht den Weg der Produktionsextensivierung, sondern versuchten, ohne stärkere Gewichtung des hohen Arbeitsanfalls über eine intensive Milchviehhaltung das Gesamteinkommen zu steigern. Mittlerweile stand der Milchpreis (1972/73) je nach Qualität bei 65-70 Pfennig pro Kilogramm. Milchleistungen von 6.000 kg/Kuh/Jahr waren keine Seltenheit mehr. Der sprunghaft bis in die höheren Lagen des Bayerischen Waldes angestiegene Silomaisanbau (Tab. 1) schuf die Grundlage für ausreichend Futter ohne eine stärkere Ausdehnung der bewirtschafteten Flächen.

Agrarpolitische Maßnahmen

Im April 1984 kam der folgenreiche Einschnitt auf dem Milchmarktsektor. Schon Jahre zuvor waren Magermilchpulver- und Butterberge entstanden. Zur Regulierung und Eindämmung einer weit überzogenen Milchproduktion wurde EG-weit die Milchgarantiemengenverordnung eingeführt. Über nationale Quoten stoppte die EG ein weiteres Ausufern der Milchseen. Jedes Mitgliedsland konnte die Ausgestaltung auf nationaler Ebene vornehmen. Die Bundesrepublik Deutschland setzte bei der untersten Stufe, dem Erzeuger, an. Jeder Milchviehbetrieb war nun durch ein Kontingent gebunden. Grundlage für die Berechnung des Kontingents

J.-B. Haversath, K. Rother (Hrsg.): Innovationsprozesse in der Landwirtschaft
Passau 1989 (Passauer Kontaktstudium Erdkunde)

war die Milchablieferung im Jahre 1983; diese Menge wurde mit der Anliefermenge 1981 verglichen. Ergab sich in dieser Zeitspanne eine starke Ausdehnung der Milcherzeugung, so erhielt der Landwirt auf die dreiundachtziger Menge einen Abzug bis zu 9 %. Einem Preiszusammenbruch war damit vorgebeugt. In den ersten Monaten spürte der Praktiker vor Ort die Auswirkungen dieser Maßnahme noch nicht. Es wuchs aber die Einsicht, daß für weitere Entwicklungsschritte kaum Möglichkeiten offenstanden. Eine hektisch durchgezogene Härtefallregelung (ab 1984) schürte den Unmut vieler Landwirte; denn nach vorgegebenen Richtlinien konnte

Tab. 1: Silomaisanbau im nördlichen Landkreis Passau

Jahr	Anbaufläche (in ha)
1974	6.893
1977	9.370
1985	12.150
1986	11.308
1987	11.244

Tab. 2: Milchproduzenten und -anlieferung im Einzugsbereich der Ostbayerischen Milchwerke Passau

			Kontingentierung			
		1981	1983	(1984)	1986	1988
Landkreis Passau	Produzenten	3.182	3.040		2.743	2.492
	Anlieferung (in t)	122.778	139.234		141.531	131.387
Landkreis Freyung - Grafenau	Produzenten	2.495	2.436		2.180	2.013
	Anlieferung (in t)	65.391	74.867		80.540	69.232

der einen Härtefall geltend machen, der im Zeitraum von Juni 1978 bis Februar 1984 eine Kuhplatzerweiterung um mindestens 20% durchgeführt hatte oder eine Baumaßnahme beenden mußte. Berücksichtigung fanden Investitionen mit staatlichen Fördermitteln wie auch Erweiterungen auf privater Basis. Für den Härtefall-Landwirt berechnete sich eine neues Milchkontingent nach folgendem Schema:

Milchkuhplätze x 4.510 kg minus Steigerungsabzug im Verhältnis zu 1981.

Quasi über Nacht wurde so ein gewaltiger Umverteilungsprozeß vorgenommen. Das Fazit: nach Milchkontingentierung und Härtefallregelung wurde mehr Milch erzeugt als zuvor (Tab. 2). Über weitere Korrekturen versuchte man von staatlicher Seite, betriebliche Härten auszugleichen. Als wirkliche Hilfen für die betroffenen Landwirte waren diese Maßnahmen jedoch nicht zu werten. Die Zunahme der Milchproduktion nach der Härtefallregelung war deshalb so groß, weil die meisten Betriebe in ihrer bisherigen Anlieferung noch unter dem Bundesdurchschnitt von 4.510 kg/Kuh/Jahr gelegen hatten. Die Einkommensschere unter den hiesigen Landwirten klaffte weiter auseinander. Sinkende Viehpreise, Belastungen aus dem Fremdkapitalbesatz, steigende Lebenshaltungskosten verschlechterten und verschlechtern das Einkommensniveau vieler Landwirte zunehmend. Die Gesamtsituation wurde und wird gemildert durch höhere direkte Zuweisungen aus dem EG-Bergbauernprogramm, Beihilfen zu den Sozialversicherungsträgern, Prämienzahlungen pro Hektar landwirtschaftlich genutzter Fläche und Bewirtschaftungsbeihilfen aus dem bayerischen Kulturlandschaftsprogramm.

Produktionsalternativen

Nicht allein das unternehmerische Geschick bestimmte die betrieblichen Eckdaten, auch die natürlichen Produktionsvoraussetzungen waren für die Entwicklung ausschlaggebend. Gemeint sind hier die sinkenden Grünland-Ackerzahlen mit dem Ansteigen der Höhenlage. Mit gewissen Schwankungen ergibt sich eine Verschiebung der Vegetationszeit von Obernzell/Donau nach Bischofsreut im hinteren Wald um durchschnittlich vier Wochen. Früh- und Spätfröste sind dabei nicht berücksichtigt. Wintergetreideanbau scheidet in den meisten Teilen des Landkreises Freyung-Grafenau deshalb aus. Die jährlich gestiegene Silomaisanbaufläche beginnt sich zu stabilisieren, nimmt aber in den Anbaugrenzlagen wieder ab. Zu geringe Nährstoffausbeute bei hohem Produktionsmitteleinsatz und steigendem Produktionsrisiko überzeugten die Praktiker sehr bald nach der anfänglichen Euphorie. Einer profitablen Rindermast ist bei der jetzigen Preis-Kosten-Relation jegliche Grundlage entzogen. Die Betriebsstruktur im hinteren Wald mit über 90 % Nebenerwerbslandwirten erlaubt eben keine Investitionen für eine intensive Mast. Die vor 20 Jahren noch empfohlene Alternative der Zuchtsauenhaltung erwies sich sehr bald als nicht konkurrenzfähig mit den Spezialbetrieben des südlichen Landkreises Passau. Nördlich der Donau spielt die Schweinehaltung, ob als Zuchtsauen- oder Mastschweineproduktion, heute keine Rolle.

Die für die Existenzsicherung immer angeführte "Sparkasse des Landwirts", der Wald, sollte nicht überbewertet werden. Die Waldflächen pro Betrieb steigen zwar von der Donau bis zur Landesgrenze an, die Zuwächse pro Hektar sind jedoch wesentlich geringer. Schneebruch, Borkenkäfer und Emissionen haben bereits in die Vermögenssubstanz eingegriffen. Der sehr starke Preisdruck, auch von hohen Einfuhren aus der Tschechoslowakei beeinflußt, verengte den Verkaufsspielraum. Aus der täglichen Beraterpraxis zeigt sich, daß bei ver- oder überschuldeten Betrieben der Holzeinschlag bzw. der Waldverkauf für die Stabilisierung des Hofes nicht mehr ausreicht.
Einer weiteren Entwicklung muß man mit großer Skepsis gegenüberstehen. Waren bei Flurbereinigungsverfahren in zurückliegenden Jahren noch die Gesichtspunkte für die Schaffung einer verbesserten inneren und äußeren Verkehrslage ausschlaggebend (Straßenbau, Flurbereinigung, Bodenverbesserung, Grundstückstausch), so treten in jüngerer Zeit die Naturschutzbelange in den Vordergrund. Die Kosten pro Hektar eingebrachter Fläche verkleinerten sich dabei nicht. Die ausgebaute Naturschutz- und Landschaftsschutzgesetzgebung erhob auf immer mehr landwirtschaftlich genutzten Grund und Boden Anspruch: Biotopkartierung, Landschafts- und Naturschutzgebiete, Nationalpark mit Vorfeld, Wildruhezonen usw. sind Schlagworte, die eine zukünftige Nutzungsvariante anzeigen. Bewirtschaftungseinschränkungen in den Wasserschutzgebieten und an Bachläufen werden Flächen ganz oder teilweise aus der Nutzung fallen lassen. Die Verschiebung der Milchproduktion in bestimmte Erzeugerzentren (z.B. nach Jandelsbrunn, Waldkirchen, Röhrnbach, Perlesreut, Eppenschlag und in den nördlichen Landkreis Passau) zeichnet sich ab. Wertminderungen an Grund und Boden, unterstützt durch Milchverkauf (Milchrente), Abzüge bei Flächenzupacht mit Kontingent, langfristig auch durch Extensivierungsprogramme, werden zu einer Belastung für die Eigentümer. Es ist nicht von der Hand zu weisen, daß im Grenzgebiet von Wegscheid bis Spiegelau Flächen nicht mehr bewirtschaftet werden. Gewollt oder durch die Gegebenheiten bedingt, wird dieser Raum immer stärker ins Abseits gedrängt.

Produktionsalternativen, die eine extensive Weiterbewirtschaftung der Hofstellen ermöglichen würden, sind rar, die Abnahme der Anzahl landwirtschaftlicher Betriebe hält an (Tab. 3). Staatliche Hilfen verbessern zwar die Ausgangsbasis, die hohen Produktionskosten (Gebäude, Maschinen, Spezialarbeiten) verteuern aber die Erzeugung ungemein. Für bessere Preise solcher Produkte bietet der hiesige Nachfragemarkt wenig Luft. Die Umstellungsphase und das neu zu erwerbende Produktionsmanagement sollten ebenfalls nicht unterschätzt werden. Der Schlüssel zu einer schrittweise kontrollierten Strukturverbesserung läge bei einem größeren außerlandwirtschaftlichen Arbeitsplatzangebot. Die Bemühungen hierum währen jedoch schon viele Jahre. Leider mußte mehr als einmal die Erfahrung gemacht werden, daß bei allgemeiner Konjunkturflaute Betriebe aus marktfernen Standorten zuerst abgewandert sind. Im Vergleich zur jetzigen Viehhaltung würden bei extensiverer landwirtschaftlicher Unternehmensführung viele Zu- und Nebenerwerbslandwirte keinen Rückhalt für ihre Existenzsicherung mehr sehen.

Die soziale Frage

Bildete früher der Bauernstand den Mittelpunkt dörflichen Lebens, fühlen sich heute vor allem viele jüngere Bauern einem ständig wachsenden Druck ausgesetzt. Agrarpolitische Schlagzeilen und Umweltskandale dienen auch hier nicht der Imagepflege. In Räumen wie dem Dienststellenbezirk Waldkirchen des Arbeitsamtes Passau, wo in den Wintermonaten Arbeitslosenzahlen von 20% die Regel sind, ist die Kritik gegenüber den "geförderten Landwirten" immer stärker zu spüren. Heute herausgestellte landeskulturelle Leistungen werden von der Bevölkerung wenig verstanden. Weiterhin wird auch immer deutlicher, daß neben höchster Arbeitsbeanspruchung im Betrieb für Kommunalpolitik und Vereinswesen weniger Interesse aufgebracht wird. Die rapide sinkenden Zulassungen an den landwirtschaftlichen Berufsschulen, an der landwirtschaftlichen Fachschule und zukünftig wohl auch bei der Meisterausbildung zeigen solche Überlegungen der landwirtschaftlichen Familien.

Tab. 3: Entwicklung der Anzahl der landwirtschaftlichen Betriebe (> 1 ha)

	1980	1985	1988
Landkreis Passau	8.108	7.425	5.964
Landkreis Freyung-Grafenau	4.003	3.734	3.500

Tab. 4: Struktur- und Wirtschaftsdaten zu ausgewählten Betriebstypen im südöstlichen Bayerischen Wald

	Vollerwerbsbetrieb im nördlichen Landkreis Passau	Vollerwerbsbetrieb im Landkreis Freyung-Grafenau	Nebenerwerbsbetrieb im Landkreis Freyung-Grafenau
Betriebsstruktur	Betriebsleiterfamilie mit 2 Kindern und Altenteiler	Betriebsleiterfamilie mit 2 Kindern und Altenteiler	Betriebsleiterin, 2 Kinder, Ehemann als Forstarbeiter, Altenteiler
	30 Milchkühe (à 5000 kg pro Kuh und Jahr)	25 Milchkühe (à 4000 kg pro Kuh und Jahr)	5 Milchkühe (à 3500 kg pro Kuh und Jahr)
	9 produzierte Kalbinnen pro Jahr	7 produzierte Kalbinnen pro Jahr	1,5 produzierte Kalbinnen pro Jahr
	25 ha LN (8 ha Ackerfläche, 17 ha Grünland)	25 ha LN (3 ha Ackerfläche, 20 ha Grünland, 2 ha Streuwiese)	8 ha LN (1,5 ha Ackerfläche, 6,5 ha Grünland
	4 ha Wald	10 ha Wald	1 ha Wald

Fortsetzung Tab. 4

	Vollerwerbsbetrieb im nördlichen Landkreis Passau	Vollerwerbsbetrieb im Landkreis Freyung-Grafenau	Nebenerwerbsbetrieb im Landkreis Freyung-Grafenau
Gesamtdeckungsbeitrag aus den einzelnen Produktionsverfahren (z.B. Milchkuh, Getreide)	75.000,-- DM	50.000,-- DM	8.000,-- DM
abzüglich Festkosten des Betriebs (z.B. Abschreibung, Unterhalt von Gebäuden und Maschinen)	-30.000,-- DM	-24.000,-- DM	-3.500,-- DM
Betriebseinkommen	45.000,-- DM	26.000,-- DM	4.500,-- DM
staatliche Hilfen	4.000,-- DM	7.000,-- DM	3.000,-- DM
Wald	1.500,-- DM	4.500,-- DM	500,-- DM
Zinsen und Pacht	-7.000,-- DM	-5.500,-- DM	-,-
Gewinn des Unternehmens	43.500,-- DM	32.000,-- DM	8.000,-- DM
außerlandwirtschaftliches Einkommen	-,-	-,-	25.000,-- DM
Lebenshaltung, private Versicherungen, Altenteiler	-30.000,-- DM	-30.000,-- DM	-30.000,-- DM
Eigenkapitalbildung[1)]	13.500,-- DM	2.000,-- DM	3.000,-- DM

[1)]Allgemein erforderliche Eigenkapitalbildung: 1.500,-- DM pro Betrieb und Jahr. Leider erreichen momentan nur die Hälfte der hiesigen Buchführungsbetriebe überhaupt eine positive Eigenkapitalbildung, die für Investitionen, Pflichtteilansprüche von weichenden Erben, außergewöhnliche Vorfälle u.a. notwendig ist.

Betriebsbeispiele

Den folgenden Detailüberlegungen sei die große Bedeutung der Betriebsleiterpersönlichkeit, seiner Familie und des speziellen Umfelds für die betrieblichen Verhältnisse vorausgeschickt. Neben den natürlichen und wirtschaftlichen Rahmendaten sind bei ihnen die Ursachen für Dynamik oder festeingefahrenes Weiterwirtschaften zu suchen.

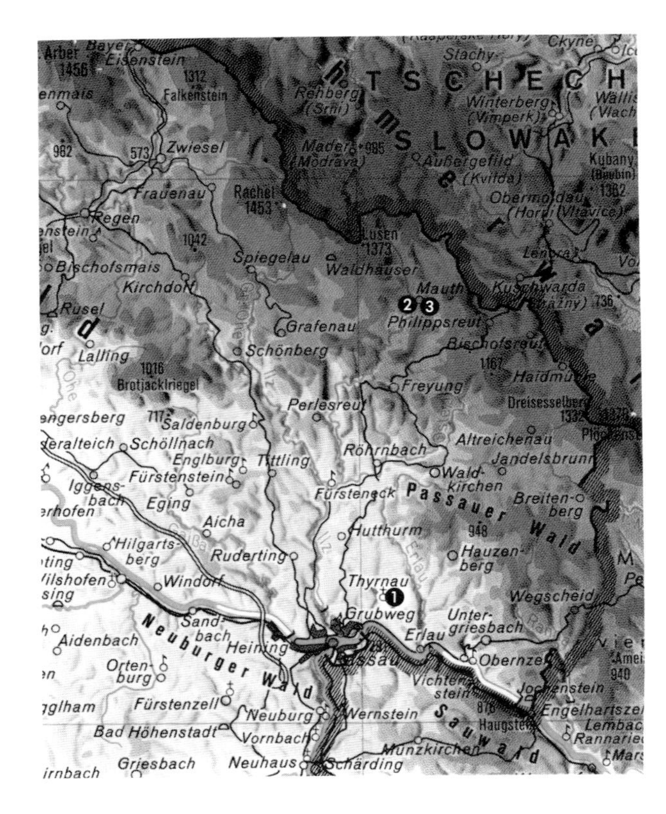

Abb. 1: Südöstlicher Bayerischer Wald

❶ Vollerwerbsbetrieb im Vorwaldgebiet (Thyrnau)
❷ Vollerwerbsbetrieb im hinteren Wald (Mauth)
❸ Nebenerwerbsbetrieb im hinteren Wald (Mauth)

Vollerwerbsbetrieb im Vorwaldgebiet

Nach dem momentanen Stand dürfte die Betriebsgröße und das Lieferrecht des ersten Betriebes (vgl. Tab. 4 und Abb. 1, Betrieb 1) eine ausreichende Haupterwerbsgrundlage bilden. Es handelt sich um den letzten wirklichen Vollerwerbsbetrieb in dieser Ortschaft. Von den natürlichen Standortfaktoren im Vorwaldgebiet, bezogen auf die Milchviehhaltung, liegen gute Voraussetzungen vor. Mittlere Bodengüte, hoher Ackerflächenanteil und zusätzlich umbruchfähiges Grünland, günstige Niederschlagsmengen und eine durchschnittliche Jahresmitteltemperatur sichern eine qualitativ und mengenmäßig gute Grundfutterversorgung. Verfügbarer Arbeitskräftebesatz und Arbeitsanfall sind hier ausgeglichen und lassen noch Zeit für andere Aktivitäten. Positiv wirken sich arbeitswirtschaftliche Verbesserungen im Bereich der Wirtschaftsgebäude aus. Der Hofnachfolger kann den Ausbildungsweg wohl noch mit dem Meistertitel abschließen und den gut organisierten Betrieb ohne größere finanzielle Belastung übernehmen. Bauliche Erweiterungen an der Hofstelle sind allerdings nur begrenzt möglich. Mit einer größeren Flexibilität auf dem Milchmarktsektor (Zukauf von Milchkontingenten) verbleibt dem Betrieb über Leistungssteigerung und Ausweitung der Milchkuhplätze im bestehenden Stall noch Spielraum. Allerdings müßte bei voller eigener Nachzucht das Jungviehplatzangebot wahrscheinlich zu Lasten der noch bestehenden Hochsiloanlage erweitert werden. Mit einer Liberalisierung der Milchhärtefallregelung dürfte in diesem Raum ein starker innerlandwirtschaftlicher Konkurrenzkampf um Milchlieferrechte einsetzen. Der geringe und zugleich abgesicherte Fremdkapitalstand des Betriebes dürfte in diesem Wettbewerb eine günstige Ausgangsbasis sein. Es stellt sich insgesamt ein Betrieb dar, der trotz familiärer Rückschläge in einer Generation durch Fleiß und Geschick zu einem existenzfähigen Vollerwerbsbetrieb in dieser Region aufgestiegen ist.

Vollerwerbsbetrieb im hinteren Bayerischen Wald

Von den natürlichen und wirtschaftlichen Ausgangsbedingungen ist dieser Betrieb (vgl. Tab. 4 und Abb. 1, Betrieb 2) nicht begünstigt. Sommergetreideanbau und Grünlandnutzung bilden hier die Futtergrundlage, eine Basis, die verglichen mit dem ersten Betrieb, weniger Masse bringt, eine geringere Nährstoffausbeute bietet und höhere Erzeugerkosten, bezogen auf den Ertrag, verursacht. Die hohe Milchleistung muß zwangsläufig über Zukaufsfutter abgesichert werden. Für die massivere Bauweise sind die extremen winterlichen Verhältnisse und traditionelle Bindungen verantwortlich, sie verteuern die Produktion zusätzlich. Daß sich aus diesem Kreislauf eine geringere Gewinnerwartung ergibt, liegt auf der Hand. Aus arbeitswirtschaftlichen Gründen -

der Betriebsleiter ist die einzige Vollerwerbskraft auf dem Betrieb - sind Grenzen für eine weitere Ausdehnung (Fläche mit Milch) gesetzt. Einsatz des Maschinen- und Betriebshilfsrings und Verbesserung der Eigenmechanisierung sollen Zeit für die stärkere Nutzung von Zuerwerbsmöglichkeiten schaffen. Positive Ansätze sind bereits vorhanden. Der Einstieg in die Fremdenbeherbergung scheidet unter den augenblicklichen Gegebenheiten aus. Eine extensive Bewirtschaftung, z.B. durch Mutterkuhhaltung oder Kalbinnenaufzucht, würde den Einstieg in die Nebenerwerbslandwirtschaft bedeuten. Für ältere Arbeitssuchende hat jedoch eine gesicherte Arbeitsstelle Seltenheitswert. Zu bedenken ist, daß mit einer solchen Entwicklung schwer zu bewirtschaftende Flächen wohl längerfristig aus der landwirtschaftlichen Nutzung herausfielen. Auch dieser Vollerwerbsbetrieb ist als letzter in der Ortschaft übrig geblieben. Der Vermögenserhalt ist gesichert. Die Hauptproblematik des Betriebs liegt im privaten Bereich, der letztlich für die weitere Entwicklung ausschlaggebend ist.

Nebenerwerbsbetrieb im hinteren Wald

Der vorgestellte Nebenerwerbsbetrieb (vgl. Tab. 4 und Abb. 1, Betrieb 3) ist von den Standortvoraus-setzungen dem zweiten Betrieb gleichzusetzen. Die Ehefrau des Besitzers ist hier die Stütze des Betriebes. Die Höhe des Milchlieferrechtes im Verhältnis zur guten maschinellen Ausstattung läßt nur geringe Gewinnspannen zu. Aus betriebswirtschaftlicher Sicht ist die Entlohnung pro Arbeitsstunde minimal. Tradition, Verbundenheit mit der Landwirtschaft, Eigenversorgung und Sicherheit sind hier die Triebfedern für die intensive Bewirtschaftung. Doch wie anderswo zeichnet sich schon jetzt sehr deutlich ab, daß die folgende Generation an der Weiterführung der landwirtschaftlichen Nebenerwerbsstelle nicht mehr interressiert sein wird. Unter Umständen wäre eine spätere Flächenbewirtschaftung über Schafe oder Damwildhaltung bei hofnahen Flächen möglich. Ob sich bei momentan geringen Gewinnchancen der spätere Hofnachfolger stärker engagiert, ist fraglich. Die Milchviehhaltung wird unter dem jetzigen Druck von Quotenkürzungen und eingeführter neuer Milchgüteverordnung einschließlich geänderter Abholpunkte und -zeiten auf Dauer nicht zu halten sein.

Schlußbemerkung

Gerade am letzten Beispiel wird deutlich, wie stark die Bindung an die bisherige Produktionsweise, speziell an die Milchwirtschaft, beim Betriebsleiterehepaar ist. Die Entwicklung weist aber, sei es aus wirtschaftlichen Zwängen oder durch Generationsfolge, einen wachsenden quantitativen und innerbetrieblichen Konzentrationsprozeß auf. Verständlicherweise müssen heute stärker denn je Investitionsschritte in der Größenordnung von 50.000 bis 200.000 DM und mehr sehr gut überlegt werden. Daß sich viele Landwirte bei Verzicht auf Freizeit und andere Annehmlichkeiten diesem Überlebenskampf nicht mehr stellen wollen, sind Erfahrungen, die in der Beratungspraxis immer öfter gemacht werden. Wenige Landwirte können sicher das Gesamtproduktionsaufkommen abdecken, ob aber dieser Raum mit dem Wegfall der gestuften Agrarstruktur einer positiven Entwicklung zugeführt wird, muß abgewartet werden.

Abschließend sei angemerkt, daß die Ergänzung der Tagung mit einem Praxistag nach Einschätzung des Landwirtschaftsberaters wichtig war. Die Probleme der Milchwirtschaft können erst durch Kontakte mit den Landwirten in voller Tragweite beurteilt werden. Erst im Betrieb selbst wird man auf die unterschiedlichsten Ausgangspunkte und Blickwinkel aufmerksam gemacht. Das gezeigte Interesse an der Situation hiesiger Landwirte fördert das Verständnis und die Meinungsbildung, schafft ein menschlicheres Verhältnis über manch nüchterne Betrachtungsweise hinaus.

Josef Federhofer, Landwirtschaftsrat
Amt für Landwirtschaft und Tierzucht
Innstraße 71, 8390 Passau

PASSAUER SCHRIFTEN ZUR GEOGRAPHIE

HERAUSGEGEBEN VON DER UNIVERSITÄT PASSAU DURCH KLAUS ROTHER UND HERBERT POPP
Schriftleitung: Ernst Struck

HEFT **1** — vergriffen —
Ernst Struck
Landflucht in der Türkei

HEFT **2** — vergriffen —
Johann-Bernhard Haversath
Die Agrarlandschaft im römischen Deutschland der Kaiserzeit (1. – 4. Jh. n. Chr.)

HEFT **3**
Johann-Bernhard Haversath und Ernst Struck
Passau und das Land der Abtei in historischen Karten und Plänen
Eine annotierte Zusammenstellung
1986. 18 und 146 Seiten, DIN A4 broschiert, 30 Tafeln, 1 Karte. 38,– DM. ISBN 3922016677

HEFT **4**
Herbert Popp (Hrsg.)
Geographische Exkursionen im östlichen Bayern
1987. 120 Seiten, DIN A4 broschiert, mit zahlreichen Karten. 24,80 DM. ISBN 3922016693

HEFT **5**
Thomas Pricking
Die Geschäftsstraßen von Foggia (Süditalien)
1988. 72 Seiten, DIN A4 broschiert, 28 Abbildungen (19 Farbkarten), 23 Tabellen, 8 Bilder. 29,80 DM. ISBN 3922016790

HEFT **6**
Ulrike Haus
Zur Entwicklung lokaler Identität nach der Gemeindegebietsreform in Bayern
Fallstudien aus Oberfranken
1989. Ca. 120 Seiten, DIN A4 broschiert, mit 79 Abbildungen (11 Farbkarten), 58 Tabellen. ISBN 3922016898

HEFT **7**
Klaus Rother (Hrsg.)
Europäische Ethnien im ländlichen Raum der Neuen Welt
1989. 136 Seiten, DIN A4 broschiert, 56 Abbildungen, 22 Tabellen, 10 Bilder. 28,– DM. ISBN 3922016901

PASSAUER UNIVERSITÄTSREDEN

HEFT **7**
Klaus Rother
Der Agrarraum der mediterranen Subtropen — Einheit oder Vielfalt?
Öffentliche Antrittsvorlesung an der Universität Passau - 15. Dezember 1983
1984. 28 Seiten, DIN A5 geheftet, 8 Abbildungen, 13 Bilder. 7,50 DM. ISBN 3922016456

PASSAUER MITTELMEERSTUDIEN

HEFT **1**
Klaus Dirscherl (Hrsg.)
Die italienische Stadt als Paradigma der Urbanität
1989. 164 Seiten, 16 x 24 cm, 7 Abbildungen, 1 Tabelle, broschiert. 24,80 DM. ISBN 3922016863

HEFT **2**
Klaus Rother (Hrsg.)
Minderheiten im Mittelmeerraum
1989. 168 Seiten, 16 x 24 cm, 19 Abbildungen, 3 Tabellen, 12 Bilder, broschiert. 26,80 DM. ISBN 3922016839